“101 计划”核心实践教材
计算机领域

高等学校计算机专业核心课名师精品系列教材

计算机组成原理实验指导

——基于 RISC-V 在线实训

华中科技大学计算机科学与技术学院　组编
谭志虎　周健　周游　编著

人民邮电出版社
北　京

图书在版编目（CIP）数据

计算机组成原理实验指导 ：基于RISC-V在线实训 / 华中科技大学计算机科学与技术学院组编 ；谭志虎，周健，周游编著. -- 北京 ：人民邮电出版社，2024.5
高等学校计算机专业核心课名师精品系列教材
ISBN 978-7-115-63063-6

Ⅰ. ①计… Ⅱ. ①华… ②谭… ③周… ④周… Ⅲ. ①计算机组成原理－高等学校－教材 Ⅳ. ①TP301

中国国家版本馆CIP数据核字(2023)第203438号

内 容 提 要

“计算机组成原理”是一门理论性和实践性都很强的专业核心基础课程，作者本着“理论与实践一体化、实验目标系统化、实验平台虚拟化、课程实验在线化、实验过程游戏化”的原则，历经十年持续的实践教学改革，开发了一系列原创的硬件在线仿真实验，建立了立足计算机系统、逐层递进、以设计型实验为主导的实践教学体系。本书站在硬件工程师的视角，从逻辑门电路开始逐步设计运算器、存储器、数据通路和控制器、冲突冒险与中断异常处理机制，直至完整的RISC-V流水CPU，旨在帮助读者深入理解计算机软/硬件系统。

本书可作为高等学校计算机相关专业“计算机组成原理”课程的配套实验指导用书和计算机系统能力培养的参考书，也可作为计算机相关专业工程技术人员的参考书。

◆ 组　　编　华中科技大学计算机科学与技术学院
编　　著　谭志虎　周　健　周　游
责任编辑　许金霞
责任印制　王　郁　陈　犇

◆ 人民邮电出版社出版发行　　北京市丰台区成寿寺路11号
邮编　100164　　电子邮件　315@ptpress.com.cn
网址　https://www.ptpress.com.cn
涿州市京南印刷厂印刷

◆ 开本：787×1092　1/16
印张：11.5　　2024年5月第1版
字数：305千字　　2024年5月河北第1次印刷

定价：49.80元

读者服务热线：(010)81055256　印装质量热线：(010)81055316
反盗版热线：(010)81055315
广告经营许可证：京东市监广登字20170147号

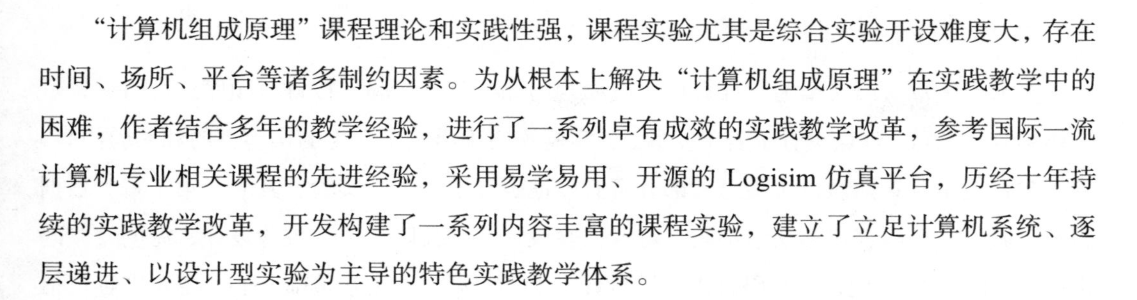

“计算机组成原理”课程理论和实践性强，课程实验尤其是综合实验开设难度大，存在时间、场所、平台等诸多制约因素。为从根本上解决“计算机组成原理”在实践教学中的困难，作者结合多年的教学经验，进行了一系列卓有成效的实践教学改革，参考国际一流计算机专业相关课程的先进经验，采用易学易用、开源的 Logisim 仿真平台，历经十年持续的实践教学改革，开发构建了一系列内容丰富的课程实验，建立了立足计算机系统、逐层递进、以设计型实验为主导的特色实践教学体系。

☆实验特色

（1）**理论与实践一体化**：相关实验紧扣理论教学重点和难点，课程内容覆盖率 90%以上，有助于构建理论课堂师生的共同语境，为翻转课堂提供丰富的教学素材，实验内容大多处于布鲁姆认知分类法中的运用、分析、综合、评价 4 个高级层次，学生完成系列实验后，对相关知识的掌握更透彻，为理论教学提供了强支撑。

（2）**实验目标系统化**：实验围绕计算机系统设计与实现能力培养目标，让学生站在硬件工程师的视角，从逻辑门电路开始逐步设计运算器、存储器、数据通路和控制器、冲突冒险与中断异常处理机制，直至完整的 RISC-V 流水 CPU，从而深入理解计算机软/硬件系统。将 CPU 设计的高挑战任务分解成若干难度递进的子任务和单元实验，让学生在实践中不断提高计算机系统能力和复杂工程问题求解能力。

（3）**实验平台虚拟化**：实验采用跨平台开源的 Logisim 仿真软件，该平台简单易学，易调试，无须任何硬件平台支持即可开展实验，突破传统实验对空间和时间的要求。美国加州大学伯克利分校 CS61C、康奈尔大学 CS3410 课程均采用了该平台。实验采用分离数字电路对象构建原理图的方式进行 CPU 系统设计和仿真，有效地延续了数字逻辑课程的设计方法，有利于培养学生硬件设计思维。无须额外开设硬件描述语言类先导课程，有效地解决了硬件描述语言过于抽象、硬件设计程序化、学习曲线陡峭的问题。

（4）**课程实验在线化**：实验已经全部上线头歌实践教学平台并免费开放，结合头歌平台的 SPOC 课堂，可实现实验自动测试、自动检查、自动评分，教师可全程轻松管控学生实验过程，也可一键导出实验成绩，极大地降低了教师实验教学工作强度，有效地解决了硬件实验难、检查难、指导难的问题。

（5）**实验过程游戏化**：借鉴游戏闯关的设计理念，将高挑战度的 CPU 设计任务细分成若干可明确检查的学习关卡。实验内容和难度逐渐递进，通过各阶段成果实时得分实现学生学习情况及时反馈，提升学习的积极性和趣味性；为学生提供丰富的测试用例及自动评测工具，让学生在较短时间内体验更多的设计内容；实验完成率高，学生获得感、成就感强。

前言 FOREWORD

☆主要内容

本书第 1 章～第 7 章为“计算机组成原理”课程配套实验，按章节顺序进行组织，每章均结合各章重、难点设置了若干实验，各实验均明确给出了学生的实验目的和实验内容，并适当补充了背景知识，实验思考部分可有效地引导学生进行实验。其中，第 1 章为数据表示实验，主要内容包括汉字编码、奇偶校验设计、磁盘阵列条带校验设计、海明校验码设计、CRC 校验码设计、编码流水传输设计等实验；第 2 章为运算器实验，主要内容包括可控加减法电路设计、4 位和多位快速加法器设计、32 位 ALU 设计、阵列乘法器设计、原码和补码一位乘法器设计、乘法流水线设计等实验；第 3 章为存储系统实验，主要内容包括 RAM 组件、存储器扩展、RISC-V 存储子系统设计、RISC-V 寄存器文件设计、cache 硬件设计、cache 软件仿真、cache 性能分析、虚拟存储器仿真等实验；第 4 章为 RISC-V 汇编程序设计实验，主要内容包括 RISC-V 体系结构、RISC-V 指令集、RISC-V 汇编入门、RISC-V 编程进阶，以及若干 RISC-V 汇编程序设计实验；第 5 章为 RISC-V 处理器设计实验，主要内容包括单总线三级时序 CPU 设计、单总线现代时序 CPU（微程序、硬布线控制器）设计、单周期 RISC-V 处理器设计等实验；第 6 章为指令流水线设计实验，主要内容包括理想流水线 CPU 设计、气泡流水线 CPU 设计、重定向流水线 CPU 设计、动态分支预测机制设计等实验；第 7 章为输入/输出系统实验，主要内容包括程序查询控制方式编程、中断服务程序编程、三级时序中断机制设计、现代时序中断机制设计、单周期 RISC-V 单级和多重中断机制设计、流水中断机制设计等实验。

第 8 章为实验平台与常见问题，简要介绍了仿真平台 Logisim、头歌平台和 RISC-V 汇编仿真器 RARS，并重点分析了实验过程中会出现的一些常见问题，帮助读者提升实验效率、快速排除实验中存在的故障。

第 9 章为 Logisim 库参考手册，主要介绍了不同组件的详细使用信息，便于读者查阅。

☆使用指南

本书可作为高等学校计算机相关专业“计算机组成原理”课程的实验指导用书，也可作为相关专业工程技术人员的参考书。学习本书时建议与配套图书《计算机组成原理（微课版）》（书号 978-7-115-55801-5）一起使用；另外，作者在中国大学 MOOC 平台开设有“计算机组成原理”理论慕课和“计算机硬件系统设计（自己动手画 CPU）”实践慕课，读者也可将其与本书结合使用。

由于本书实验众多，内容丰富，教学过程中教师可以根据实验学时安排和学生具体情况，有针对性地选择部分内容开展实验，学生也可以根据自身学习情况自行选择实验。相关实验难度情况如下表（其中“•”为必选实验）所示。

章	实验内容	难度系数
第 1 章　数据表示实验	● 汉字编码	★
	○ 奇偶校验设计	★
	○ 磁盘阵列条带校验设计	★★
	○ 海明校验码设计	★★★
	○ CRC 校验码设计	★★★★
	○ 编码流水传输设计	★★
第 2 章　运算器实验	● 可控加减法电路设计	★
	○ 4 位和多位快速加法器设计	★★
	● 32 位 ALU 设计	★★★
	○ 阵列乘法器设计	★★
	○ 原码一位乘法器设计	★★★
	○ 补码一位乘法器设计	★★★
	○ 乘法流水线设计	★★
第 3 章　存储系统实验	○ RAM 组件	★★
	● 存储器扩展	★★
	○ RISC-V 存储子系统设计	★★
	● RISC-V 寄存器文件设计	★★★★
	○ cache 硬件设计	★★★★
	○ cache 软件仿真	★★★
	○ cache 性能分析	★★
	○ 虚拟存储器仿真	★★
第 4 章　RISC-V 汇编程序设计实验	○ RISC-V 汇编程序设计	★★★
第 5 章　RISC-V 处理器设计实验	○ 单总线三级时序 CPU 设计	★★★
	○ 单总线现代时序 CPU 设计	★★★
	○ 单周期 RISC-V 处理器设计（8 条指令）	★★★
	○ 单周期 RISC-V 处理器设计（21 条指令）	★★★★
第 6 章　指令流水线设计实验	○ 理想流水线 CPU 设计	★★★
	○ 气泡流水线 CPU 设计	★★★★
	○ 重定向流水线 CPU 设计	★★★★
	○ 动态分支预测机制设计	★★★★★
第 7 章　输入/输出系统实验	○ 程序查询控制方式编程	★★★
	○ 中断服务程序编程	★★★
	○ 三级时序中断机制设计	★★★
	○ 现代时序中断机制设计	★★★
	○ 单周期 RISC-V 单级中断机制设计	★★★
	○ 单周期 RISC-V 多重中断机制设计	★★★★★
	○ 流水中断机制设计	★★★

☆致谢

感谢安徽大学刘峰老师，武汉纺织大学曾西洋、高晓清老师，江西科技师范大学邓文老师，天津理工大学赵德新老师，北京工商大学段大高老师，湖北工业大学邵雄凯老师，中南民族大学罗铁祥、何秉娇、汪红老师，武汉理工大学柳星老师，中国地质大学樊媛媛老师，成都信息工程大学刘双虎和张永清老师，闽南师范大学田谦益老师，嘉应学院张凤英老师，南京信息工程大学马利等老师，华东理工大学冷春霞老师对本书实验部分提出的宝贵建议,还要感谢华中科技大学计算机科学与技术学院 2012～2021 级全体同学对本书的热心反馈。

另外，感谢华中科技大学计算机科学与技术学院，尤其要感谢“计算机组成原理”课程组的全体教师对本书编写的大力支持与帮助。最后感谢在身后默默支持的家人，谢谢你们!

限于作者水平，书中难免有疏漏之处，敬请同行和广大读者批评指正，可通过 QQ: 130757 或电子邮箱：stan@hust.edu.cn 进行交流及索取课程相关教辅资源。

谭志虎

2024 年 3 月于华中科技大学

CONTENTS 目录

目录 CONTENTS

目录 CONTENTS

第 1 章 数据表示实验

1.1 汉字编码实验

1.1.1 实验目的

理解汉字机内码、区位码，最终能利用相关工具批量获取一段汉字文字的 GB2312 机内码，并利用简单电路实现汉字 GB2312 机内码与区位码的转换；了解字形码显示的基本原理，能在实验环境中实现汉字 GB2312 编码的字形码点阵显示。

1.1.2 实验原理

图 1.1 所示为汉字字形码显示的 Logisim 电路。该图最左侧是地址计数器，它只连接了一个时钟源，其他输入引脚悬空，默认功能是进行正向计数；计数器的计数输出送至 16 位 ROM 存储器的地址输入端，ROM 中存放的是 16 位的汉字 GB2312 机内码；从 ROM 取出的汉字机内码送国标转区位码电路后，输出区位码的区号和位号；区号和位号送至字库电路，字库电路输出 LED 点阵所需的 32×32 点阵字形码，字库电路的实现原理将在存储系统实验中介绍。

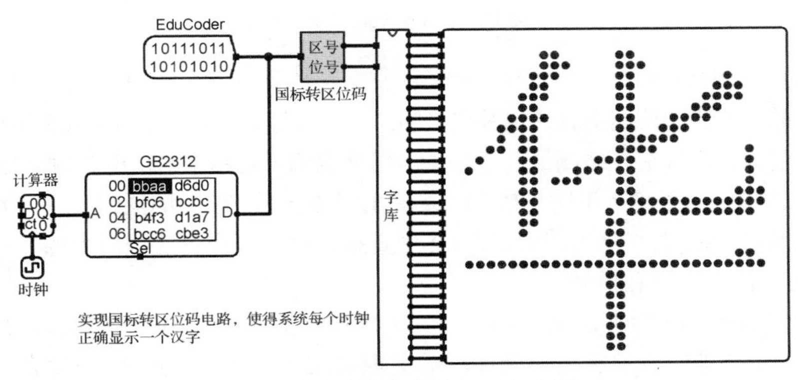

图 1.1 汉字字形码显示的 Logisim 电路

注意，这里国标转区位码电路只给出了电路封装，需要读者实现内部逻辑功能。图1.1中 16 位的 EduCoder 输出引脚用于头歌平台在线自动测试，请勿修改。使用 Ctrl+K 或⌘+K组合键开启时钟自动仿真后，右侧 LED 点阵会依次显示 ROM 中存储的汉字。

1.1.3 实验内容

1. 设计国标转区位码电路

利用 Logisim 打开实验资料包中的 data.circ 文件，在对应子电路中完成国标转区位码电路的逻辑设计，其电路封装与引脚功能描述如表 1.1 所示。

表 1.1 国标转区位码电路封装与引脚功能描述

电路封装	引脚	类型	位宽	功能说明
GB2312 → [区号 / 位号]	GB2312	输入	16	汉字 GB2312 机内码
	区号	输出	7	区位码之区号，从 1 开始计数
	位号	输出	7	区位码之位号，从 1 开始计数

实验电路框架如图 1.2 所示。注意，图 1.2 中输入引脚 GB2312 及输出引脚区号、位号均连接到对应的**隧道标签**，Logisim 中同名的隧道标签在逻辑上是连通的，图 1.2 中探测区的探针就是利用隧道标签直接显示对应引脚的值。

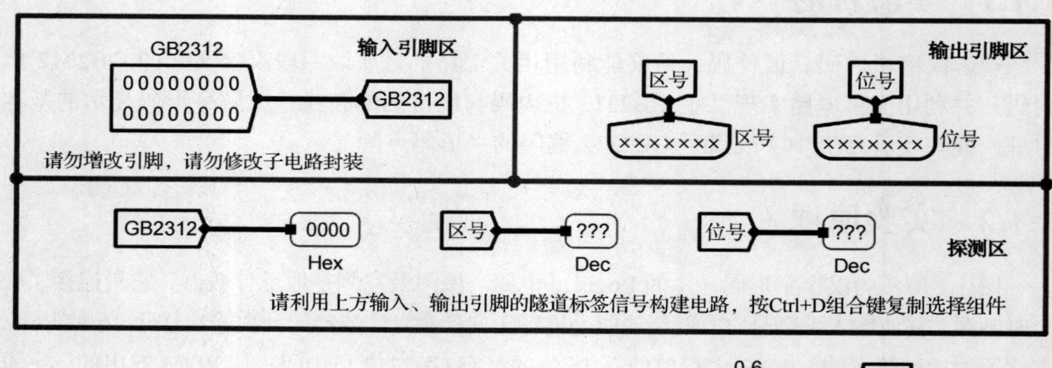

图 1.2 国标转区位码电路框架

为方便自动测试，后续所有实验中严禁调整电路封装，严禁增、删、改引脚等会引起电路封装变化的操作，如调整引脚的标签名、朝向、位置等。读者只能通过隧道标签方式使用输入、输出引脚，在提交在线测试前请在**子电路外观测试电路**中确认电路封装是否正确。

电路中已经给出了输入引脚 GB2312 及输出引脚区号、位号的隧道标签，由于 16 位区位码两个字节的最高位均为 0，所以图 1.2 中直接通过分线器将区位码中的 0～6 位和 8～14 位解析为 7 位的区号和位号。

根据汉字 GB2312 标准定义，GB2312 机内码=区位码+A0A0H，所以区位码= GB2312机内码-A0A0H。实验要求利用一个加法器实现 GB2312 机内码到区位码的转换，读者可以利用补码减法变加法的特性，自行求解-A0A0H 的补码后再利用线路组件库中的常量组件实现加法。注意，不允许直接使用运算组件库中的求补器。完成国标转区位码电路设计后，可以在汉字显示电路中进行汉字显示功能测试，如果电路设计正确，应能正确显示汉字。

2. 汉字 GB2312 机内码提取实验

尝试在图 1.1 中的 ROM 存储器存入电路中指定的文字段落（末尾请附上姓名、学号），汉字 GB2312 机内码可以通过网上查码表获得，但这里汉字数量较多，建议读者编写程序或利用工具软件直接将文本文件中的汉字机内码批量读出并转换为十六进制数码输出。将对应汉字机内码存入 ROM 存储器后，开启时钟自动仿真并观察 LED 点阵的汉字显示效果。

3. 在线自动测试

保存电路文件，利用常见的文本编辑器（不要使用 Windows 写字板，可能会增加额外格式）打开实验电路 data.circ，会发现 Logisim 电路文件是采用 XML 格式的文本文件，将文本内容全选后以全覆盖方式复制到头歌平台对应实验代码区域中，然后单击右下角“评测”按钮即可在线测试，如图 1.3 所示。如未能通过测试，请仔细观察测试结果中的实际输出，详细对比预期输出与实际输出的差异，并由此分析电路发生故障的原因，修改电路直至测试通过。

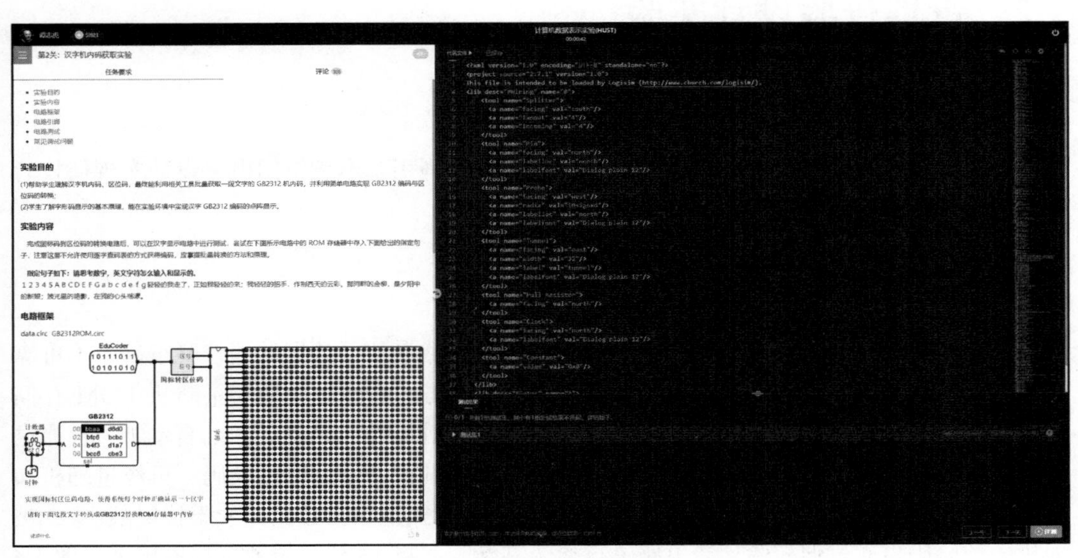

图 1.3　头歌平台自动测试界面

> **注意**
>
> **在头歌平台测试时经常会出现输出期望显示为××××的状况，如果本地测试正确，则首先确认上传的代码是否正确，有可能上传的是其他未实现的电路，要判断是否为这种情况只需将平台代码另存为本地计算机的.circ 文件，再利用 Logisim 查看电路即可；另外，也可能是由电路封装引脚发生了变化，导致系统测试时对应的输入、输出引脚没有正确连接，需要读者仔细检查待测电路的封装。目前，所有实验框架文件均提供了待测电路的子电路外观测试子电路，以便检查各引脚是否与连线发生错位。**

1.1.4 实验思考

做完本实验请思考以下问题：

（1）如何快速批量获取汉字的 GB2312 机内码，GB2312 机内码是汉字在机器内存储的编码吗？

（2）Windows 记事本存储汉字的编码有几种？分别对应什么编码标准？

（3）『龘』这个汉字能否用 GB2312 机内码表示？为什么？

（4）如何识别一个编码是汉字编码，还是 ASCII 编码？GB2312 机内码中是否包含 ASCII 字符编码？

（5）图 1.1 中显示一个汉字时需要多少位？实验中的汉字显示电路是如何完成的？字库里面包括什么内容？字库为什么要用区位码进行索引，而不是直接使用 GB2312 机内码进行索引？

（6）超市针式打印机打印购物小票上汉字的打印原理与本实验的字形码是否相同？生活中还有哪些这样的应用场景？

1.2 奇偶校验设计实验

1.2.1 实验目的

掌握奇偶校验基本原理和特性，能在 Logisim 中利用基本逻辑门电路设计实现偶校验编码电路、偶校验检错电路。

1.2.2 实验原理

图 1.4 给出了偶校验编/解码传输测试电路。该电路模拟了数据的偶校验编码、不可靠传输、偶校验检错、解码的全过程。图 1.4 左侧发送方通过地址计数器不断从 ROM 存储器中取出 16 位的汉字 GB2312 机内码，每来一个时钟脉冲，地址计数器自动加 1，通过 ROM 组件取出新的汉字编码，送入**偶校验编码**电路生成 17 位的偶校验码，再经过**随机加扰**模块进行随机加扰（有可能出现 0～3 位错，加扰方式是输入数据异或干扰屏蔽字），被加扰的校验码再通过**偶校验检错**电路进行检错判断，并将 16 位原始数据提取出来，图 1.4 中右上角部分电路用于检测偶校验检错位是否存在误报情况。

为方便测试观察，该电路引入了汉字显示模块，可以直接显示发送端和接收端的汉字字形码。通过汉字显示对比，读者可以很直观地观察传输过程中的出错情况，从而观察采用偶校验进行数据传输的可靠性。使用 Ctrl+T 或⌘+T 组合键开启时钟单步仿真并观察汉字编码传输情况。如果电路功能实现正常，在干扰屏蔽字为 00000 的情况下左右汉字显示应该完全相同。图1.4 中干扰屏蔽字为 00003，出现两位错，导致发送方与接收方的汉字明显不一致，分别为汉字“教”与“较”；发送方探针数据为 0bdcc，而接收方探针数据为 0bdcf，偶校验检错电路却显示检错位为正常，存在误报情况。

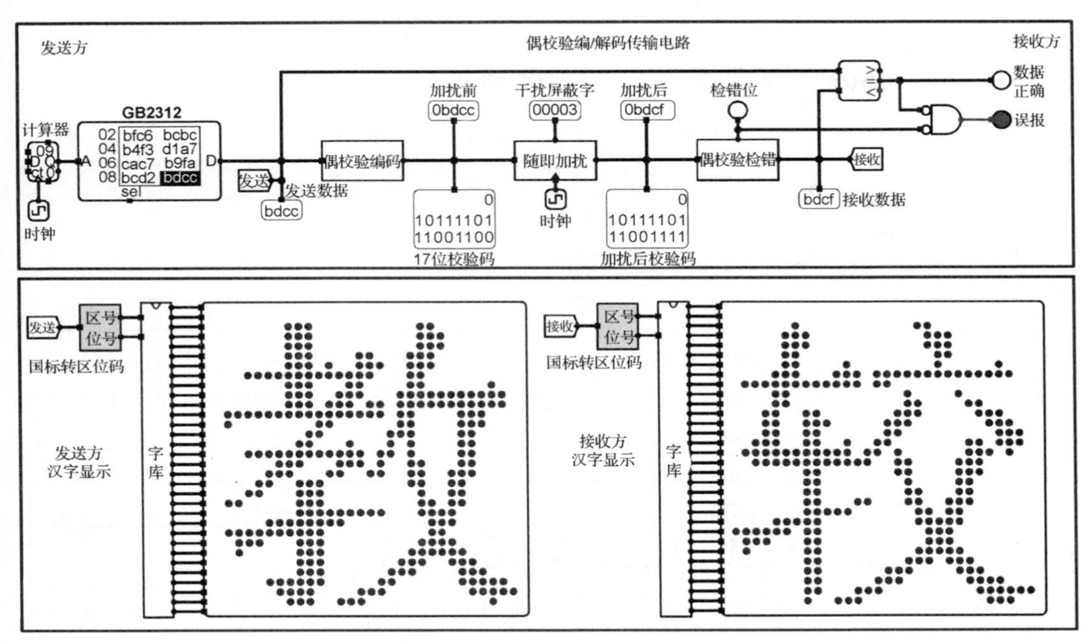

图 1.4　偶校验编/解码传输测试电路

1.2.3　实验内容

本实验需要读者自行设计图 1.4 中的偶校验编码电路和偶校验检错电路。

1. 设计 16 位偶校验编码电路

利用 Logisim 打开实验资料包中的 data.circ 文件，在对应子电路中设计实现偶校验编码电路，其电路封装与引脚功能描述如表 1.2 所示。

表 1.2　　偶校验编码电路封装与引脚功能描述

封装	引脚	类型	位宽	功能说明
原始数据 → 偶校验编码 → 偶校验码	原始数据	输入	16	汉字 GB2312 机内码
	偶校验码	输出	17	偶校验编码，最高位为校验位

偶校验编码电路框架如图 1.5 所示。为方便读者绘制电路图，16 位输入引脚的每一位都通过分线器连接到对应的隧道标签 D_{16}～D_1；读者可以根据偶校验编码规则，利用基本逻辑门电路实现输出与输入之间的逻辑关系。注意，不允许直接使用 Logisim 中的奇偶校验组件。

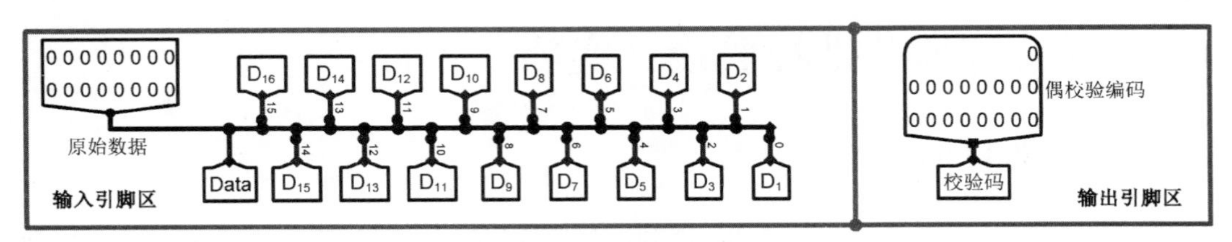

图 1.5　偶校验编码电路框架

2. 设计 17 位偶校验检错电路

在 Logisim 中打开实验资料包中的 data.circ 文件，在对应子电路中完成偶校验检错电路。其电路封装与引脚功能描述如表 1.3 所示。

表 1.3　偶校验检错电路封装与引脚功能描述

检错位
偶校验码 — 偶校验检错 — 原始数据

引脚	类型	位宽	功能说明
偶校验码	输入	17	偶校验编码，最高位为校验位
检错位	输出	1	1 表示出错，0 表示正常
原始数据	输出	16	偶校验编码中的原始数据

偶校验检错电路框架如图 1.6 所示。同样这里 17 位校验码的每一位也都通过分线器利用隧道标签引出，以方便实验使用；读者可以根据偶校验检错、解码规则，利用基本逻辑门电路实现输出与输入之间的逻辑关系。

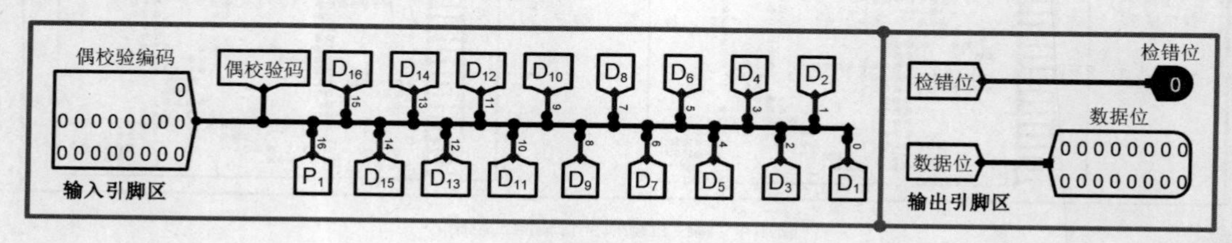

图 1.6　偶校验检错电路框架

3. 偶校验传输测试

在偶校验传输测试子电路中测试偶校验编码、检错电路功能实现是否正确，并观察数据传输过程中何时会出现误报情况，分析偶校验传输的性能，线下测试无误后即可通过头歌平台在线评测。

1.2.4　实验思考

做完本实验后请思考以下问题：

（1）完成电路设计后，仔细观察传输过程，看是否有发生错误但汉字点阵显示一样的情况，并说明为什么会出现这种情况。

（2）如果发生偶数错误，检错位的值是多少？奇偶校验是否具有纠错的功能？

（3）可以利用多个磁盘构建磁盘阵列，以提升存储容量和性能，但由多个磁盘构建的存储系统会带来可靠性降低等问题，通常引入一个奇偶校验盘来解决可靠性问题，以确保当有一块硬盘被损坏时，系统仍然可以正常工作。此时奇偶校验为什么可以纠错？

（4）内存条也可以采用奇偶校验，发现错误时如何处理？

1.3　磁盘阵列条带校验设计实验

1.3.1　实验目的

掌握磁盘阵列条带校验机制原理，能利用奇偶校验的方法实现虚拟磁盘阵列磁盘数据故障的恢复。

1.3.2 实验原理

为提高存储系统的容量、性能和可靠性，美国加州大学伯克利分校的 D.A. Patterson 教授提出了一种多磁盘存储系统，称为独立磁盘冗余阵列（Redundant Array of Independent Disks，RAID），简称**磁盘阵列**。它将多个磁盘按照一定的方式进行组织与管理，构成一个大容量、高性能、高容错的存储系统。该存储系统具有以下基本特征。

（1）在操作系统或硬件的支持下，多个磁盘构成一个更大的逻辑存储空间，从而扩充存储系统的容量。

（2）连续数据被分割成相同大小的数据块，相邻的数据块分布在不同的磁盘上，在进行数据访问时，多个磁盘并发工作，提升存储系统的访问性能。

（3）采用校验编码提升多磁盘系统的可靠性，在某个磁盘出现故障后，磁盘阵列仍可正常工作。

根据不同的数据组织与管理形式，RAID 又被划分成多个级别，这里以 RAID 4 为例，介绍奇偶校验在存储中的应用。RAID 4 采用最简单的奇偶校验提升存储系统的可靠性，系统包括至少 3 块磁盘，其中一块为校验盘，连续数据块采用交叉编址的方式依次存放在不同的磁盘上，不同磁盘上相同位置的数据块构成一个条带（stripe），如图 1.7 中灰色位置所示；条带中的每个数据块称为条带单元。RAID 4 的数据分布如图 1.7 所示。

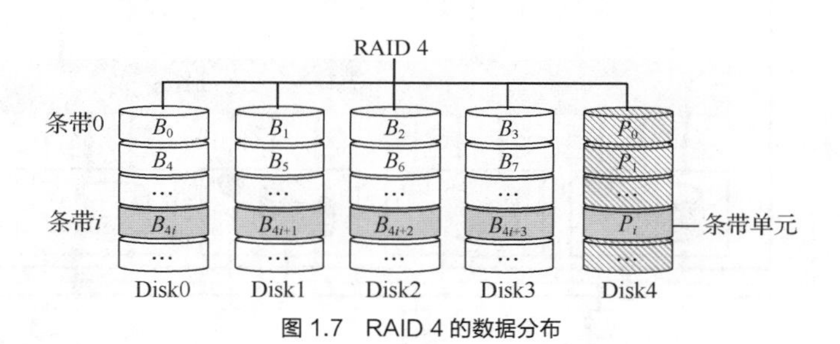

图 1.7　RAID 4 的数据分布

这里 B_{4i}、B_{4i+1}、B_{4i+2}、B_{4i+3} 及 P_i 数据单元称为一个条带。根据偶校验规则，条带 i 的校验信息 P_i 计算公式如下：

$$P_i = B_{4i} \oplus B_{4i+1} \oplus B_{4i+2} \oplus B_{4i+3} \tag{1.1}$$

当某一磁盘出现故障无法读出时，可以通过辅助检测机制检测到具体的出错磁盘。故障盘上的数据可以通过校验盘和其余数据盘上的数据进行恢复，假设 Disk0 损坏，则可以利用如下公式恢复 B_{4i} 的数据，其他磁盘也类似。

$$B_{4i} = P_i \oplus B_{4i+1} \oplus B_{4i+2} \oplus B_{4i+3} \tag{1.2}$$

磁盘阵列在写入数据时，会将连续数据以条带的方式分布到不同的磁盘上，并写入冗余的校验信息。在读出数据时，不论是连续的数据访问，还是随机的多进程请求，各磁盘都可以并发工作，从而提升存储系统的性能；当一块磁盘出现故障时，可以利用校验信息恢复损坏磁盘上的数据，从而保证数据的可用性，并提升存储系统的可靠性。

为了在 Logisim 中模拟磁盘阵列的数据访问，我们利用 RAM 存储器设计了磁盘的模拟电路，其电路封装与引脚功能描述如表 1.4 所示。

表 1.4　磁盘模拟电路封装与引脚功能描述

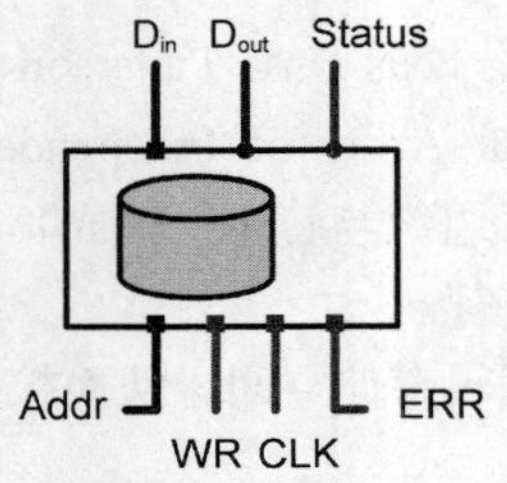

引脚	类型	位宽	功能说明
Addr	输入	5	磁盘数据块地址
WR	输入	1	为 0 表示读，为 1 表示写
CLK	输入	1	写入时钟控制
ERR	输入	1	上跳沿触发磁盘故障，Status 输出为 1
D_{in}	输入	4	磁盘写入数据
D_{out}	输出	4	磁盘读出数据
Status	输出	1	ERR 上跳沿置位，为 1 时 D_{out} 输出高阻态

图 1.8 为虚拟磁盘阵列控制器测试电路。该电路给出了一个磁盘阵列控制器条带逻辑电路模块，需要读者自行完成设计。该模块连接了 5 块模拟磁盘，每个磁盘均连接了 1 个 LED 指示灯以标识状态（绿色表示正常，红色表示故障），其中 4 号磁盘为校验盘，0～3 号磁盘为数据盘。

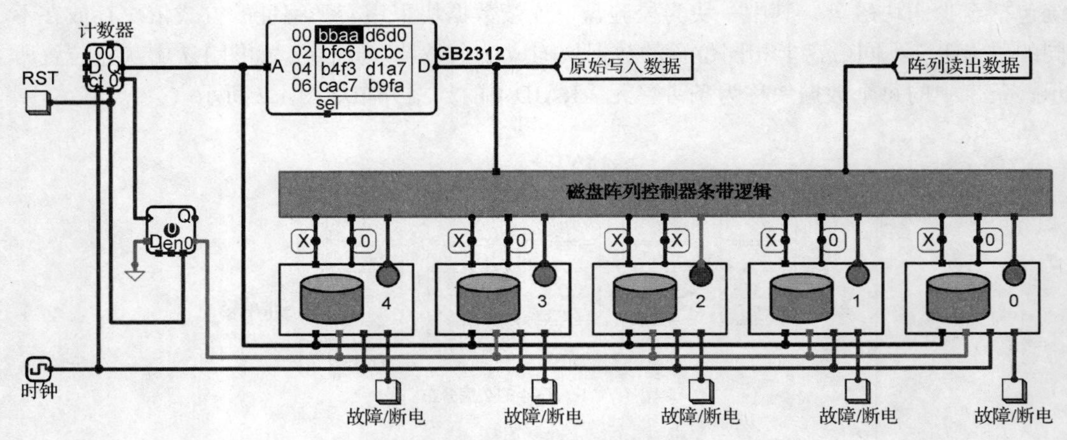

图 1.8　虚拟磁盘阵列控制器测试电路

1.3.3　实验内容

利用 Logisim 打开实验资料包中的 data.circ 文件，在 RAID 条带校验逻辑子电路中完成磁盘阵列条带逻辑，电路封装如图 1.9 所示。输入：16 位条带写入数据、Disk0～Disk4 读数据（各为 4 位）、Disk0～Disk4 状态数据（各为 1 位）。输出：16 位条带读出数据、Disk0～Disk4 写入数据（各为 4 位）。

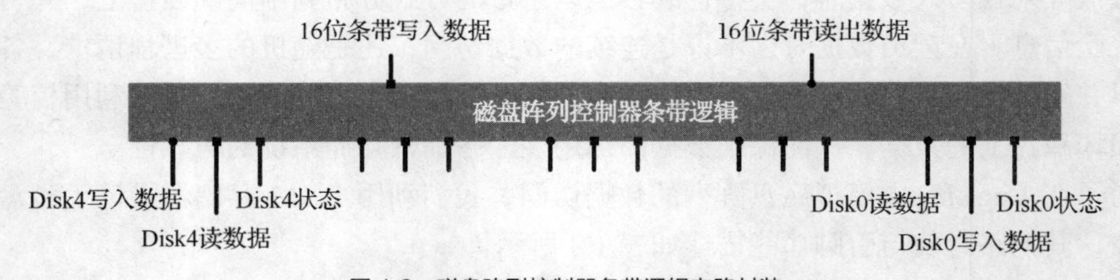

图 1.9　磁盘阵列控制器条带逻辑电路封装

1．设计条带逻辑

在条带校验逻辑电路中实现磁盘阵列控制器内部的条带逻辑，假设条带大小为16位数据，每个条带单元为4位数据，另外主机发送的所有数据请求都是满条带I/O任务，也就是每次读写请求都会读写一个条带的所有条带单元。

处理写逻辑：请按条带逻辑将条带写入数据分配到不同的数据盘上，并生成校验数据。

处理读逻辑：根据5个磁盘的读取数据及状态故障信息生成条带读出数据，注意当某一个数据磁盘发生故障时，需要利用校验信息恢复数据。

2．磁盘阵列控制器读写测试

完成条带逻辑设计后，在RAID测试电路中使用Ctrl+K或⌘+K组合键开启时钟自动运行，5位地址计数器会自动计数，32个汉字编码会从ROM存储器中依次取出并串行写入磁盘阵列0～31号单元中，计数器溢出时会重新从零开始计数，此时磁盘阵列变成读模式，会依次从磁盘阵列0～31号单元读出写入的汉字数据。对比左侧原始写入汉字和右侧读出汉字，两者应完全一致。尝试利用手形戳工具单击某个磁盘故障按钮模拟磁盘故障，观察数据是否正常，再增加故障磁盘数，继续观察。

1.3.4 实验思考

做完本实验后请思考以下问题：

（1）奇偶校验没有纠错能力，为什么在磁盘阵列中却可以恢复数据？

（2）RAID 4中校验盘的访问频率与数据盘的访问频率相比，哪个更高？

1.4 海明校验码设计实验

1.4.1 实验目的

掌握海明校验码设计原理与检错、纠错性能，能独立设计实现16位汉字GB2312机内码的海明校验编码体系，并最终在实验环境中利用硬件电路实现对应的海明编/解码电路。

1.4.2 实验原理

图1.10给出了海明编/解码传输测试电路。该电路模拟了数据的海明校验编码、不可靠传输、海明校验码检错、解码的全过程。图1.10左侧发送方通过地址计数器不断从ROM存储器中取出16位的汉字GB2312机内码，每来一个时钟脉冲，地址计数器自动加1，通过ROM组件取出新的汉字编码，送入**海明编码**电路生成22位的海明码，再经过**随机干扰**模块进行随机加扰（加扰方式是输入数据异或干扰屏蔽字，可以通过加扰控制引脚的值来控制随机干扰模式，00表示无干扰，01表示1位错随机干扰，10表示2位错随机干扰，11表示0～2位错随机干扰）。传输到接收方加扰后的海明码再通过**海明解码**电路进行检错解码，并将16位原始数据提取出来。

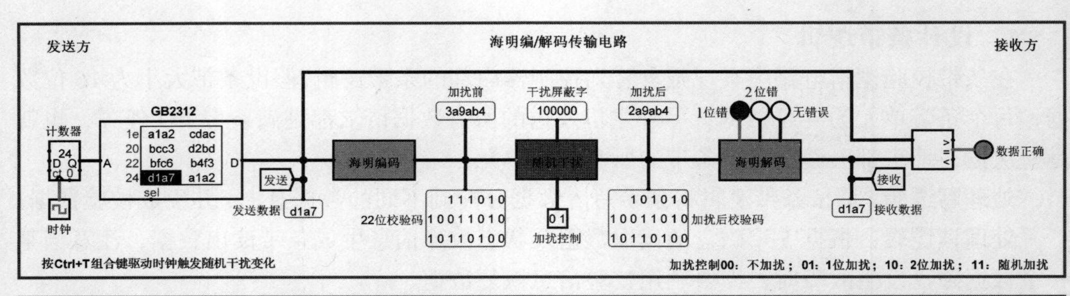

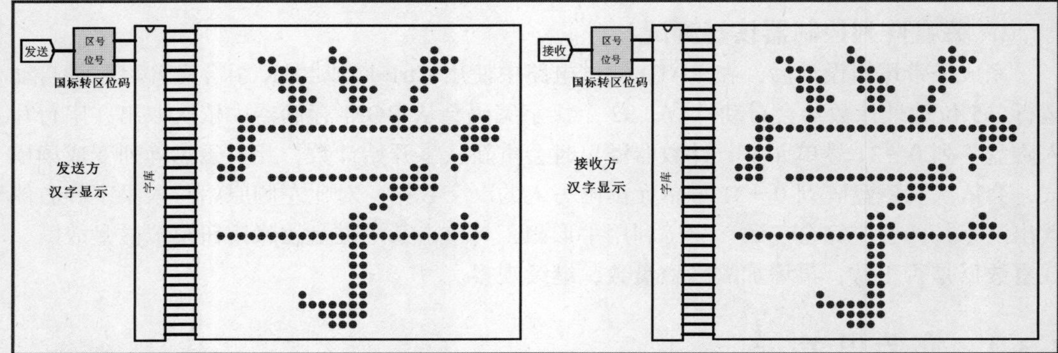

图 1.10 海明编/解码传输测试电路

为方便测试观察，该电路引入了汉字显示模块，可以直接显示发送端和接收端的汉字字形码。通过汉字显示对比，读者可以很直观地观察传输过程中的出错情况，从而观察采用海明校验进行数据传输时传输的可靠性。使用 Ctrl+T 或⌘+T 组合键开启时钟单步仿真并观察汉字编码传输情况。如果电路功能实现正常，在 0～1 位错的情况下左右汉字显示应该完全相同。图 1.10 中干扰屏蔽字为 100000，出现 1 位错，由于海明码可以纠正 1 位错，因此发送方与接收方的汉字显示一致。

1.4.3 实验内容

1. 设计海明校验编码电路

利用 Logisim 打开实验资料包中的 data.circ 文件，在对应子电路中完成海明校验编码电路设计，其电路封装与引脚功能描述如表 1.5 所示。

表 1.5 海明校验编码电路封装与引脚功能描述

封装	引脚	类型	位宽	功能说明
原始数据 → 海明编码 → 海明码	原始数据	输入	16	待校验数据
	海明码	输出	22	能检 2 位错的海明码

海明校验编码电路框架如图 1.11 所示。注意，16 位原始数据输入的每一位都已经通过分线器利用隧道标签引出，可以被直接复制到绘图区使用。

实验步骤如下。

（1）设计（16，5）的海明编码，根据海明校验码的定义推导出该编码奇偶校验分组规则，设计编码中校验位数据位的放置顺序，给出校验码的逻辑表达式。

（2）在 Logisim 中利用基本逻辑门电路实现该电路。

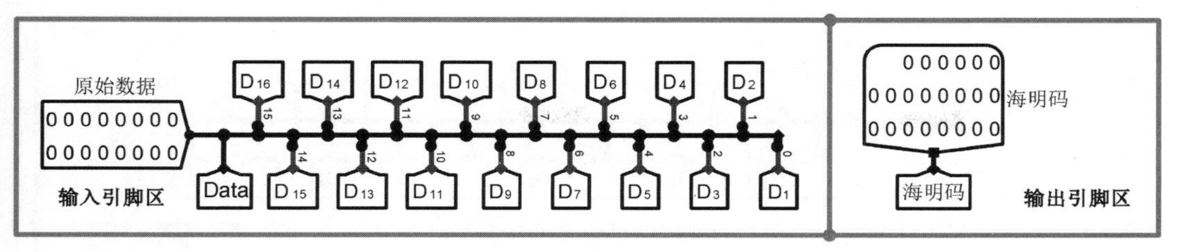

图 1.11　海明校验编码电路框架

实验提示

为简化绘图工作量，读者可以增加子电路，利用逻辑表达式自动生成电路后，将电路复制到海明编码电路中再进行简单的隧道标签连接。

（3）为上述电路增加所有 21 位的总校验位，构成最终的海明码，请思考为什么要引入这个总校验位。

2．设计海明校验解码电路

在 Logisim 中打开实验资料包中的 data.circ 文件，在对应子电路中完成海明校验解码电路设计，其电路封装与引脚功能描述如表 1.6 所示。

表 1.6　海明校验解码电路封装与引脚功能描述

引脚	类型	位宽	功能说明
海明码	输入	22	能检 2 位错的海明码
0 位错	输出	1	为 1 表示无错误
1 位错	输出	1	为 1 表示有 1 位错
2 位错	输出	1	为 1 表示有 2 位错
原始数据	输出	16	海明码纠错后的原始数据

海明校验解码电路框架如图 1.12 所示。注意，输入 16 位原始数据的每一位都已经通过分线器利用隧道标签引出，可以直接复制到绘图区使用。

实验步骤如下。

（1）实现检错码逻辑。根据已设计的（16，5）海明编码校验组分组规则，给出海明检错码及总校验位检错码的逻辑表达式，利用基本逻辑门电路生成海明检错码和总校验位检错码。

（2）实现检错逻辑。根据海明检错码、总校验位检错码的值生成 0 位错、1 位错、2 位错状态位，实现相应逻辑电路。

（3）实现纠错逻辑。假设最多产生 1 位错，如果检错码非零，根据检错码的值纠正数据并输出，这里不考虑 2 位错时纠错的正确性。

纠错逻辑可以通过将检错码用译码器译码后与对应数据位异或实现。

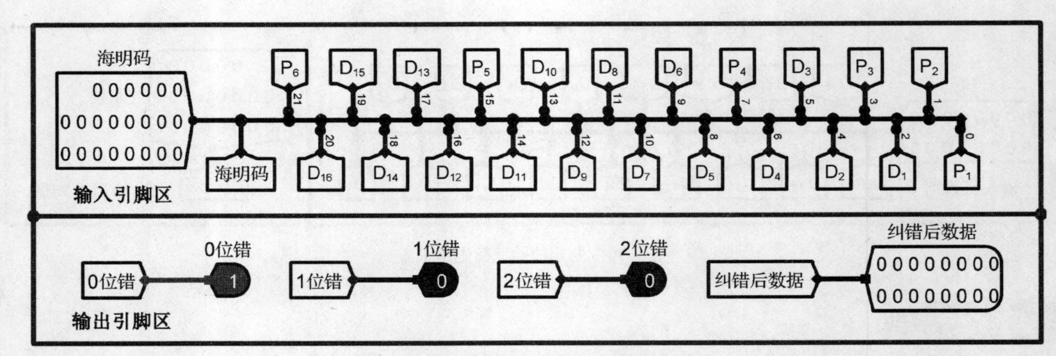

图 1.12　海明校验解码电路框架

3．海明校验传输测试

在海明校验传输测试电路中测试海明校验编/解码电路的正确性，通过发送方和接收方的汉字显示对比可以很直观地观察海明纠错的效果，使用 Ctrl+K 或⌘+K 组合键开启时钟自动仿真测试（请将 Logisim 仿真频率调整到 8Hz）即可进行观察测试，线下测试功能正常后即可提交头歌平台在线测试，如不能通过测试，可以将未能通过的测试用例加载在相应电路输入引脚上，再仔细检查相关逻辑。

1.4.4　实验思考

做完本实验后请思考以下问题：

（1）如果总校验位出错，其他 21 位编码出现 1 位错时，该如何处理？此时能否直接纠错？

（2）如果出现 3 位错误，海明编码传输电路会出现什么情况？

（3）海明编码的编码效率如何？

1.5　CRC 校验码设计实验

1.5.1　实验目的

掌握 CRC 循环冗余校验码的基本原理，能利用所学的数字逻辑知识设计实现 16 位汉字 GB2312 机内码的并行 CRC 编/解码电路。

1.5.2　实验原理

图 1.13 给出了 CRC 编码传输测试电路。该电路模拟了 CRC 校验编码、不可靠传输、CRC 校验码检错、解码的全过程。图 1.13 左侧发送方通过地址计数器不断从 ROM 存储器中取出 16 位的汉字 GB2312 机内码，每来一个时钟脉冲，地址计数器自动加 1，通过 ROM 组件取出新的汉字编码，送入 **CRC 编码**电路生成 22 位的 CRC 校验码，再经过**随机干扰**模块进行随机加扰（加扰方式是输入数据异或干扰屏蔽字，可以通过加扰控制引脚的值来控制随机干扰模式，00 表示无干扰，01 表示 1 位错随机干扰，10 表示 2 位错随机干扰，11 表示 0～2 位错随机干扰）。加扰后的校验码再通过 **CRC 解码**电路进行检错解码，并将 16 位原始数据提取出来。

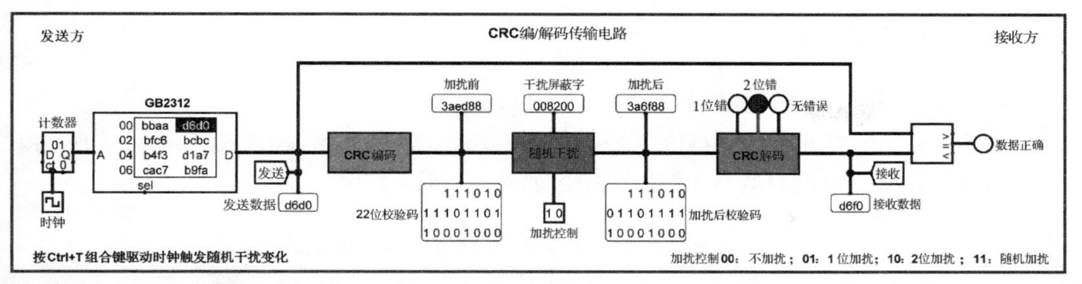

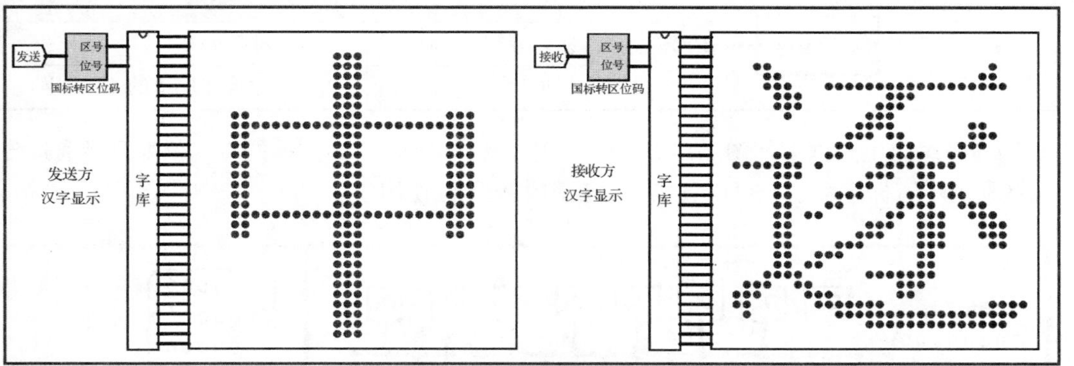

图 1.13　CRC 编码传输测试电路

为方便测试观察，该电路引入了汉字显示模块，可以直接显示发送端和接收端的汉字字形码。通过汉字显示对比，读者可以很直观地观察传输过程中的出错情况，从而观察采用 CRC 校验进行数据传输时传输的可靠性。使用 Ctrl+T 或⌘+T 组合键开启时钟单步仿真并观察汉字编码传输情况。如果电路功能实现正常，在 0～1 位错的情况下左右汉字显示应该完全相同。图 1.13 中干扰屏蔽字为 008200，出现 2 位错，CRC 编码无法纠错，所以发送方与接收方的汉字显示不一致。

《计算机组成原理（微课版）》介绍了 CRC 串行编/解码电路的基本原理，但串行、编/解码是同步时序电路，需要多个时钟周期才能完成 CRC 编/解码，显然不适合图 1.13 中的 CRC 编码传输测试电路。本实验需要构建纯组合逻辑的并行 CRC 编/解码电路，可以利用模 2 除法的性质进行求解。

模 2 除法的**余数满足结合律**：相同的生成多项式，两数的余数异或等于两数异或后的余数。以生成多项式 $G(x)$=1011 的（7，4）码为例，待编码数据 $D_3D_2D_1D_0$=1011=1000⊕0010⊕0001，手工分别求解 1000、0100、0010、0001 的 3 位余数 $R_i=r_2r_1r_0$，这里 R_{1000}=101、R_{0100}=111、R_{0010}=110、R_{0001}=011，则 1011 的余数 $R_{1011}= R_{1000}\oplus R_{0010}\oplus R_{0001}$。同理，利用 R_{1000}、R_{0100}、R_{0010}、R_{0001} 的不同组合可以求解任意 4 位数据的 CRC 余数。

以上就是并行编/解码电路的基本思路：对于 n 位数据，事先求解 n 个幂次方常量的余数常量，然后利用余数常量的异或组合可得到最终余数。进一步分析，D_3=1 会产生余数 R_{1000}=101，也就是引起余数位 r_2、r_0 为 1；同样，D_2=1 会产生余数 R_{0100}=111，引起余数位 r_2、r_1、r_0 为 1，D_1=1 会产生余数 R_{0010}=110，会引起余数位 r_2、r_1 为 1；D_0=1 会产生余数 R_{0001}=011，引起余数位 r_1、r_0 为 1，根据余数的结合律，可知 $r_2=D_3\oplus D_2\oplus D_1$，$r_1=D_2\oplus D_1\oplus D_0$，$r_0=D_3\oplus D_2\oplus D_0$，这极大地简化了 CRC 编/解码的电路。看到这里，读者可能会发现 CRC 编码和海明编码非常类似，CRC 编码也可以看作是一种特殊的分组奇偶校验编码。

1.5.3 实验内容

1. CRC 并行编码电路设计

利用 Logisim 打开实验资料包中的 data.circ 文件，尝试利用纯组合逻辑电路实现 CRC 并行编码电路，其电路封装与引脚功能描述如表 1.7 所示。

表 1.7　CRC 并行编码电路封装与引脚功能描述

引脚	类型	位宽	功能说明
原始数据	输入	16	待校验数据
CRC 码	输出	22	能检 2 位错的 CRC 码

CRC 编码电路框架如图 1.14 所示。注意，输入 16 位原始数据的每一位都已经通过分线器利用隧道标签引出，可以直接将其复制到绘图区使用。

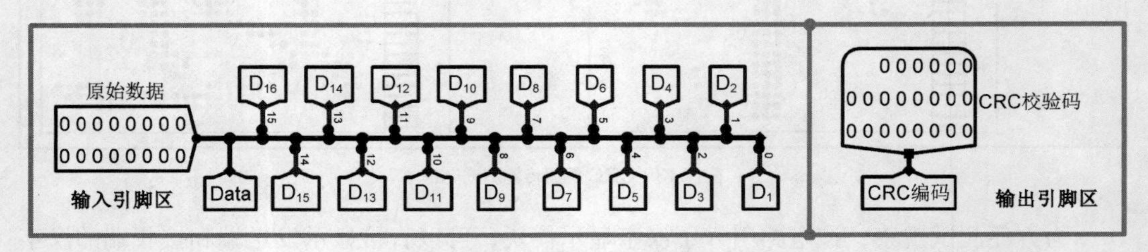

图 1.14　CRC 编码电路框架

（1）查阅《计算机组成原理（微课版）》，选择合适的生成多项式，构建（22，16）CRC 编码，要求能区分 1 位错和 2 位错。

（2）根据实验原理，设计并行 CRC 编码电路。

2. CRC 并行解码电路设计

在 Logisim 中打开实验资料包中的 data.circ 文件，在对应子电路中完成 CRC 并行解码电路，其电路封装与引脚功能描述如表 1.8 所示。

表 1.8　CRC 并行解码电路封装与引脚功能描述

引脚	类型	位宽	功能说明
CRC 码	输入	22	能检 2 位错的 CRC 码
0 位错	输出	1	为 1 表示无错误
1 位错	输出	1	为 1 表示有 1 位错
2 位错	输出	1	为 1 表示有 2 位错
原始数据	输出	16	CRC 码纠错后的原始数据

CRC 解码电路框架如图 1.15 所示。注意，输入 16 位原始数据的每一位都已经通过分线器利用隧道标签引出，可以直接将其复制到绘图区使用。

实验步骤如下。

（1）实现检错码逻辑。根据编码电路选择的生成多项式，产生 CRC 检错电路，也就是余数逻辑。

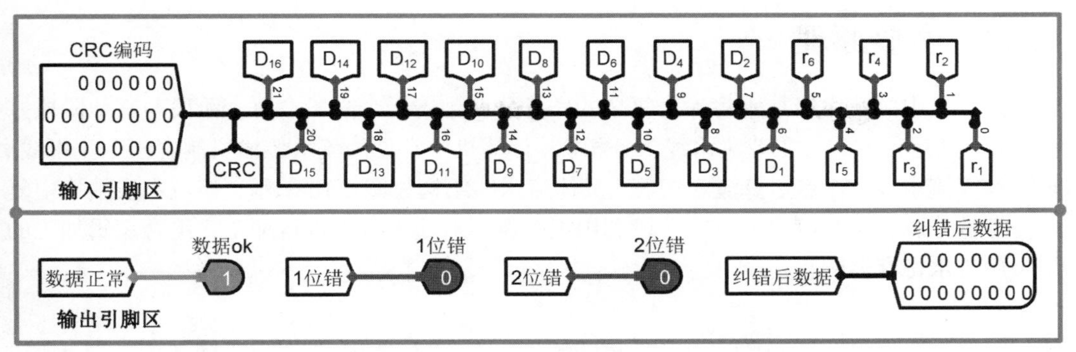

图 1.15　CRC 解码电路框架

（2）实现检错逻辑。根据余数的值生成 0 位错、1 位错、2 位错状态位，实现相应逻辑电路。

（3）实现纠错逻辑。假设最多产生 1 位错，如果检错码非零，则根据 CRC 编码特性实现纠错逻辑。这里不考虑 2 位错时纠错的正确性。

实验提示

可以根据 1 位错余数和出错位的对应关系，利用组合逻辑将 1 位错余数转换为位置值再进行纠错。

3. CRC 校验码传输测试

在 CRC 校验码传输测试电路中测试 CRC 校验编/解码电路的正确性，通过发送方和接收方的汉字显示对比可以很直观地观察 CRC 纠错的效果，使用 Ctrl+K 或⌘+K 组合键开启时钟自动仿真测试（请将 Logisim 仿真频率调整到 8Hz）即可进行观察测试。线下测试功能正常后即可提交头歌平台在线测试。注意，由于 CRC 编/解码方案不同，这里测试时是将编码电路和解码电路串联后同时进行测试，如不能通过测试，可以将平台反馈的未能通过测试用例加载在相应电路输入引脚上，再仔细检查相关逻辑。

1.5.4　实验思考

做完本实验后请思考以下问题：

（1）CRC 编码的编码效率如何？

（2）如果出现 3 位错误，CRC 编码传输电路会出现什么情况？

1.6　编码流水传输设计实验

1.6.1　实验目的

提前熟悉流水传输机制、流水暂停原理，为最终的流水 CPU 设计做好技术储备，最终读者能对实验环境提供的五段流水编码传输电路进行简单修改，实现数据编码在不可靠网络中的可靠传输。

1.6.2 实验原理

计算机中的流水线技术将一个复杂的任务分解为若干个阶段，每个阶段与其他阶段并行运行，其运行方式与工业流水线十分相似。计算机中常见的流水传输机制有指令流水线、乘法运算流水线、浮点运算流水线等。具体流水线结构如图 1.16 所示，该流水线结构中复杂任务被分成若干个阶段，每个阶段利用组合逻辑对输入数据进行加工，组合逻辑加工的结果用流水寄存器锁存。

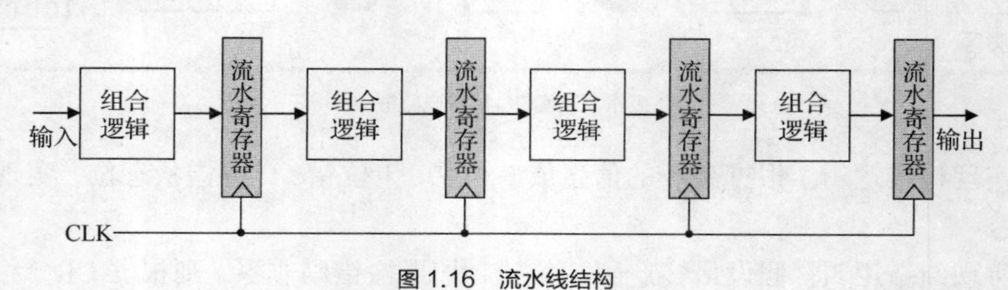

图 1.16 流水线结构

所有流水寄存器均采用公共时钟控制同步，每来一个时钟脉冲，各段组合逻辑功能部件处理完成的数据会锁存到流水寄存器中，作为下段的输入。流水寄存器在公共时钟的驱动下可以锁存流水线前段加工完成的数据及控制信号，锁存的数据和信号将用于后段的继续加工或处理。采用流水线技术可以极大地提升系统效率，假设各段时间延迟均为 *T*，当流水充满后每隔一个时钟周期 *T* 就会完成一个数据加工，如果不采用流水线技术，图 1.16 中的示例需要 4*T* 才能完成一个数据的加工。

1.6.3 实验内容

利用 Logisim 打开实验资料包中的 data.circ 文件，打开海明编码流水传输电路，如图 1.17 所示，该电路将海明编码传输过程分成了 5 个阶段（取数、编码、传输、解码、显示），这与 CPU 指令流水线的处理过程非常相似。注意此实验必须在完成海明校验实验或 CRC 校验实验后方能进行，CRC 编码流水传输也有相同的测试电路。中间长条为流水寄存器部件（内部实际是若干寄存器，用于锁存数据和控制信号），流水寄存器提供同步清零控制信号。使用 Ctrl+T 或⌘+T 组合键启用时钟自动仿真运行该电路，观察接收方接收到的信息，当发生 2 位错时，将会发生错误。

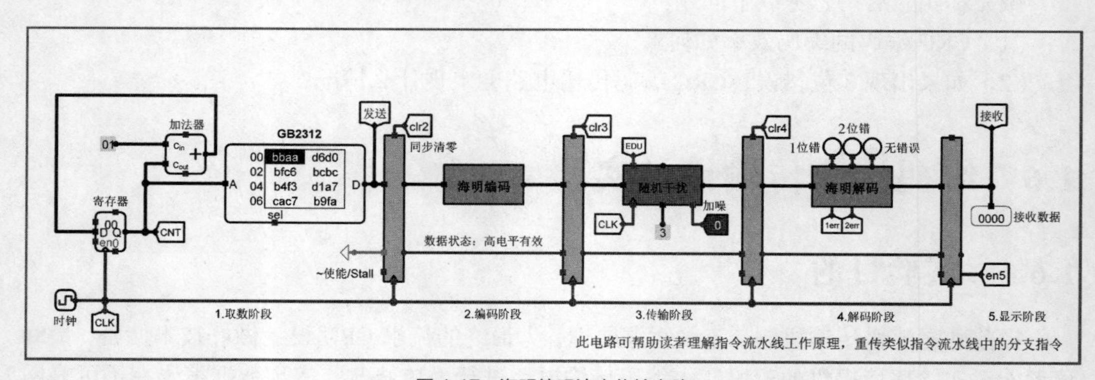

图 1.17 海明编码流水传输电路

尝试使用最少的器件简单修改该电路，保证在传输阶段有随机干扰的情况下显示阶段仍能按照发送方的文字顺序显示正确的汉字序列。注意，解码阶段出现 2 位错时，系统应能要求取数阶段自动重传出错的编码,并放弃编码阶段和传输阶段的数据以保证传输顺序，从而使该电路能正确传输所有数据;该操作与指令流水线中的分支跳转处理策略完全相同。

实验提示

当出现 1 位错时，解码电路会自动纠错；当出现 2 位错时，要将已经进入显示阶段的数据锁定，并将取数阶段的地址回滚到正确的位置，还要将编码阶段和传输阶段数据状态控制信号清零，表示数据无用，否则会导致显示阶段显示的数据顺序与 ROM 中的不一致。实验时请注意数据状态线的使用，该信号为 1，表示当前阶段数据有效。

1.6.4 实验思考

做完本实验请思考以下问题：

（1）将随机干扰电路加噪控制端置 1，可能会引起 3 位以上的错误，此时流水传输是否还能正常完成？如不能，如何处理？

（2）流水接口部件的清空信号是时钟同步清空，还是电平异步清空好？为什么？

（3）如果出现连续的 2 位错，是否会导致地址回滚溢出？

第 2 章
运算器实验

2.1 可控加减法电路设计实验

2.1.1 实验目的

掌握 1 位全加器的实现逻辑，掌握多位可控加减法电路的实现逻辑；通过实验尽快熟悉 Logisim 平台基本功能，能在 Logisim 中实现多位可控加减法电路。

2.1.2 实验内容

利用 Logisim 打开实验资料包中的 alu.circ 文件，在对应子电路中利用已封装好的全加器设计 8 位串行可控加减法电路，其电路封装与引脚功能描述如表 2.1 所示。

表 2.1　　8 位串行可控加减法电路封装与引脚功能描述

引脚	类型	位宽	功能说明
X	输入	8	操作数 X
Y	输入	8	操作数 Y
Sub	输入	1	为 0 表示加法，为 1 表示减法
S	输出	8	运算结果 S
OF	输出	1	有符号溢出标志
C_{out}	输出	1	进位输出

8 位串行可控加减法电路框架如图 2.1 所示，请在相应电路中使用对应引脚的隧道标签实现相应的加减法控制逻辑。注意，这里 X、Y、S 引脚的每一位均用分线器连接到了对应隧道标签，绘图时可灵活复制使用。

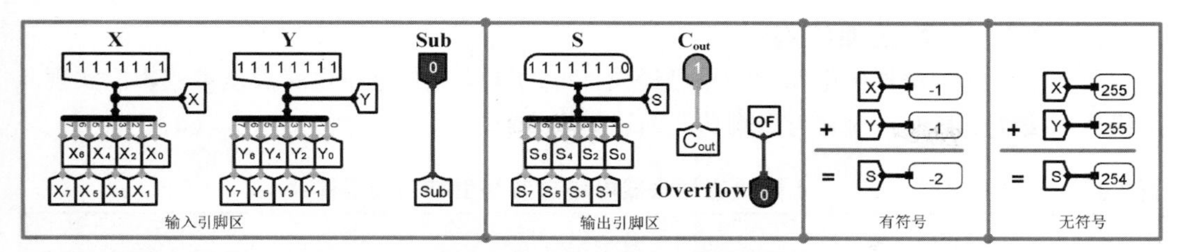

图 2.1　8 位串行可控加减法电路框架

8 位串行可控加减法电路是组合电路，设计完成后可以利用手形戳工具单击输入引脚，设置输入引脚的值，尝试设置不同的输入组合，观察探测区运算结果是否正确。读者也可直接在头歌平台提交电路源代码进行在线测试，如未能通过测试，可以将无法通过的测试用例加载在输入引脚上进一步调试。

2.1.3　实验思考

做完本实验后请思考以下问题：

（1）假设所有门电路延迟均为 T，8 位串行可控加减法器的时间延迟是 $18T$，为什么？

（2）有符号加法和减法的溢出检测逻辑有无区别？

（3）无符号加法和减法的溢出检测逻辑有无区别？

（4）在 CPU 中可控加减法电路中的减法控制信号 Sub 何时产生？由什么产生？

2.2　4 位快速加法器设计实验

2.2.1　实验目的

掌握先行进位的原理，能利用相关知识设计 4 位先行进位电路，并利用设计的 4 位先行进位电路构造 4 位快速加法器，能合理分析对应电路的时间延迟。

2.2.2　实验内容

1．设计 4 位先行进位电路

在 Logisim 中打开 alu.circ 文件，在对应子电路中利用基本逻辑门实现可级联的 4 位先行进位电路，其电路封装与引脚功能描述如表 2.2 所示。

表 2.2　　4 位先行进位电路封装与引脚功能描述

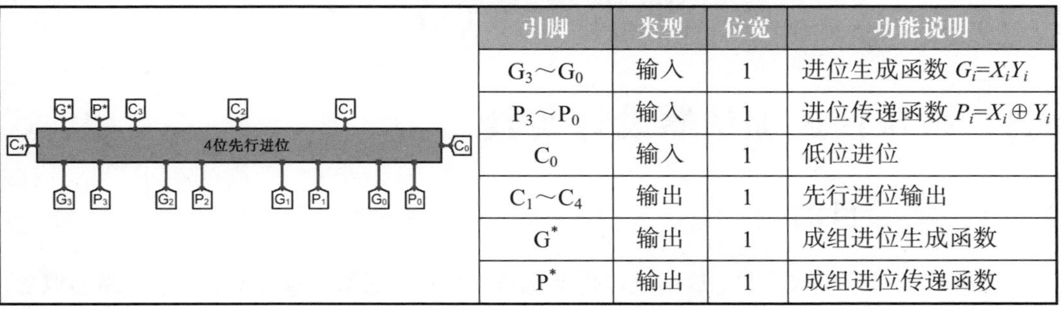

引脚	类型	位宽	功能说明
$G_3 \sim G_0$	输入	1	进位生成函数 $G_i=X_iY_i$
$P_3 \sim P_0$	输入	1	进位传递函数 $P_i=X_i \oplus Y_i$
C_0	输入	1	低位进位
$C_1 \sim C_4$	输出	1	先行进位输出
G^*	输出	1	成组进位生成函数
P^*	输出	1	成组进位传递函数

2．设计 4 位快速加法器

在 4 位快速加法器子电路中利用已经设计好的 4 位先行进位电路及基本逻辑门实现 4 位快速加法器，其电路封装与引脚功能描述如表 2.3 所示。

表 2.3　　4 位快速加法器电路封装与引脚功能描述

引脚	类型	位宽	功能说明
X	输入	4	相加数 X
Y	输入	4	相加数 Y
C_0	输入	1	低位进位
S	输出	4	运算和
G^*、P^*	输出	1	成组进位生成函数、成组进位传递函数
C_4、C_3	输出	1	最高位进位和次高位进位

4 位快速加法器电路框架如图2.2 所示，请在相应电路中使用对应引脚的隧道标签实现相应的逻辑。注意，X、Y、S 引脚的每一位均用分线器连接到了对应隧道标签，绘图时可灵活使用。图 2.2 右侧探测区利用探针组件直观地显示了有符号加法和无符号加法的运算结果，方便观察测试。

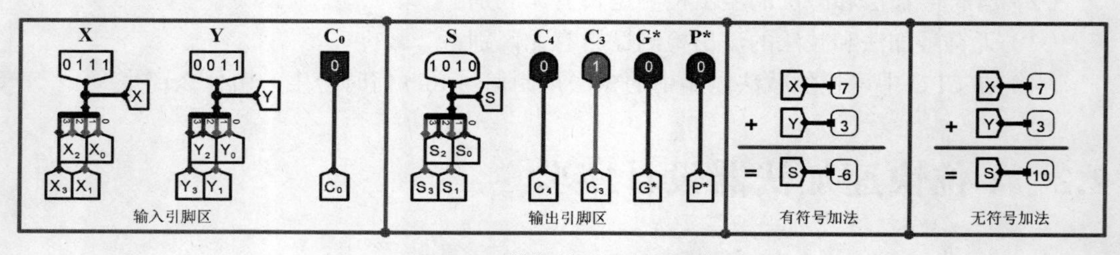

图 2.2　4 位快速加法器电路框架

3．功能测试

先行进位电路和快速加法器电路都是组合电路。设计完成后可以利用手形戳工具单击输入引脚，设置输入引脚的值，尝试设置不同的输入组合，观察探测区运算结果是否正确。读者也可直接在头歌平台提交电路源代码进行在线测试，如未能通过测试，可以将无法通过的测试用例加载在输入引脚上进一步调试。

2.2.3　实验思考

做完本实验后请思考以下问题：

（1）4 位快速加法器与 4 位串行加法器相比，性能提升了多少？硬件成本提升了多少？

（2）进位传递函数 $P_i=X_i \oplus Y_i$，使用逻辑或是否可行？

2.3　多位快速加法器设计实验

2.3.1　实验目的

理解成组进位生成函数、成组进位传递函数的概念，熟悉 Logisim 平台子电路的概念，能利用4位先行进位电路和4位快速加法器电路构建16位、32位、64位快速加法器，并能利用相关知识分析对应电路的时间延迟、成本开销，理解电路并行的概念。

2.3.2 实验内容

1. 16位快速加法器设计

在alu.circ文件对应的子电路中利用4位先行进位电路和4位快速加法器电路构造16位组间先行进位、组内先行进位快速加法器，并验证其功能是否正常，其电路封装与引脚功能描述如表2.4所示。

表2.4　　16位快速加法器电路封装与引脚功能描述

引脚	类型	位宽	功能说明
X	输入	16	相加数X
Y	输入	16	相加数Y
C_0	输入	1	低位进位
S	输出	16	运算和
G^*、P^*	输出	1	成组进位生成函数、成组进位传递函数
C_{16}、C_{15}	输出	1	最高位进位和次高位进位

16位快速加法器电路框架如图2.3所示，请在该电路中利用已实现的4位先行进位电路、4位快速加法器电路及对应引脚的隧道标签实现相应的逻辑。注意，X、Y、S引脚的每4位一组均用分线器连接到了对应隧道标签，绘图时可灵活使用。图2.3右侧探测区利用探针组件直观地显示了有符号加法和无符号加法的运算结果，方便观察测试。

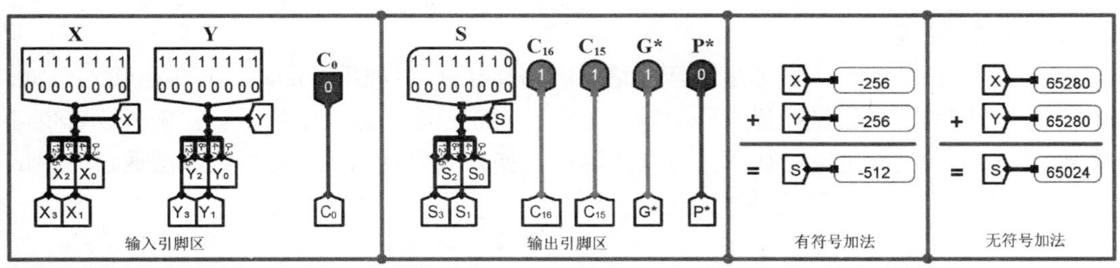

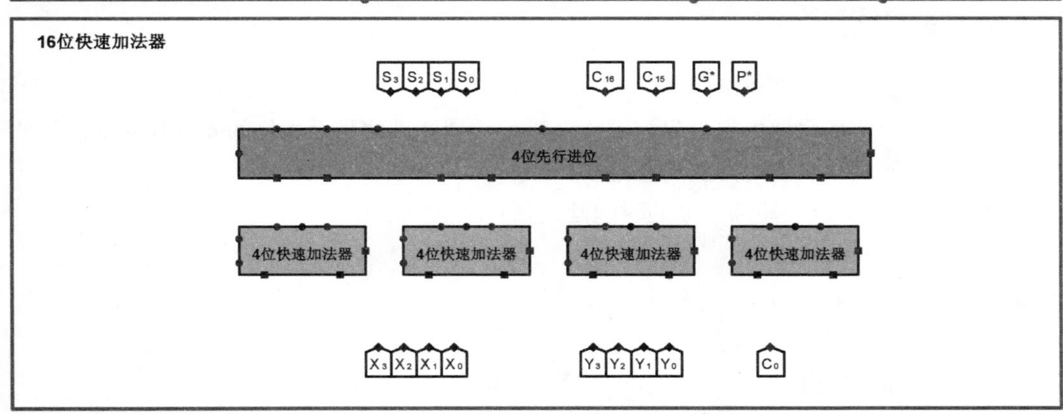

图2.3　16位快速加法器电路框架

2．32 位快速加法器设计

可能方案：①两个 16 位加法器直接串联；②在 16 位快速加法器的基础上再增加一级组间先行进位电路，这是一种类似 64 位快速加法器的设计方法。请分别分析这两种方案可能的总延迟，选择速度最快的方案实现 32 位快速加法器，并分析其时间延迟。其电路封装与引脚功能描述如表 2.5 所示。

表 2.5　　32 位快速加法器电路封装与引脚功能描述

引脚	类型	位宽	功能说明
X	输入	32	相加数 X
Y	输入	32	相加数 Y
C_0	输入	1	低位进位
S	输出	16	运算和
C_{32}、C_{31}	输出	1	最高位进位和次高位进位

32 位快速加法器电路框架如图 2.4 所示，请在相应电路中利用已实现的 4 位先行进位电路、4 位/16 位快速加法器电路及对应引脚的隧道标签实现相应的逻辑。图 2.4 右侧探测区利用探针组件直观地显示了有符号加法和无符号加法的运算结果，方便观察测试。

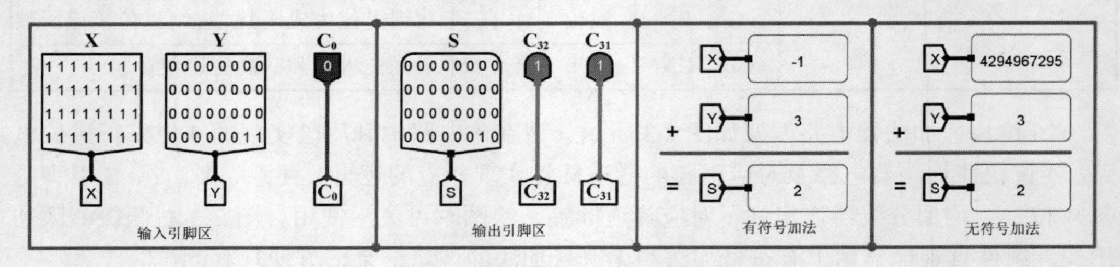

图 2.4　32 位快速加法器电路框架

3．功能测试

16 位、32 位快速加法器都是组合电路。设计完成后可以利用手形戳工具单击输入引脚，设置输入引脚的值，尝试设置不同的输入组合，观察探测区运算结果是否正确。读者也可直接在头歌平台提交电路源代码进行在线测试，如未能通过测试，可以将无法通过的测试用例加载在输入引脚上做进一步调试。

2.3.3　实验思考

做完本实验后请思考以下问题：

（1）16 位快速加法器中组件先行进位电路的最高位进位和最高位的 4 位快速加法器的进位信号逻辑等价，二者时间延迟各是多少？

（2）32 位、64 位快速加法器的时间延迟各是多少？

2.4　32 位 ALU 设计实验

2.4.1　实验目的

理解算术逻辑运算单元（Arithmetic Logic Unit，ALU）的基本构成，掌握 Logisim 中

各种运算组件的使用方法，熟悉多路选择器的使用，能利用已完成的 32 位加法器、Logisim 中的运算组件构造指定规格的 ALU。

2.4.2 实验内容

在 alu.circ 文件对应的子电路中利用已完成的 32 位加法器和 Logisim 平台中现有运算部件构建一个 32 位算术逻辑运算单元（严禁使用 Logisim 系统自带的加法器、减法器、求补器），要求支持算术加、减、乘、除及逻辑与、逻辑或、逻辑非、逻辑异或、逻辑左移、逻辑右移、算术右移运算，支持有符号溢出 OF、无符号溢出 UOF、结果相等 Equal 等运算状态标志。ALU 电路封装与引脚功能描述如表 2.6 所示，芯片运算符功能如表 2.7 所示。

表 2.6　ALU 电路封装与引脚功能描述

引脚	类型	位宽	功能说明
X	输入	32	操作数 X
Y	输入	32	操作数 Y
ALU_OP	输入	4	运算器功能选择，具体功能见表 2.7
R	输出	32	运算结果
R2	输出	32	运算结果第 2 部分，用于乘法指令结果高位或除法指令的余数位，其他运算时值为 0
OF	输出	1	有符号加减运算溢出标记，其他运算时值为 0
UOF	输出	1	无符号加减运算溢出标记，其他运算时值为 0（溢出条件：加法和小于加数、减法差大于被减数）
equal	输出	1	X、Y 相等时为 1，否则为 0，对所有运算均有效

表 2.7　芯片运算符功能

ALU_OP	十进制	运算	功能说明
0000	0	逻辑左移	Result = X << Y　（Y 取低 5 位）；Result2=0
0001	1	算术右移	Result = X >>>Y　（Y 取低 5 位）；Result2=0
0010	2	逻辑右移	Result = X >> Y　（Y 取低 5 位）；Result2=0
0011	3	无符号乘法	Result = $(X * Y)_{[31:0]}$；Result2 = $(X * Y)_{[63:32]}$
0100	4	无符号除法	Result = X/Y；　Result2 = X%Y
0101	5	加法	Result = X+Y　（设置 OF/UOF 标志）
0110	6	减法	Result = X−Y　（设置 OF/UOF 标志）
0111	7	按位与	Result = X & Y
1000	8	按位或	Result = X | Y
1001	9	按位异或	Result = X ⊕ Y
1010	10	按位或非	Result = ～(X |Y)
1011	11	有符号比较	Result = (X < Y) ? 1 : 0 （X、Y 为有符号数）
1100	12	无符号比较	Result = (X < Y) ? 1 : 0 （X、Y 为无符号数）

完成电路设计后可在ALU自动测试电路中对ALU进行自动测试，测试电路如图2.5所示。该电路会对ALU电路进行自动测试、自动评分，并进行故障定位。使用Ctrl+K或⌘+K组合键开启时钟自动仿真测试（请将Logisim仿真频率调整到4kHz），测试完后指示灯会点亮，电路自动给出成绩评分，100分为完全通过；如果存在故障，电路下方LED指示灯会给出红色故障指示；未能通过的测试用例会存放在RAM存储器中。出现故障时可以将对应错误用例中的操作数和运算操作码加载到ALU的引脚上进行故障调试，也可直接在头歌平台提交电路源代码进行在线测试。

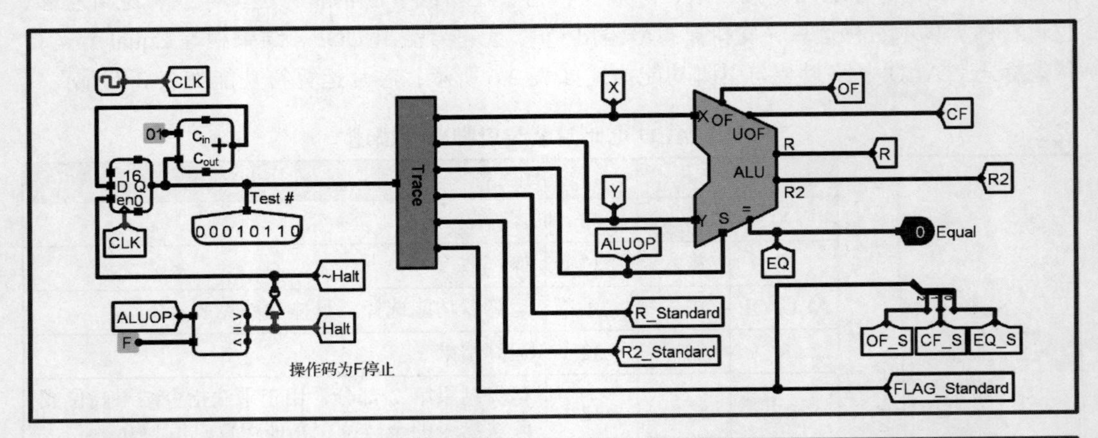

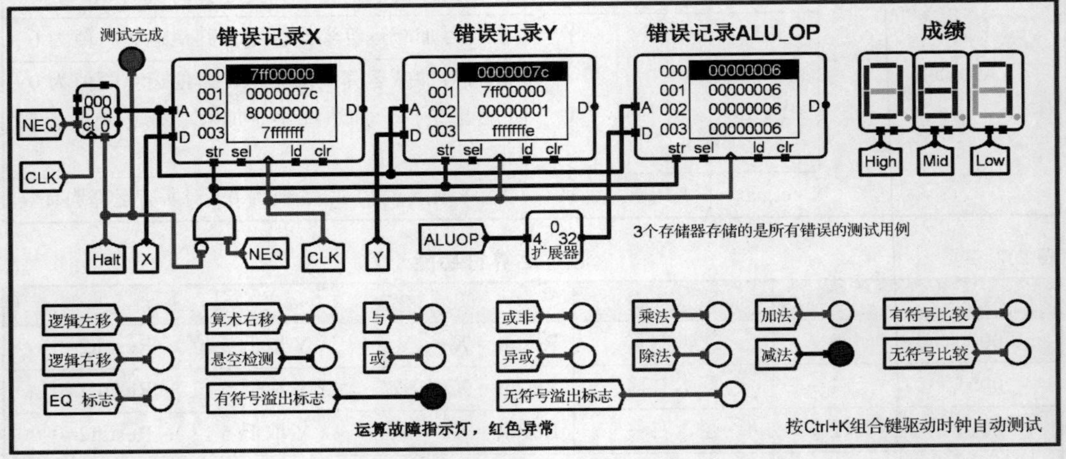

图2.5 ALU自动测试电路

实验提示

实验电路中加法、减法运算均必须采用已实现的32位快速加法器实现，注意有符号溢出和无符号溢出仅仅只考虑加法和减法运算，其他运算均设置为0，Equal（相等）标志对任何运算都有效。实验中运算功能选择及不同运算的溢出信号选择均可采用多路选择器组件实现，注意多路选择器所有输入均不应该悬空。

2.4.3 实验思考

做完本实验后请思考以下问题：

（1）真实系统中乘法器、除法器能与加法器等基本算术逻辑运算放在一起吗？为什么？

（2）ALU 自动测试、自动评分的原理是什么？

2.5 阵列乘法器设计实验

2.5.1 实验目的

掌握阵列乘法器的实现原理，能够分析阵列乘法器的性能，并能在 Logisim 中设计实现阵列乘法器电路。

2.5.2 实验内容

1. 5 位无符号阵列乘法器设计

在 alu.circ 文件对应的子电路中实现 5 位无符号阵列乘法器，其电路封装与引脚功能描述如表 2.8 所示。

表 2.8　　5 位无符号阵列乘法器电路封装与引脚功能描述

引脚	类型	位宽	功能说明
X	输入	5	无符号乘数 X
Y	输入	5	无符号乘数 Y
P	输出	10	无符号乘积 P

（左侧封装图：X、Y 输入，P 输出，标注“5位阵列乘法器”）

电路引脚如图 2.6 所示，注意 X、Y、P 引脚的每一位均用分线器连接到了对应隧道标签，绘图时可灵活使用。右侧探测区利用探针组件直观地显示了乘法运算结果，方便观察测试。

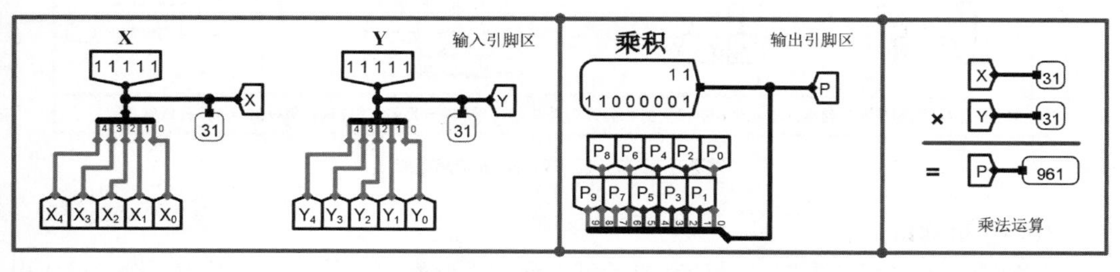

图 2.6　5 位无符号阵列乘法器引脚

电路框架如图 2.7 所示，阵列乘法所需的 25 个按位与的乘积项已经通过辅助电路生成，并通过隧道标签给出，X_0Y_0 标签表示 $X_0\&Y_0$。用户只需要在电路框架中进行简单连线即可完成 5 位无符号阵列乘法器。

2. 6 位补码阵列乘法器设计

在 alu.circ 文件对应的子电路中利用已经设计好的 5 位无符号阵列乘法器实现 6 位补码阵列乘法器，其电路封装与引脚功能描述如表 2.9 所示。

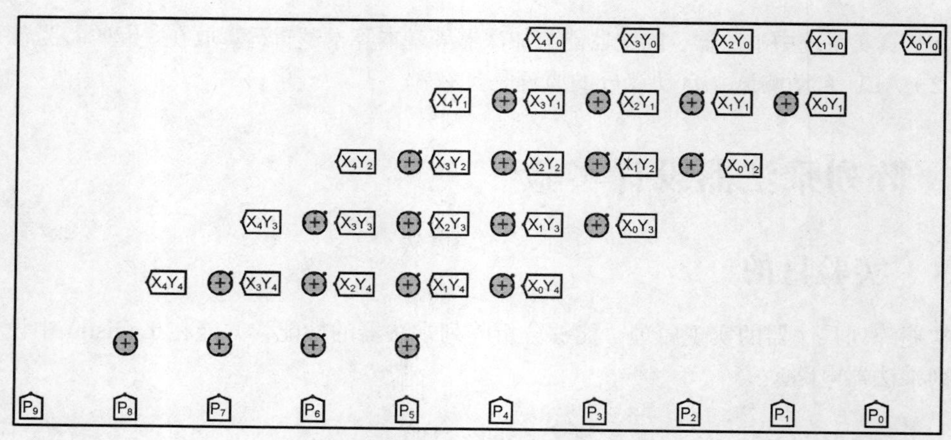

图 2.7　5 位无符号阵列乘法器电路框架

表 2.9　　　　　　6 位补码阵列乘法器电路封装与引脚功能描述

封装	引脚	类型	位宽	功能说明
X、Y、6位补码乘法器、P	X	输入	6	补码乘数 X
	Y	输入	6	补码乘数 Y
	P	输出	11	补码乘积 P

电路框架如图 2.8 所示，请在电路中使用求补器、多路选择器、基本逻辑门电路，以及对应引脚的隧道标签实现相应的逻辑，注意 X、Y、P 引脚的每一位均用分线器连接到了对应隧道标签，绘图时可灵活使用。图 2.8 右侧探测区利用探针组件直观地显示了有符号乘法运算结果，方便观察测试。

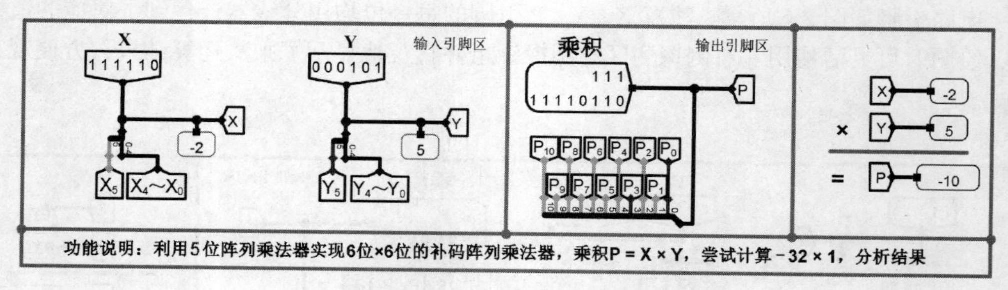

图 2.8　6 位补码阵列乘法器电路框架

3. 功能测试

阵列乘法器是组合电路。设计完成后可以利用手形戳工具单击输入引脚，设置输入引脚的值，尝试设置不同的输入组合，观察探测区运算结果是否正确。读者也可直接在头歌平台提交电路源代码进行在线测试，如未能通过测试，可以将无法通过的测试用例加载在输入引脚上进一步调试。

实验提示

本实验最容易出现的问题是连线过程中出现短路，如果发现红色线路，可以使用鼠标框选电路的透视法查看是否有隐藏的暗线造成短路。

2.5.3 实验思考

做完本实验后请思考以下问题：

（1）查找华莱士树相关资料，相比阵列乘法器，其优势在哪里？

（2）阵列乘法器是否适合改造成乘法流水线架构？

2.6 原码一位乘法器设计实验

2.6.1 实验目的

掌握原码一位乘法运算的基本原理，熟练掌握 Logisim 寄存器组件的使用，理解简单数据通路和数据通路控制的基本概念，并能在 Logisim 平台中设计实现一个 8 位×8 位的无符号数一位乘法器电路。

2.6.2 实验内容

在 alu.circ 文件对应的子电路中利用寄存器、加法器等基本电路设计无符号一位乘法器，其电路封装与引脚功能描述如表 2.10 所示。

表 2.10　　8 位无符号数一位乘法器电路封装与引脚功能描述

电路封装	引脚	类型	位宽	功能说明
X、Y → P	X	输入	8	无符号乘数 X
	Y	输入	8	无符号乘数 Y
	P	输出	16	无符号乘积 P

图 2.9 中给出了 alu.circ 文件中无符号数一位乘法器的电路框架，请参考《计算机组成原理（微课版）》3.3.1 节的原理，增加适当控制电路和数据通路使得该电路能在时钟驱动下自动完成 8 位无符号数的一位乘法运算。首先设置引脚初始值，然后驱动时钟自动仿真，电路可自动完成运算，运算结束后结果应保持稳定并传输到输出引脚。图 2.9 右上角探测区给出了乘法运算的十进制表示。

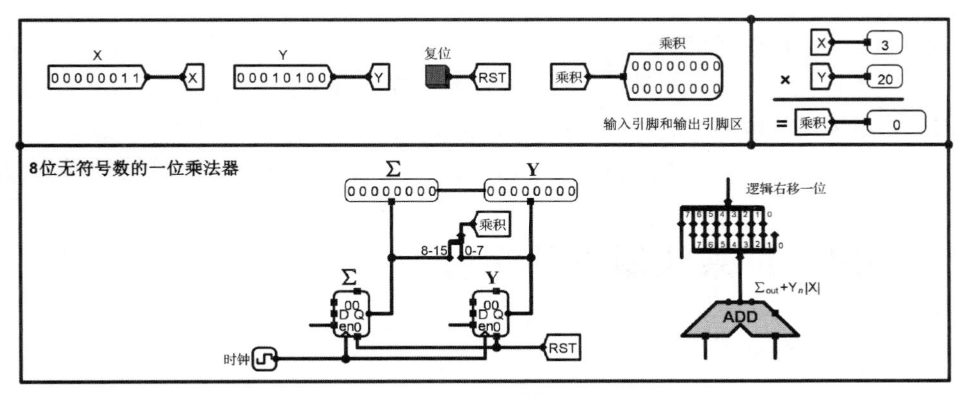

图 2.9　8 位无符号数的一位乘法器电路框架

电路中寄存器∑用于存放部分积，寄存器 Y 用于存放乘数 Y，初始化时寄存器∑、Y 值全为 0，最终乘积会存放在∑、Y 两个寄存器中。无符号一位乘法自动运算可分解为如下步骤。

（1）**载入初值**。将输入引脚 Y 的值载入寄存器 Y，因此 Y 引脚的值应送到寄存器 Y 的数据输入端 Y_{in}。由于寄存器的数据载入需要时钟驱动，所以在第 1 个时钟脉冲到来时才能将引脚 Y 的值载入寄存器 Y 中，后续时钟则载入其他值，此部分逻辑属于时序逻辑。

（2）**求和运算**。利用加法器计算部分积 $P=\sum_{out}+Y_n|X|$，其中 $\sum_{out}$ 是寄存器∑的输出。这部分属于组合逻辑，也是一位乘法运算的核心逻辑。

（3）**移位运算**。加法器运算得到的部分积 P 逻辑右移一位送 $\sum_{in}$，另外 P 最后一位加上寄存器 Y 的输出 Y_{out} 逻辑右移一位送 Y_{in}，由于只需移动 1 位，所以不需使用移位器组件，可直接使用分线器将对应数据分出并在高位补零即可实现逻辑右移，此部分逻辑属于组合逻辑。需要注意的是，因为 Y_{in} 在步骤（1）中接入的是 Y 引脚的值，所以这里 Y_{in} 应该增加一个多路选择器进行数据输入选择，同时引入选择控制信号，具体实现时可利用时钟计数器的值生成该选择控制信号，当计数器初始值为 0 时，多路选择器选择引脚 Y 的值送入 Y_{in}；不为 0 时选择移位数据输入。

（4）**停机控制**。移位后的数据载入∑、Y寄存器后即可进行下一次求和运算，载入过程受时钟控制，且需要增加停机控制逻辑控制寄存器的使能端，属时序逻辑。为简化设计，读者可以单独设置一个时钟计数器，通过比较寄存器的值判断运算是否结束，并生成停机信号（低电平有效）；停机信号连接至寄存器∑、Y 的使能端，当停机信号为低电平时，寄存器忽略时钟输入，保持结果值不变，运算结束。

无符号一位乘法器是时序逻辑。设计完成后可以利用手形戳工具单击输入引脚，设置 X=255，Y=3，再使用 Ctrl+K 或⌘+K 组合键开启时钟自动仿真测试乘法器运行情况，观察探测区运算结果是否正确、运算是否能自动停止。读者也可直接在头歌平台提交电路源代码进行在线测试，如未能通过测试，可以根据出错节拍及错误用例进行动态调试。

实验提示

严禁采用将时钟信号与停机信号进行逻辑与的方式控制系统停机（对时钟进行任何门级操作都可能会产生意想不到的潜在错误），这是后续所有实验必须遵守的原则。

2.6.3 实验思考

做完本实验后请思考以下问题：

（1）是否存在 1 个数不能采用这种方法进行运算？为什么？

（2）最终实现的电路完成 8 位×8 位无符号数乘法需要几个时钟周期？

（3）将电路适当改造，省去引脚载入初值的过程，使得运算减少一个时钟周期。

2.7 补码一位乘法器设计实验

2.7.1 实验目的

掌握补码一位乘法运算的基本原理，熟练掌握 Logisim 寄存器组件的使用，理解简单数据通路和数据通路控制的基本概念，并能在 Logisim 平台中设计实现一个 8 位×8 位的补码一位乘法器电路。

2.7.2 实验内容

在 alu.circ 文件对应的子电路中利用寄存器、加法器等基本电路设计 8 位补码一位乘法器，其电路封装与引脚功能描述如表 2.11 所示。

表 2.11　　8 位补码一位乘法器电路封装与引脚功能描述

引脚	类型	位宽	功能说明
X	输入	8	有符号乘数 X
Y	输入	8	有符号乘数 Y
P	输出	16	有符号乘积 P

图 2.10 给出了 alu.circ 文件中补码一位乘法器的电路框架，请参考《计算机组成原理（微课版）》3.3.2 节的原理，增加适当控制电路和数据通路，使得该电路能自动完成 8 位补码一位乘法运算。首先设置引脚初始值，然后驱动时钟自动仿真，电路可自动完成运算，运算结束后结果应保持稳定并传输到输出引脚。图 2.10 右上角探测区给出了乘法运算的十进制表示。

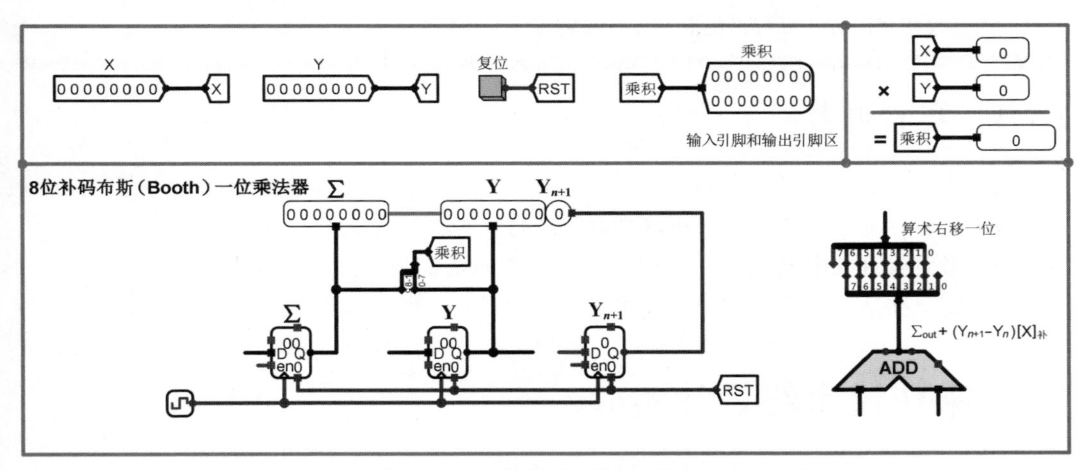

图 2.10　8 位补码一位乘法器电路框架

电路中寄存器∑用于存放部分积，寄存器 Y 用于存放乘数 Y，寄存器 Y_{n+1} 存放 Y 的补充位 Y_{n+1}，初始化时寄存器∑、Y、Y_{n+1} 值全为 0，最终乘积会存放在∑、Y 两个寄存器中。补码一位乘法自动运算可分解为如下步骤。

（1）**载入初值**。将输入引脚 Y 的值载入寄存器 Y，因此 Y 引脚的值应送到寄存器 Y 的数据输入端 Y_{in}。由于寄存器的数据载入需要时钟脉冲驱动，因此在第 1 个时钟脉冲到来时才能将引脚 Y 的值载入寄存器 Y 中，后续时钟脉冲则载入其他值，此部分逻辑属于时序逻辑。

（2）**求和运算**。利用加法器计算部分积 $P=\sum_{out}+(Y_{n+1}-Y_n)[X]_补$。其中，$\sum_{out}$ 是寄存器∑的输出，$(Y_{n+1}-Y_n)[X]_补$ 部分可以通过 2 选 4 的多路选择器实现。这部分属于组合逻辑，也是一位乘法运算的核心逻辑。

（3）**移位运算**。加法器运算得到的部分积 P 算术右移一位送 $\sum_{in}$，另外 P 最后一位加上寄存器 Y 的输出 Y_{out} 右移一位送 Y_{in}，Y_{out} 最低位右移至 Y_{n+1} 寄存器，由于只需移动 1 位，因此不需使用移位器组件，可直接使用分线器将对应数据分出并在高位补充原符号位即可实现算术右移，此部分逻辑属于组合逻辑。需要注意的是，因为 Y_{in} 在步骤（1）中接入的是 Y 引脚的值，所以这里 Y_{in} 应该增加一个多路选择器进行数据输入选择，同时引入选择控制信号，具体实现时可利用时钟计数器的值生成该选择控制信号，当计数器初始值为 0 时，多路选择器选择引脚 Y 的值送入 Y_{in}；不为 0 时，选择移位数据输入。

（4）**停机控制**。移位后的数据载入∑、Y、Y_{n+1} 寄存器后即可进行下一次求和运算，载入过程受时钟控制，且需要增加停机控制逻辑控制寄存器的使能端，属时序逻辑。为简化设计，读者可以通过比较时钟计数器的值判断运算是否结束，并生成停机信号（低电平有效）；停机信号连接至寄存器∑、Y、Y_{n+1} 的使能端，当停机信号为低电平时，寄存器忽略时钟输入，保持结果值不变，运算结束。

补码一位乘法器是时序逻辑。设计完成后可以利用手形戳工具单击输入引脚，设置输入引脚的值，使得 X=−1，Y=3，再使用 Ctrl+K 或⌘+K 组合键开启时钟自动仿真测试乘法器运行情况，观察探测区运算结果是否正确、运算是否能自动停止。读者也可直接在头歌平台提交电路源代码进行在线测试，如未能通过测试，可以根据出错节拍及错误用例进行动态调试。

实验提示

严禁采用将时钟信号与停机信号进行逻辑与的方式控制系统停机。

2.7.3 实验思考

做完本实验后请思考以下问题：

（1）是否存在 1 个数不能采用这种方法进行运算？为什么？

（2）最终实现的电路完成 8 位×8 位补码一位乘法需要几个时钟周期？

（3）将电路适当改造，省去引脚载入初值的过程，使得运算减少一个时钟周期。

2.8 乘法流水线设计实验

2.8.1 实验目的

掌握运算流水线基本概念，理解将复杂运算步骤细分成子过程的思想，能够实现简单的乘法运算流水线。

2.8.2 实验内容

5 位无符号乘法可以用图 2.11 所示的横向进位阵列乘法器实现。该乘法器可以看成 4 个 5 位串行加法器的级联，运算过程可细分为图 2.11 中右侧的 4 个步骤。根据运算流水线的基本原理，可以在 4 个 5 位串行加法器之间增加流水寄存器缓存中间运算结果 P_1～P_4，这样就构成了乘法流水线。乘法流水线虽不能加速单个乘法的运算性能，但可以提升乘法运算的吞吐率，适合乘法密集型运算。

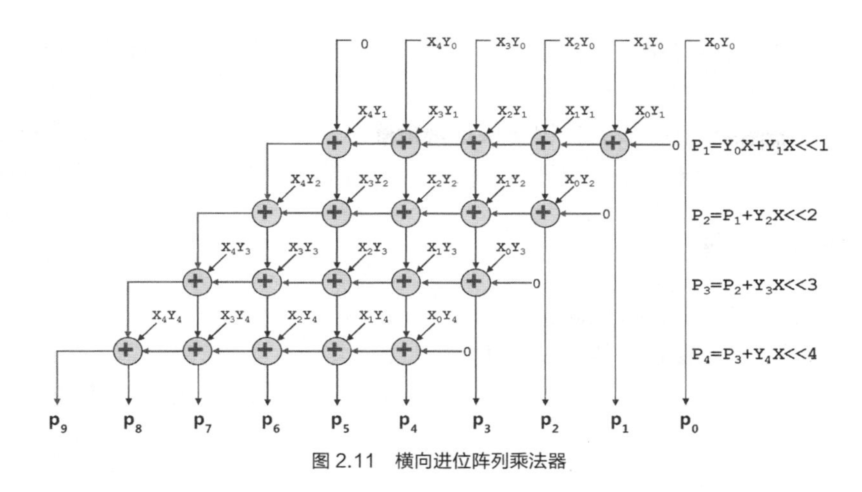

图 2.11　横向进位阵列乘法器

在 alu.circ 文件对应的乘法流水线子电路中利用 10 位加法器、位扩展器、移位器等组件实现 5 位阵列乘法流水线，其电路封装与引脚功能描述如表 2.12 所示。这里所有引脚均是输出引脚，主要用于头歌平台自动测试。

表 2.12　　5 位阵列乘法流水线电路封装与引脚功能描述

引脚	类型	位宽	功能说明
X	输出	5	无符号乘数 X
Y	输出	5	无符号乘数 Y
P_1	输出	10	乘法流水线第 2 步的部分积输入
P_2	输出	10	乘法流水线第 3 步的部分积输入
P_3	输出	10	乘法流水线第 4 步的部分积输入
P_4	输出	10	乘法流水线第 5 步的部分积输入

图 2.12 为乘法流水线电路框架，该图最左侧的与门阵列电路利用一组并发的与门阵列计算 XY_0、XY_1、XY_2、XY_3、XY_4 这 5 个位积，这 5 个位积可能在乘法流水线的不同运算步骤使用，请根据实际需要通过流水寄存器横向传递到后段使用，流水寄存器内部结构可以通过查看子电路了解。每一步运算的部分积可以通过流水寄存器中部的引脚向后段传递。

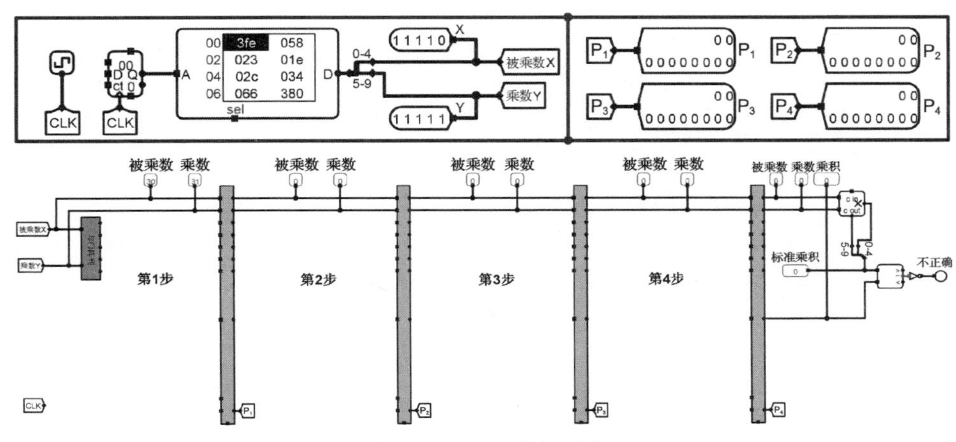

图 2.12　乘法流水线电路框架

乘法流水线是时序逻辑。设计完成后可使用 Ctrl+T 或⌘+T 组合键开启时钟单步运行测试乘法流水线运行情况，ROM 中的乘法测试用例 X、Y 会逐一进入乘法流水线，流水线充满后，观察流水线最后一段，比较结果是否正确。读者也可直接在头歌平台提交电路源代码进行在线测试，如未能通过测试，可以根据出错节拍及错误用例进行动态调试。

2.8.3 实验思考

做完本实验后请思考以下问题：

（1）实验设计的乘法流水线哪一个功能段最慢？

（2）如果将斜向进位阵列乘法器改造为乘法流水线，其成本和性能有何变化？

第3章 存储系统实验

3.1 RAM组件实验

3.1.1 实验目的

掌握 Logisim 平台中 RAM 组件的读出、写入控制逻辑，进一步熟悉流水传输控制机制。

3.1.2 实验原理

RAM组件是Logisim中较复杂的一个组件，最多能存储224个存储单元（地址线宽度最大24位），位宽最大32位。RAM组件用黑底白字显示当前存储单元的值，显示区域左侧以灰色显示数字地址列表，数据采用十六进制表示。RAM 组件的地址和数据位宽及数据接口等属性可以灵活配置，另外使用手形戳工具单击 RAM 组件上的地址或存储内容后可以直接利用键盘修改显示区域地址和对应的存储内容，也可以通过菜单工具打开十六进制编辑器来直接编辑待修改的RAM存储内容。RAM组件支持3种不同的接口模式，可以通过属性框进行设置。推荐使用相对比较简单的独立输入、输出引脚同步模式，该模式下RAM组件封装电路如图3.1所示。

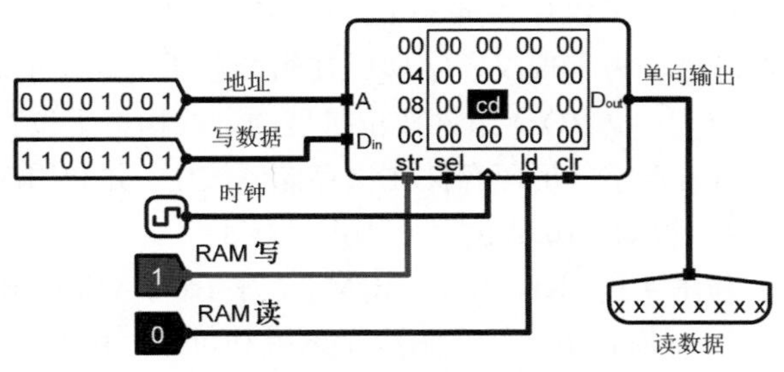

图3.1 独立输入、输出引脚同步模式

图 3.1 中 RAM 数据输入引脚和输出引脚分开，数据输入引脚 D_{in} 位于左侧，数据输出引脚 D_{out} 位于右侧，该模式不需三态缓冲器控制数据总线方向，使用较为简单。其中，写数据 D_{in} 和读数据 D_{out} 是两个独立的单向引脚，str（store）引脚对应 RAM 写入控制信号，高电平或悬空时有效，时钟脉冲到来时写数据端口 D_{in} 的数据被写入当前地址单元；ld（load）引脚对应 RAM 数据读出控制信号，高电平或悬空时有效，图 3.1 中 ld 为低电平，所以读数据输出为不确定值（××××××××）；注意，片选信号 sel 悬空或为 1 时 RAM 组件可以正常工作，否则输出为不确定值（××××××××）；clr 信号为异步电平清零信号，为 1 时 RAM 中所有内容被立即清零。

3.1.3 实验内容

在数据表示实验的电路文件 data.circ 中新增子电路，复制流水传输测试电路，改造该电路中编码流水传输第 5 阶段——显示阶段的功能，使得该阶段能将发送方 ROM 中的数据按原始顺序依次存放在一个 RAM 存储器中，RAM 组件地址线、数据线位宽与发送端 ROM 组件一致。为保证数据存储顺序，需要尝试改造各段流水接口部件，在传输汉字编码的同时增加传输汉字编码地址的逻辑。另外，需要考虑 RAM 部件何时写入数据、写入控制信号如何控制、时序信号如何连接等问题。请尝试利用 3 种不同的 RAM 接口形式实现上述任务。

3.1.4 实验思考

RAM 组件采用与流水接口相反的时钟触发是否可以？从同步时序的角度上思考，这样做会带来什么问题？

3.2 存储器扩展实验

3.2.1 实验目的

理解存储系统进行位扩展、字扩展的基本原理，能利用相关原理解决实验中汉字字库的存储扩展问题，并能够使用正确的字库数据进行填充。

3.2.2 实验内容

在汉字编码实验中实现了汉字字形码的 32×32 点阵显示，一个汉字的显示需要 32×32=1024 位的点阵信息。为实现汉字字形码在组合逻辑电路中的直接显示，该实验在 Logisim 平台中利用 32 个 32 位 ROM 组件按位扩展的方式构造了位宽为 1024 的存储系统用于存储汉字字库，将所有汉字字形码存储在该存储系统中，并利用汉字区位码进行索引，给出一个区位码，可一次性取出 1024 位字形码进行显示。

请在 Logisim 平台利用 4 片 4KB×32 位 ROM、7 片 16KB×32 位 ROM 构建 GB2312 汉字编码的 16×16 点阵汉字字库，电路输入为汉字区号和位号，电路输出为 8×32 位=256 位的点阵显示信息，字库封装电路如图 3.2 所示，具体参见 storage.circ 文件。图 3.2 中左侧是输入引脚，分别对应汉字区位码的区号和位号，中间区域为 8 个 32 位的输出引脚，可一次性提供一个汉字的 256 位点阵显示信息；右侧是实际显示监测区域，用于观测汉字显示是否正常。

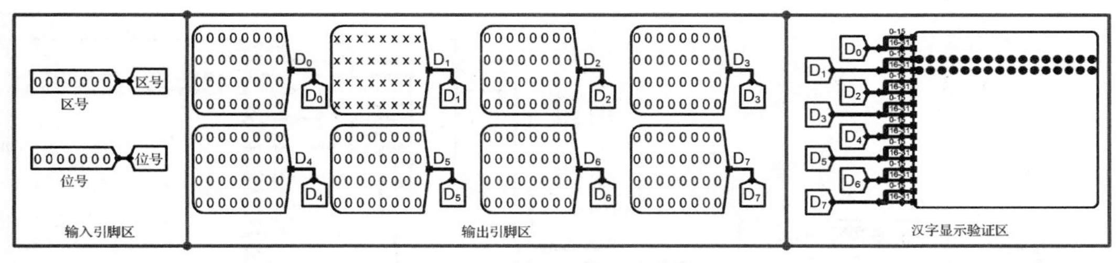

图 3.2　16×16 点阵汉字字库封装电路

本实验的主要目的是进行存储器字扩展（容量扩展、地址总线扩展），实验文件 storage.circ 中已经提供了一个参考字库实现，如图 3.3 所示。但使用的组件和本实验的要求略有不同，实验主要任务是利用 4 片 4KB×32 位 ROM 替换第 1 行第 2 片 ROM 芯片。实验所需的点阵信息数据文件已经提供，另外区位码转存储器地址的电路也可一并参考使用。

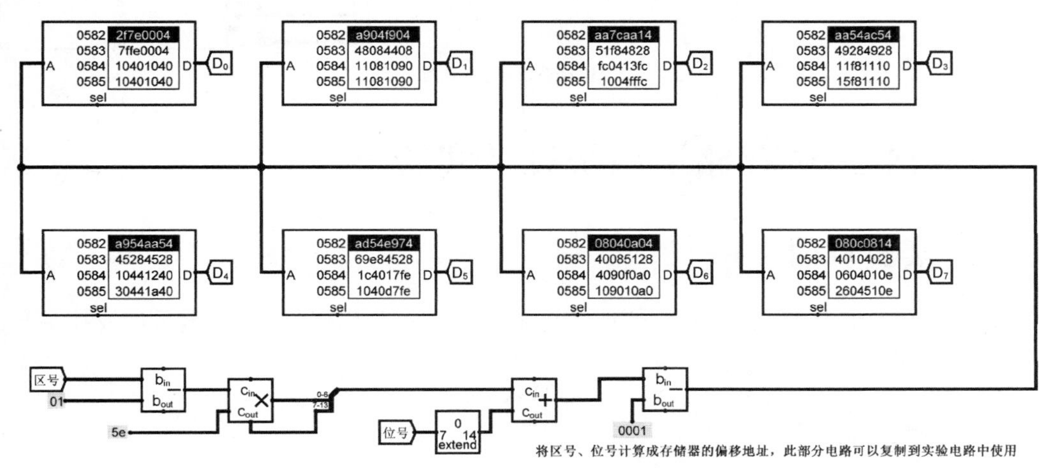

图 3.3　16×16 点阵汉字字库参考实现

设计实现对应的汉字字库后，可以在字库测试电路进行功能测试，如图 3.4 所示，由于第 2 片芯片没有实现无输出，另外其他芯片未填充数据，所以待实现字库第 3、4 行点阵全亮，其他行全灭。测试时使用 Ctrl+T 或⌘+T 组合键启动时钟单步运行，该电路将自动从 ROM 电路中取出不同的汉字 GB2312 机内码并转换为区位码后送待测字库和参考字库，通过对比待测字库和参考字库 LED 显示区的内容是否一致即可验证字库功能的正确性。

实验提示

可以在译码器、多路选择器中选择一个组件实现，请选择最优方案。

3.2.3　实验思考

做完本实验后请思考以下问题：

（1）如果存储芯片的存储容量或数据位宽超过 CPU，可以使用吗？如果可以使用，如何使用？

（2）内存芯片、固态盘上的闪存芯片是如何进行存储扩展的？

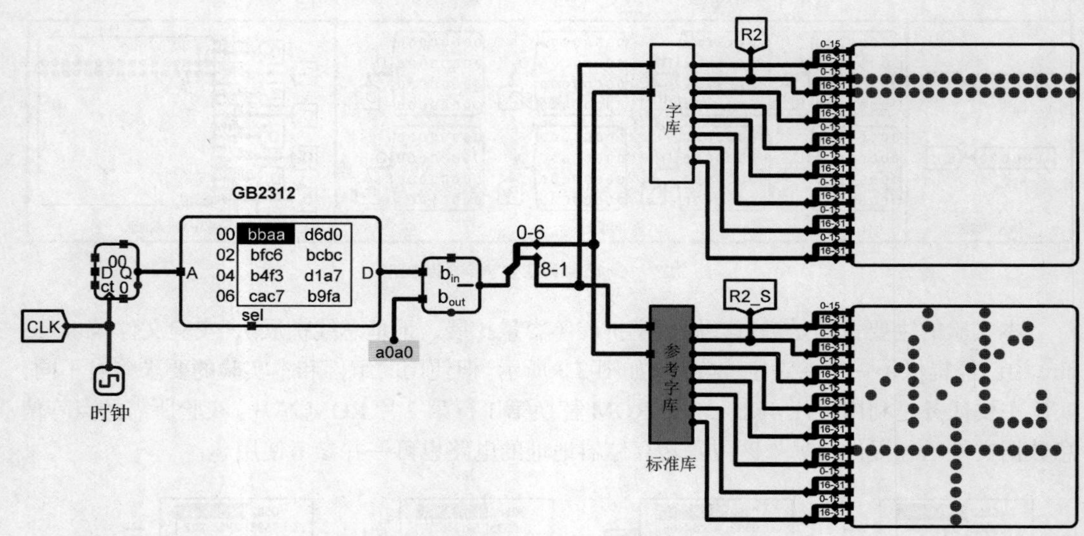

图 3.4　16×16 点阵汉字字库功能测试电路

3.3　RISC-V 存储子系统设计实验

3.3.1　实验目的

理解主存地址基本概念和存储位扩展基本思想，并能利用相关原理构建同时支持字节、半字、字访问的存储子系统。

3.3.2　实验原理

主存通常按字节进行编址，主存既可以按字节访问，也可以按 16 位半字访问，还可以按 32 位的字进行访问。根据访问存储单元的大小，主存地址可以分为字节地址、半字地址和字地址。图 3.5 给出了不同主存地址访问模式的示意图。图 3.5 中的主存空间可以按照不同地址进行访问，不同地址访问存储单元的大小不同。

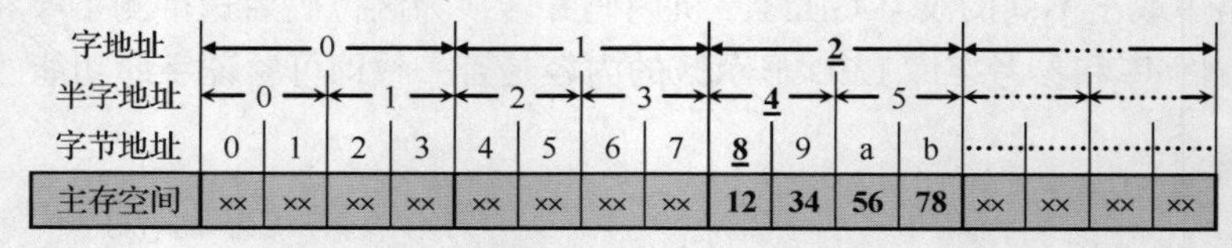

图 3.5　不同的主存地址访问模式

字节地址逻辑右移一位即可得到半字地址，右移两位可得到字地址。图 3.5 中 8 号字节地址对应的半字地址为 4、字地址为 2。需要注意的是，计算机中实际使用的都是字节地址，访问 4 号半字单元应该使用 8 号字节地址，访问 2 号字单元也应该使用 8 号字节地址。以下程序给出了 Intel x86 汇编程序访问不同存储单元的例子，假设数据段寄存器 DS 值为 0。

```
mov ah,[8]      #按字节访问，ah=0x12
mov ax,[8]      #按半字访问，ax=0x3412  （小端存储）
mov eax,[8]     #按字访问，eax=0x78563412
```

从以上程序中可以看出，CPU 在执行指令的时候可以将字节地址低两位用于访问控制，如采用字节地址访问，低 2 位用于选择字存储单元中的哪一个字节；如采用半字访问，倒数第 2 位用于选择字存储单元中的哪个半字。

RISC-V 指令集中也提供类似的访存指令，如 LB/SB 指令（Load/Store Byte）、LH/SH 指令（Load/Store Half）、LW/SW 指令（Load/Store Word），具体访问形式如下：

```
lb s0, 8(x0)      #从 8 号字节地址处读取一个字节，s0=0x12
sb s0, 8(x0)      #写入一个字节到主存中
lh s0, 8(x0)      #从 8 号字节地址处读取一个半字，s0=0x1234  (大端存储)
sh s0, 8(x0)      #写入一个半字到主存中
lw s0, 8(x0)      #8 号字节地址处读取一个字，s0=0x12345678  (大端存储)
sw s0, 8(x0)      #写入一个字到主存中
```

3.3.3 实验内容

Logisim 中 RAM 组件只能提供固定的地址位宽，数据输出也只能提供固定的数据位宽，访问时无法同时支持字节、半字、字 3 种访问模式，实验要求利用 4 个 4KB×8 位的 RAM 组件进行扩展，设计完成既能按 8 位，也能按 16 位和 32 位进行读写访问的 RAM 存储子系统，最终 RAM 存储子系统电路封装与引脚功能描述如表 3.1 所示。

表 3.1　RAM 存储子系统电路封装与引脚功能描述

（封装图：RAM，引脚 Addr、D_{in}、D_{out}、WE、CLK、Mode）	引脚	类型	位宽	功能说明
	Addr	输入	12	字节地址
	D_{in}	输入	32	写入数据，有效数据存放在低位
	WE	输入	1	写使能，1 表示写入；0 表示读出
	CLK	输入	1	时钟控制信号，用于写入控制
	Mode	输入	2	访问模式，00 表示字访问；01表示字节访问；10 表示半字访问
	D_{out}	输出	32	读出数据，有效数据均存放在低位，高位补零

电路框架如图 3.6 所示，请使用相应的 RAM 组件实现 RAM 存储子系统。注意，本实验中对数据总线的控制可以考虑使用三态门组件，也可以使用多路选择器组件。

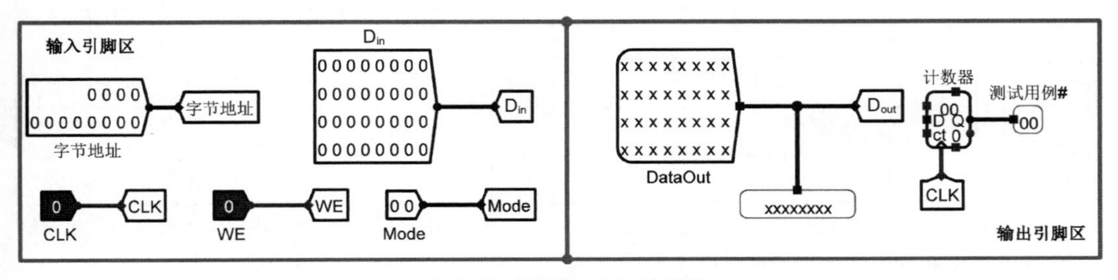

图 3.6　RAM 存储子系统电路框架

对应子电路设计完成后，可以在输入引脚区利用手形戳工具灵活设置字节地址、WE、Mode、D_{in} 等引脚的值，配合时钟进行读写测试，所有逻辑测试无误后即可在 RAM 存储子系统测试电路中进行完整的功能测试，如图 3.7 所示。

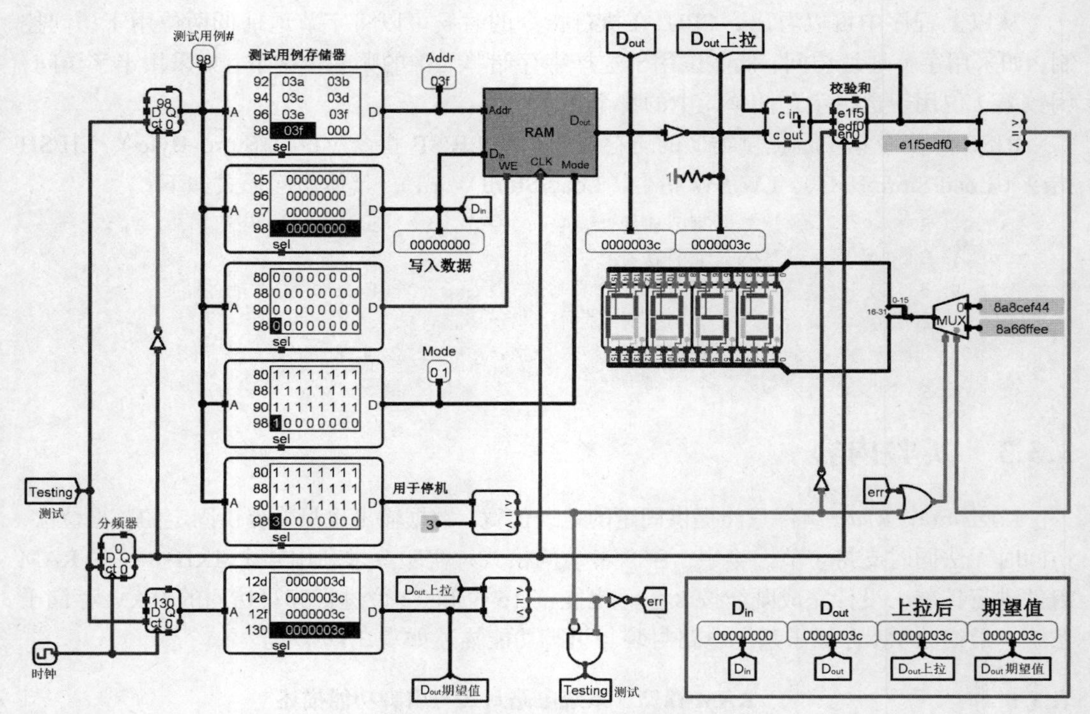

图 3.7　RAM 存储子系统自动测试电路

使用 Ctrl+T 或⌘+T 组合键启动时钟自动仿真，测试电路将按照表 3.2～表 3.4 所示的测试序列对 RAM 存储子系统进行读写功能测试；所有读出数据会累加计算校验和，如果校验和与期望值一致，说明电路功能正确，最终数码管区域显示 PASS 字样。如测试过程中出现问题，也就是读出数据不一致时，测试电路会自动停止运行，读者可以根据电路停止运行时测试用例#的值查询测试序列表，检查当前测试用例之前的写入操作是否存在故障。

表 3.2　　RAM 存储子系统测试序列 1

	0	1	2	3	4	5	6	7	8	9	a	b	c	d	e	f
Addr	4	5	6	7	4	5	6	7	4	5	6	7	4	5	6	7
D_{in}	44	55	66	77												
D_{out}					44	55	66	77	5544	5544	7766	7766	77665544	77665544	77665544	77665544
WE	W	W	W	W												
Mode	8	8	8	8	8	8	8	8	16	16	16	16	32	32	32	32

注：首先在 4～7 号地址按 8 位方式依次写入 44、55、66、77，再依次按照 8、16、32 位方式从 4～7 号地址单元读数据，如果地址有未对齐的情况，需要在实现时进行适当的处理。

表 3.3　　RAM 存储子系统测试序列 2

	10	11	12	13	14	15	16	17	18	19	1a	1b	1c	1d	1e	1f
Addr	4	4	5	6	7	4	6	4	6	4	5	6	7	4	6	4
D_{in}	9988								bbaa							
D_{out}		88	99	66	77	9988	7766	77669988		88	99	aa	bb	9988	bbaa	bbaa9988
WE	W								W							
Mode	16	8	8	8	8	16	16	32	16	8	8	8	8	16	16	32

注：

① 在 4 号地址按 16 位方式依次写入 9988，再依次按照 8、16、32 位方式从 4～7 号地址读数据。

② 在 6 号地址按 16 位方式依次写入 bbaa，再依次按照 8、16、32 位方式从 4～7 号地址读数据。

表 3.4　　RAM 存储子系统测试序列 3

	20	21	22	23	24	25	26	27								
Addr	4	4	5	6	7	4	6	4								
D_{in}	ffeeddcc															
D_{out}		cc	dd	ee	ff	ddcc	ffee	ffeeddcc								
WE	W															
Mode	32	8	8	8	8	16	16	32								

注：在 4 号地址按 32 位方式依次写入 ffeeddcc，再依次按照 8、16、32 位方式从 4～7 号地址读数据。

实验提示

如基本读写功能测试通过后无法通过自动测试，可以记录测试电路左上角测试用例#的最终显示值——错误用例，并根据其值查表找到错误用例之前第一组写操作的序号。在图 3.7 中利用 Ctrl+R 或⌘+R 组合键将电路复位，然后用鼠标右键单击 RAM 存储子系统电路，在打开的对话框中选择查看存储子系统电路功能，进入 RAM 存储子系统电路。利用 Ctrl+T 或⌘+T 组合键单步运行时钟，此时测试电路的测试用例会逐一加载到当前电路中，监测引脚区测试用例计数，单步运行至错误用例之前的第一个写操作，观察写操作及后续读操作的实际执行情况，调试故障。

3.3.4　实验思考

做完本实验后请思考以下问题：

（1）自动测试电路的原理是什么？

（2）自动测试电路中校验和检测方式是否准确？为什么？

3.4　RISC-V 寄存器文件设计实验

3.4.1　实验目的

了解寄存器文件基本概念，进一步熟悉多路选择器、译码器、解复用器等 Logisim 组件的使用，并利用相关组件设计实现寄存器文件。

3.4.2　实验内容

寄存器文件（寄存器堆）是 CPU 中通用寄存器的集合。以 RISC-V 寄存器文件为例，RISC-V 指令集支持 32 个通用寄存器，32 个通用寄存器均包含在寄存器文件中，其中每个寄存器的内容可通过对应的寄存器编号进行访问，类似于一个具有多个地址端口和多个数据端口的高速存储器。利用多路选择器、译码器等组件设计实现一个寄存器文件，内部包含 32 个 32 位寄存器，其电路封装与引脚功能描述如表 3.5 所示。

表 3.5　　寄存器文件电路封装与引脚功能描述

引脚	类型	位宽	功能说明
R1#	输入	5	第 1 个读寄存器的编号
R2#	输入	5	第 2 个读寄存器的编号
W#	输入	5	写入寄存器编号
D_{in}	输入	32	写入数据
WE	输入	1	写使能，为 1 时在 Clk 上跳沿将 D_{in} 写入 W#寄存器
Clk	输入	1	时钟信号，上跳沿有效
RD1	输出	32	R1#寄存器的值，0 号寄存器的值恒为零
RD2	输出	32	R2#寄存器的值，0 号寄存器的值恒为零

具体电路详见 storage.circ 的寄存器文件子电路，电路框架如图 3.8 所示。

为减少实验中绘图的工作量，实验工程文件中对 5 位寄存器地址进行了简化，具体见图 3.8 左上角的引脚示意图。图 3.8 中采用分线器将 5 位寄存器编号的低 2 位引出，实际只使用了 2 位编号，所以最终只需实现 4 个寄存器，其中 0 号寄存器的值仍然是恒零。后续 CPU 实验中如需使用 32 个寄存器的寄存器文件组，将提供标准组件供用户使用。

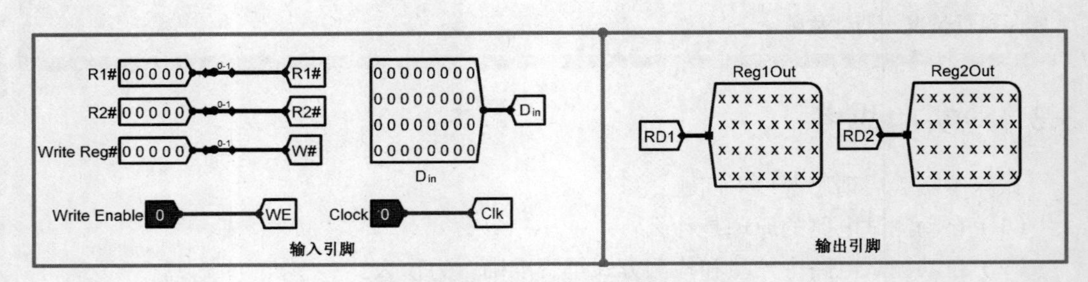

图 3.8　寄存器文件电路框架

完成设计后，可以在寄存器文件自动测试电路中进行测试，如图 3.9 所示。使用 Ctrl+K 或⌘+K 组合键启动时钟自动仿真即可进行功能自动测试，电路会自动进行评分，如功能正确应为 100 分；如功能异常，未能通过测试的寄存器编号将出现在错误记录 RAM 存储器中，注意每个存储单元为 4 位十六进制数，每 2 位代表一个错误寄存器编号，如果寄存器编号为 ff，表示当前寄存器访问正常，另外一个寄存器读出数据异常。本实验也可以通过头歌平台进行详细测试。

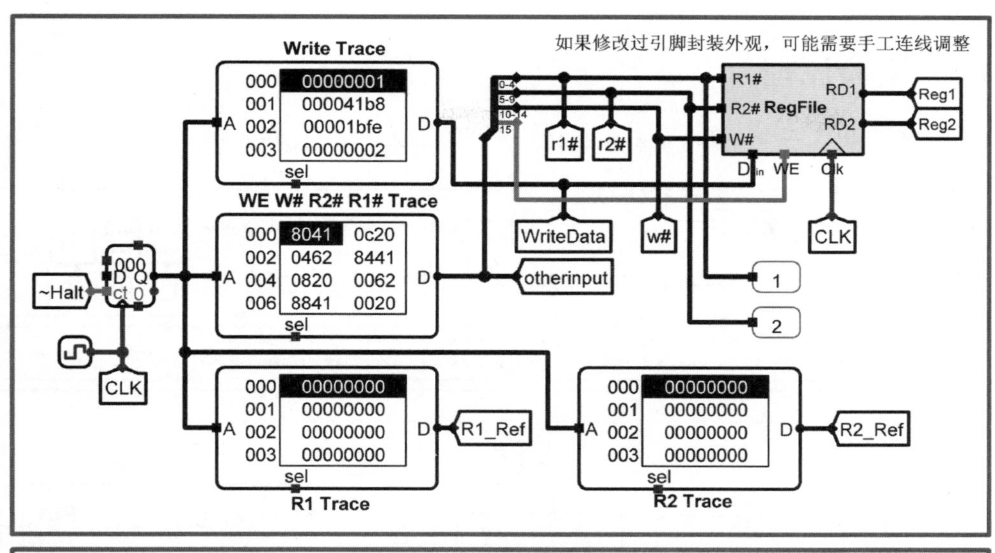

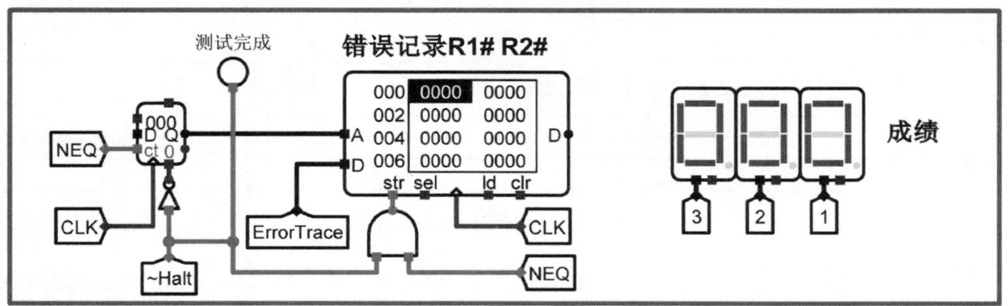

图 3.9 寄存器文件自动测试

实验提示

对于写入控制，既可以采用译码器，也可以采用解复用器实现。

3.4.3 实验思考

做完本实验后请思考以下问题：

（1）0 号寄存器的值恒为零，具体是如何实现的？如何实现成本最优？RISC-V 指令集中为什么要引入恒零的寄存器？

（2）利用译码器和解复用器均可实现寄存器文件写入控制，请尝试用这两种方案实现。

3.5 cache 硬件设计实验

3.5.1 实验目的

掌握 cache 实现的 3 个关键技术：数据查找、地址映射、替换算法，熟练掌握译码器、多路选择器、寄存器的使用，能根据不同的映射策略用数字逻辑电路实现对应的 cache 模块。

3.5.2 实验原理

图 3.10 给出了一个在 Logisim 中设计完成的 cache 模块自动测试电路。

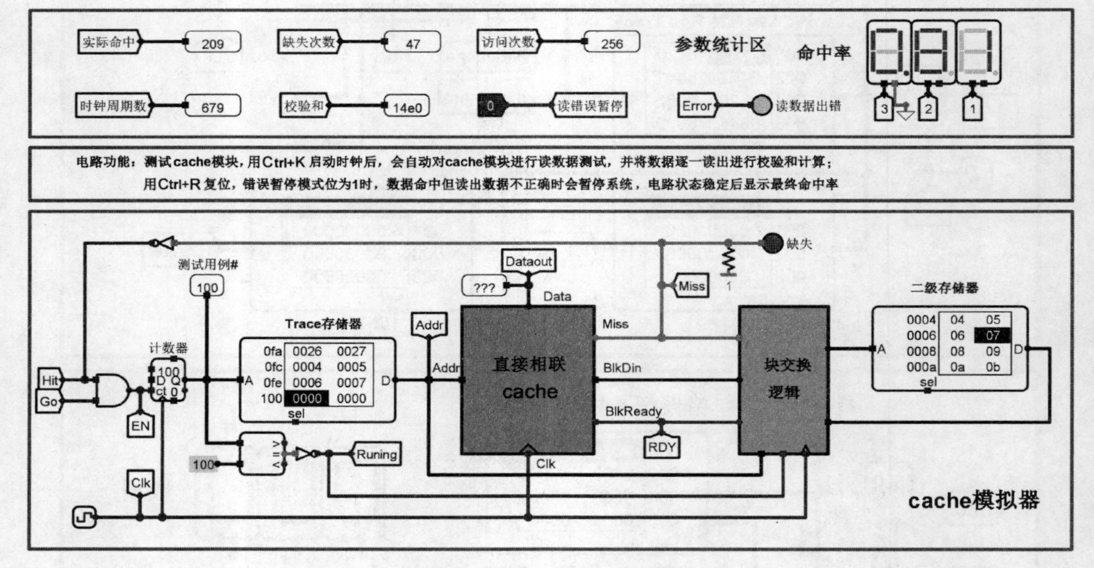

图 3.10　cache 模块自动测试电路

为了简化实验设计，图 3.10 中 cache 模块为只读 cache（类似指令 cache），无写入机制。电路左侧计数器与存储器部分会在时钟驱动下逐一生成地址访问序列送 cache 模块。计数器模块的使能端 EN 受命中信号 Hit 驱动，缺失时使能端无效，计数器不计数，等待系统将缺失数据所在块从二级存储器中调度到 cache 后才能继续计数。cache 与二级存储器之间通过块交换逻辑实现数据块交换，由于二级存储器相比 cache 慢很多，因此一次块交换需要多个时钟周期才能完成。cache 模块判断缺失数据块准备好的逻辑是 BlkReady 信号有效，该信号有效且时钟到来时，cache 将缺失块数据从 BlkDin 端口一次性载入对应 cache 行缓冲区中，此时 cache 数据命中，直接输出请求数据，解锁计数器使能端，继续访问下一个地址。

自动测试电路会逐一取出 Trace 存储器中的主存地址去访问存储系统，并逐一将数据从 cache 模块取出送校验和计算电路计算校验和，当计数器值为 0x100 时会停止电路运行，最终 cache 命中率将会在右上角 LED 数码管区域显示。电路中块交换逻辑已经实现，实验主要任务就是设计该电路的核心模块 cache 子电路。

3.5.3 实验内容

图 3.11 为 cache 模块电路框架，注意图 3.11 中隧道标签 WriteLine#为 cache 写入行号，并没有连接到任何引脚，只是用探针显示，主要用于故障调试。结合表 3.6 的电路封装与引脚功能描述，在 storage.circ 相关子电路中实现图 3.10 中的只读 cache 模块，该 cache 模块共包括 8 个 cache 行，每个数据块包含 4 字节，共 32 位数据。

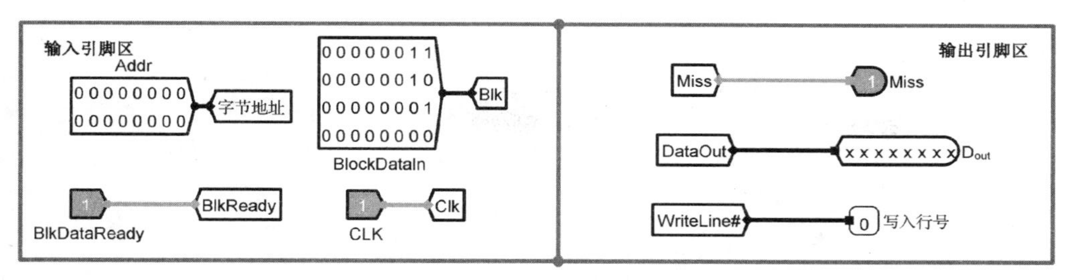

图 3.11 cache 模块电路框架

表 3.6 **cache 电路封装与引脚功能描述**

引脚	类型	位宽	功能说明
Addr	输入	16	主存地址
BlkDin	输入	32	块数据输入
BlkReady	输入	1	块数据准备就绪
Clk	输入	1	时钟输入
Miss	输出	1	1 表示数据缺失；0 表示数据命中
Data	输出	8	数据输出

cache 映射策略和调度策略共有如下几种组合。

（1）直接相联映射（1 路组相联映射）。

（2）全相联映射（8 路组相联映射），LRU 替换策略。

（3）组相联映射（2/4 路组相联映射），LRU 替换策略。

在以上 3 个选项中任选一个实现，并在最终的测试电路中进行功能和命中率测试。

设计实现对应 cache 模块后，将 cache 模块替换为自动测试电路中的 cache 模块，使用 Ctrl+K 或⌘+K 组合键启动时钟自动仿真即可进行 cache 功能自动测试；电路会自动统计命中率，计算校验和。直接相联映射、全相联映射、2 路组相联映射、4 路组相联映射的命中率分别为 0.81、0.96、0.93、0.94，校验和为 14e0。

实验提示

（1）cache 行设计。为简化电路绘图的工作量，可以将 cache 行模块化后再进行批量复制，具体可以参考图 3.12 的组相联 cache 行样例进行设计。该图中数据块副本缓冲区采用寄存器实现，valid 数据位通过三态门输出到 V_0，标记位通过三态门输出到 Tag_0，LRU 计数通过三态门输出到 C_0，3 个三态门全部由组索引信号 Set_0 进行控制，也就是说，只有当前第 0 组被选中时对应数据才能输出，同一组中所有标志位、标记位均同时输出到多路并发比较电路；数据块副本通过三态门输出到 SlotData，输出控制由组索引信号 Set_0 和行选中信号 L_0 逻辑与后得到，也就是说，只有第 0 组被选中且第 0 行命中时才将数据块输出。图 3.12 中 R_0 信号表示当前组第 0 行被替换的信号，如果此信号为 1，且组索引信号 Set_0 有效则所有寄存器使能端为 1，时钟到来时有效位、标记位、淘汰标志位、数据块副本寄存器均载入新数据，实现新数据块的载入。

完成一个 cache 行设计后，可直接复制该电路 8 份，分别修改其中信号的隧道标签，使其构成有效的电路，然后利用外围电路实现整个 cache 的功能。

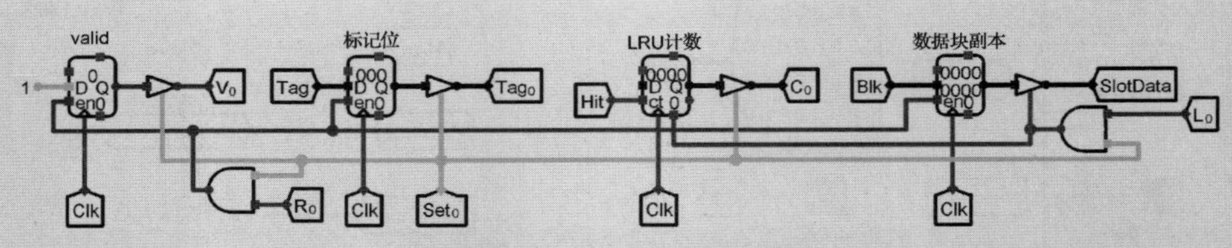

图 3.12　组相联 cache 行参考设计

（2）替换算法。LRU 算法需要比较所有行的淘汰标志计数器的大小，可以采用实验电路中的 MAX2、MAX3 归并比较电路进行快速归并比较，具体可以查看相关电路了解其功能。

（3）毛刺问题。2 路组相联电路中进行淘汰计数清零时如果是异步清零，可能会产生毛刺现象，导致无关行也被清零。如果存在此问题，建议将异步清零信号修改为同步清零信号，具体可以将异步清零信号送 D 触发器进行锁存后再送异步清零端，由于 D 触发器默认是高电平触发，因此需要修改触发方式为上跳沿触发才能将异步清零信号变成同步清零信号。

（4）校验和异常调试。用自动测试电路对 cache 模块进行自动测试，如果校验和不对，说明 cache 功能不正确。利用 Ctrl+R 或⌘+R 组合键将电路复位，设置错误暂停按钮为 1，继续自动测试，记录最终电路暂停时时钟计数，再右键单击 cache 模块，在打开的对话框中选择查看 cache 子电路功能，进入待测 cache 模块子电路，复位电路，再利用 Ctrl+T 或⌘+T 组合键单步运行时钟直至错误节拍数附近，观察 cache 功能，排除相应故障后重复测试即可。

（5）命中率异常调试。如果自动测试校验和正确，但命中率异常，则表明替换算法有问题，此时可以利用 cache 电路中的调试辅助电路（见图 3.13），该电路可以自动显示第一次写入行位置不正确的情况。

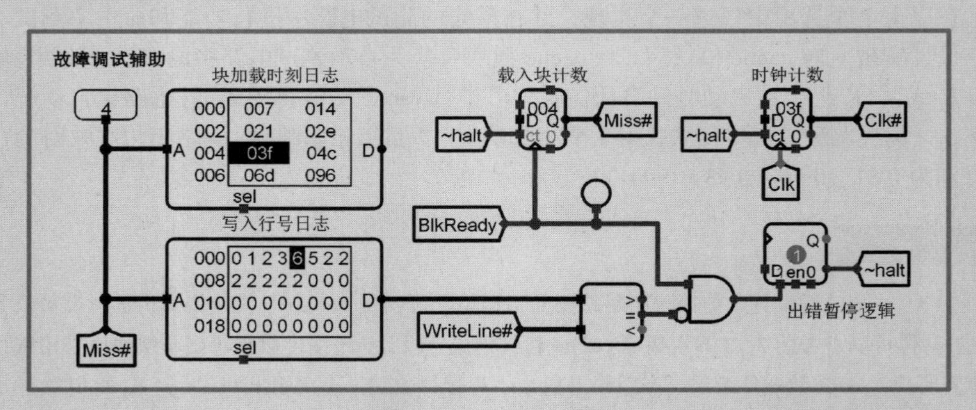

图 3.13　cache 故障调试

图 3.13 中块加载时刻日志 ROM 存储每次 cache 加载数据块的时刻（时钟计数），写入行号日志记录的是每次 cache 加载数据块时写入 cache 的行号，正确实现 WriteLine#逻辑后，该电路会暂停在出错时刻。图 3.13 中 ROM 地址为 4，块加载时刻日志中当前数据为 03f，写入行号日志当前数据为 6，表示时钟计数到 0x3f 时，系统进行第 4 次 cache 数据块载入（从 0 开始计数），写入行期望值应该是第 6 行，而实现模块并不是第 6 行，需要读者仔细排查之前淘汰写入机制是否有问题。如果 cache 功能正常，辅助电路暂停时块加载时刻日志 ROM 最终输出数据应该是 000。

命中率异常调试首先应确保写入行 WriteLine#逻辑已经正确实现，然后打开图 3.10 所

示的自动测试电路，将电路复位，再右键单击 cache 模块，在打开的对话框中选择查看 cache 子电路功能，进入待测 cache 模块子电路。利用 Ctrl+K 或⌘+K 组合键自动运行时钟，故障调试辅助电路会暂停在出错时刻，记录出错时刻及对应的写入行号期望值，将时钟暂停，并将 cache 电路复位，再单步运行时钟，当时钟计数器计数至出错时刻附近时，观察 cache 电路行为，仔细检查每一个时钟节拍 LRU 计数器计数逻辑、清零逻辑，找出电路写入行号与期望不一致的原因，修改电路后进行电路复位，继续测试直至块加载时刻日志 ROM 输出数据为 000 即可。

3.5.4 实验思考

做完本实验后请思考以下问题：

（1）不同地址映射方式在具体实现时硬件开销有哪些区别？

（2）2 路组相联 LRU 算法计数器最少需要多少位？

（3）如果采用软件实现 cache，哪种映射方法更有效？LRU 算法采用什么数据结构实现更方便？软件实现中不可能实现全相联查找的并发查找机制，如何提升查找速度？

3.6 cache 软件仿真实验

3.6.1 实验目的

理解 cache 的 3 种不同地址映射机制，理解不同访问序列对 cache 性能的影响，并能通过 cache 仿真软件分析验证 cache 数据加载的正确流程。

3.6.2 实验原理

CAMERA 是基于 Java 开发的一款用于高速缓存 cache 和虚拟存储器模拟的软件，可以用于模拟 cache 的不同映射策略方案和虚存管理，能有效帮助用户更好地理解 cache、虚拟存储器的相关概念。

图 3.14 是 CAMERA 直接相联映射的仿真界面，该界面左侧区域是 cache 区域，该区域包括 16 个 cache 数据块，每个数据块存放 8 个字，每个数据块包括一个 TAG 标记，存放在每一行左侧小矩形中；中间是物理内存区域，该区域包含 32 个数据块，每块 8 个字，总共 256 个字；右上角是内存地址访问序列，用户可以通过“自动生成”按钮 Auto Generate Add. Ref. Str. 随机生成访问序列，也可以通过“自定义”按钮 Self Generate Add. Ref. Str. 输入用户定制的访问序列；主存地址共 8 位，可细分为标记位（TAG）、索引位 Index（BLOCK）和偏移地址 Offset（WORD）；左下角的 PROGRESS UPDATE（进度更新）文本框将用文本详细解释每一次内存访问时发生了什么、进行了什么操作，请读者仔细阅读每一步的文字提示以加深对 cache 机制的理解。进行 cache 调度模拟时，单击右下角区域的“Next”按钮可以向前仿真，单击“Back”按钮还可以回滚。

CAMERA 全相联映射、组相联映射的仿真界面，其界面布局、cache 块数、块大小、内存大小等均与直接相联映射界面中的完全一致，唯一的区别是主存地址划分不同。

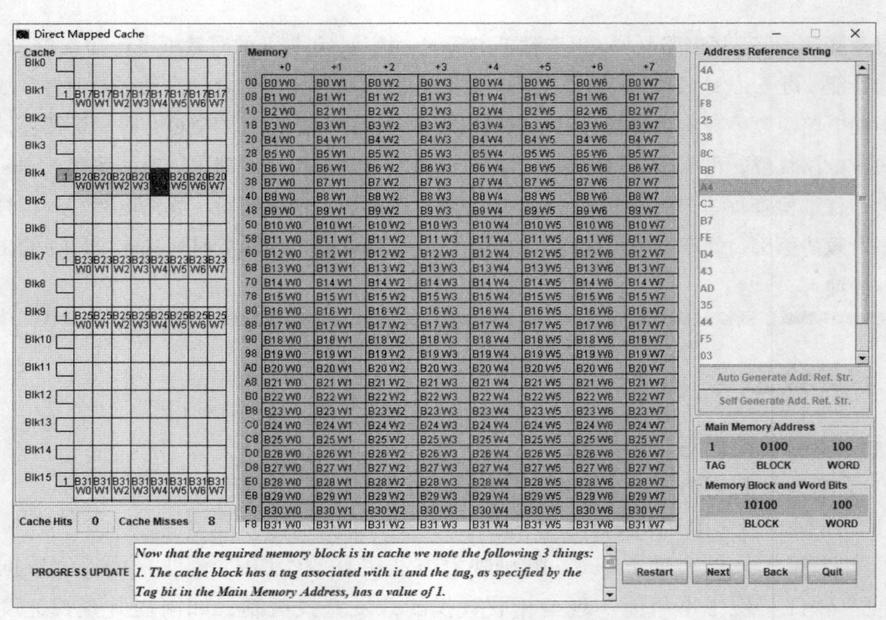

图 3.14　CAMERA 直接相联映射的仿真界面

3.6.3　实验内容

利用 CAMERA 仿真软件依次模拟直接相联映射、2 路组相联映射、4 路组相联映射和全相联映射，对于每一种映射方式，要利用随机生成的访问序列进行数据载入仿真，并且对于每一次内存访问，要仔细观察内存地址如何分成标记位 TAG、索引位 Index、偏移地址 Offset。此外，观察除了请求数据外，还有哪些数据同时被加载到 cache 中。注意，CAMERA 仿真器中地址序列中的地址是字地址，实际计算机系统中地址序列是字节地址。

（1）设计一组地址访问序列，当这组访问序列循环时，直接相联映射 cache 会全部缺失，但全相联映射会全部命中，在 CAMERA 仿真器中输入对应序列进行验证。

（2）设计一组地址访问序列，当这组访问序列循环时，全相联映射 cache 会全部缺失，但直接相联映射缺失率不高，在 CAMERA 仿真器中输入对应序列进行验证。

3.7　cache 性能分析实验

3.7.1　实验目的

理解程序局部性原理、cache 参数对 cache 命中率的影响、内存访问模式对 cache 命中率的影响，并能利用相关知识提升程序性能。

3.7.2　实验原理

RARS 是一款 RISC-V 汇编程序仿真器，本实验将在 RARS 中运行实验包中 cache.asm 的汇编程序，并利用数据 cache 仿真插件（Data Cache Simulation Tool）对程序执行性能、cache 性能等进行精准分析。

数据 cache 仿真插件如图 3.15 所示，该插件可以配置 RARS 处理器数据 cache 地址映射策略（Placement Policy）、块替换策略（Block Replacement Policy）、cache 容量、块数（Number of blocks）、cache 块大小（字）[Cache block size(words)]、cache 组块数[Set size(blocks)]等参数。当用户开启该插件并单击“Connect to Program”按钮时，程序执行过程中插件会提供主存访问次数、cache 命中次数、cache 缺失次数、cache 命中率的实时统计，界面底部的运行日志窗口还可以提供详细的 cache 运行日志。

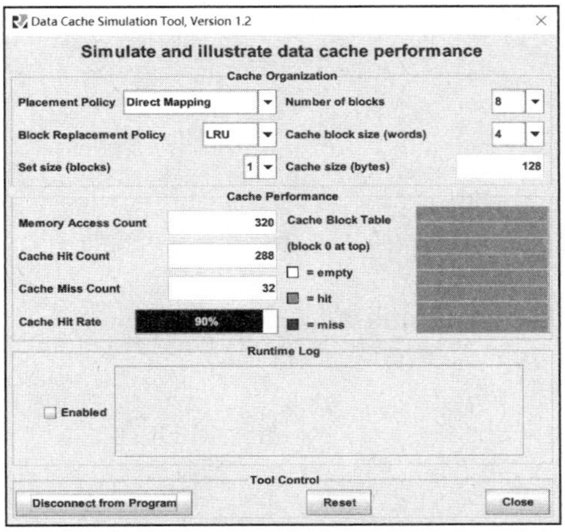

图 3.15　RARS 数据 cache 仿真插件

3.7.3　实验内容

首先阅读 cache-riscv.asm 的 RISC-V 汇编源代码，注意关注头部伪代码以便快速了解程序的基本功能，并弄清楚对应参数在汇编代码中存放的位置、在哪里可以修改，不必过多关心后面汇编代码的具体实现。其源代码如下：

```
    # file: cache-riscv.asm
    # This program accesses an array in ways that provide data about the cache
parameters.
    # 本程序通过 RARS 数据 cache 仿真插件和内存访问可视化插件
    # 帮助读者理解 cache 参数对 cache 性能的影响
    # 本汇编程序的功能可以参考以下 C 语言伪代码
    #   int array[];            // 整型数据为 4 字节
    #   for (k=0; k<repcount; k++) {  // repcount：总循环次数
    #   // 访问数组元素，具体访问哪些数组元素取决于步长 stepsize
    #     for (index=0; index<arraysize; index+=stepsize) {
    #       if(option==0)
    #         array[index]=0;       // option=0：涉及一次主存写
    #       else
    #         array[index]=array[index]+1;
    #                               // option=1：涉及两次主存访问，读写各一次
    #     }
    #   }
            .data
    array:  .space   2048          # array 数组最大字节空间，请勿修改
            .text                  # 代码段开始标志
```

```
##########################################################################
# 以下加粗数值参数，用户可以自行调整
main:     li   a0, 256           # 数组实际字节大小（应是 2 的幂次方并小于或等于 2048）
          li   a1, 2             # stepsize（应是 2 的幂次方）
          li   a2, 1             # repcount（循环次数，应该大于 0）
          li   a3, 1             # 访存方式：0 — option=0，1 — option=1
##########################################################################
          jal accessWords        # lw/sw
          jal accessBytes        # lb/sb
          li  a7,10              # exit
          ecall
# 代码中寄存器使用说明
#  a0 : arraysize，数组实际字节大小
#  a1 : stepsize，数组访问步长
#  a2 : number of times to repeat，数组循环访问次数
#  a3 : 0(W)/1(RW)，访存方式
#  s0 : moving array ptr，数组滑动指针
#  s1 : array limit ptr，数组访问上界指针
accessWords:
            la     s0, array          # 指针指向数组
            add    s1, s0, a0         # 固定数组访问上界（指针）
            slli   t1, a1, 2          # 乘以步长 4
wordLoop:
            beq    a3, zero,  wordZero
            lw     t0, 0(s0)          # array[index/4]++
            addi   t0, t0, 1
            sw     t0, 0(s0)
            j      wordCheck
wordZero:
            sw     zero,    0(s0)     # array[index/4]=0
wordCheck:
            add    s0, s0, t1         # 指针递增
            blt    s0,s1,wordLoop     # 内循环结束？
            addi   a2, a2, -1
            bgtz   a2, accessWords    # 外循环结束？
            jr     ra
accessBytes:
            la     s0, array          # 指针指向数组
            add    s1, s0, a0         # 固定数组访问上界（指针）
byteLoop:
            beq    a3, zero,  byteZero
            lbu    t0, 0(s0)          # array[index]++
            addi   t0, t0, 1
            sb     t0, 0(s0)
            j      byteCheck
byteZero:
            sb     zero,  0(s0)       # array[index]=0
byteCheck:
            add    s0, s0, a1         # 指针递增
            blt    s0,s1,byteLoop     # 内循环结束？
```

```
        addi   a2, a2, -1
        bgtz   a2, accessBytes  # 外循环结束?
        jr     ra
```

注意

代码中步长 stepsize（a1）及循环次数 repcount（a2）会直接影响 cache 命中率，option（a3）将决定主存访问模式，只读还是读写混合。

对后续每一个实验要求，请重复如下步骤。

（1）利用 RARS 打开 cache.asm 文件。

（2）在代码中 main 标号处修改对应 li 指令的立即数参数。

（3）在菜单栏选择 Tools→Data Cache Simulator 选项。

（4）根据实验要求设置 cache 参数。

（5）勾选 Runtime Log 中的“Enabled”复选框，单击“Connect to Program”按钮。

（6）运行主存访问可视化插件，在菜单栏选择 Tools→Memory Reference Visualization 选项，单击“Connect to Program”按钮。

（7）当在 RARS 中执行汇编代码时，所有主存的数据访问（load、store 指令）均会在主存访问可视化插件中显示（取指令除外），具体如图 3.16 所示。

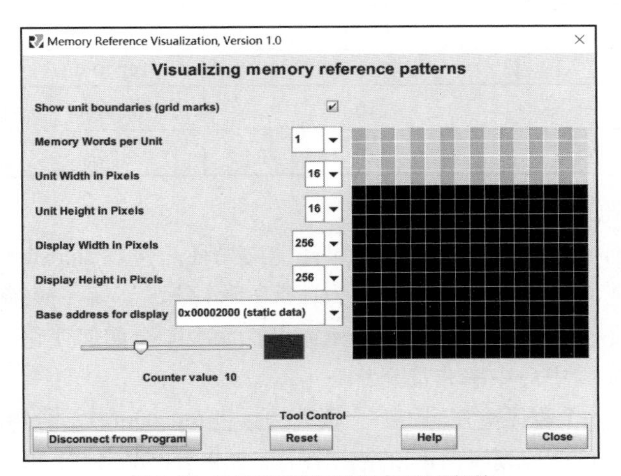

图 3.16　RARS 主存访问模式可视化插件

数据 cache 仿真插件显示数据 cache 的状态，主存访问模式可视化插件用于显示主存访问模式，其数据来源于 RARS 中的运行代码。如果想复位指令，只需分别单击这两个插件的“Reset”按钮。注意，如果一次将代码运行完毕，两个插件显示的将是最终的结果，请使用断点执行和单步执行精确观察主存访问和 cache 访问的详细过程。

对后续给出的一系列具体实验环境进行仿真，首先分析 cache-riscv.asm 程序代码，根据已学的 cache 知识手工计算命中率，并最终在 RARS 中进行仿真，记录运行 cache-riscv.asm 程序后的 cache 命中率并验证自己的计算，如果二者不一致，请找出原因。

实验 1：

假设已给定实验参数，如表 3.7 所示。

表 3.7　　实验 1 参数

cache 参数设置		程序参数设置	
映射策略	Direct Mapping（直接映射）	arraysize	128 字节
块替换策略	LRU	stepsize	8
Set size(blocks)	1	repcount	4
块数	4	option	0
cache 块大小	2	—	—

请回答如下问题：

（1）哪两个程序参数会影响命中率？

（2）增加 repcount 的值，命中率会如何变化，为什么？

（3）在允许同一个数组元素多次访问的前提下，能否只修改一个程序参数就可提升 cache 的命中率？将______参数修改为______，将会提升 cache 的命中率。

实验 2：

假设已给定实验参数，如表 3.8 所示。

表 3.8　　实验 2 参数

cache 参数设置		程序参数设置	
映射策略	*N* 路组相联映射	arraysize	256 字节
块替换策略	LRU	stepsize	2
Set size (blocks)	4	repcount	1
块数	16	option	1
cache 块大小	4	—	—

请回答如下问题：

（1）每个内循环有多少次主存访问？（注：内循环是包含 stepsize 的那个 for 循环）

（2）每 4 次主存访问就有一次缺失，为什么？程序运行完后命中率是多少？为什么？

（3）其他参数不变，将 repcount 变为无穷大，命中率会如何变化？为什么？

（4）为什么本实验中命中率非常高？

（5）假定我们有一个程序重复遍历一个很大的数组 repcount 次，数组大小远大于 cache 容量，每次循环中都会对数组元素做不同的数据操作（如果 repcount=10，则有 10 种不同的操作，在本实验中 option=1，每次操作都是元素自增）。假设每一个数组元素的更新都是独立于其他元素进行的，也就是说，在同一个循环内，对不同数组元素修改顺序，不会影响程序功能。在不改变程序功能的前提下，如何修改代码会使得该程序的命中率与本场景的命中率一致？

3.8　虚拟存储器仿真实验

3.8.1　实验目的

熟练掌握虚拟存储系统框架结构及其工作原理，能够利用内存访问可视化插件进行虚拟内存页面访问流程的分析。

3.8.2 实验内容

本实验将使用 CAMERA 的虚拟存储器仿真功能。CAMERA 模拟了一个拥有 256 字节的虚拟存储系统，其中物理地址空间为 128 字节，共包含 4 个物理页和 8 个虚拟页，每页大小为 32 字节；虚拟地址与实地址的构成如图 3.17 所示。

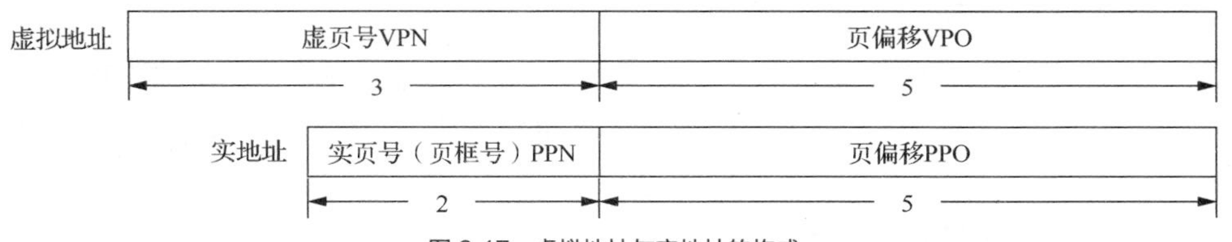

图 3.17 虚拟地址与实地址的构成

图 3.18 是 CAMERA 软件中虚拟存储器仿真的主界面，该界面左上角区域显示了物理内存空间；中间区域是 TLB（Translation Lookaside Buffer）表和页表，最开始时两个表都应该为空；右上角显示的是虚拟地址访问序列，系统可以帮助用户自动生成随机访问序列进行仿真，用户也可以根据自己的需要定制虚拟地址访问序列进行仿真；左下角的 PROGRESS UPDATE（进度更新）文本框将用文本详细解释每一次虚存访问发生了什么、进行了什么操作，请仔细阅读每一步的文字提示以加深对虚拟存储器的理解。进行虚存访问模拟时，单击右下角区域的“Next”按钮可以向前仿真，单击“Back”按钮可以回滚仿真。

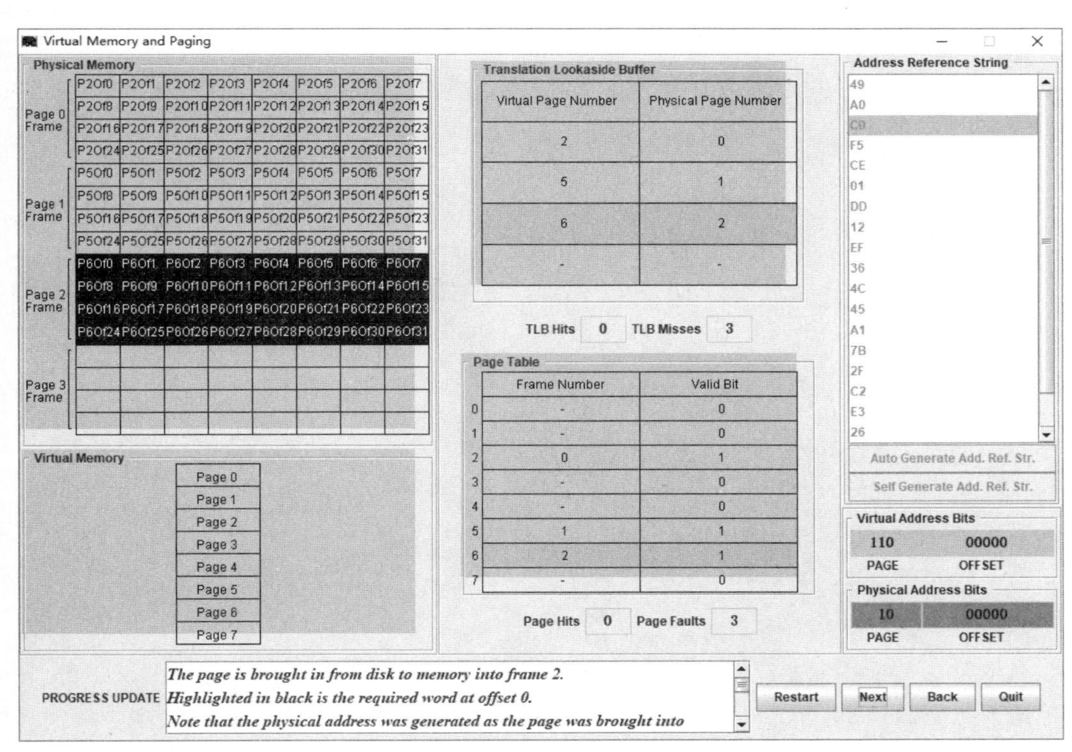

图 3.18 CAMERA 虚拟存储器仿真主界面

1. 虚存载入过程观察

单击软件界面右侧中部的“Auto Generate Add. Ref. Str.”按钮，系统将自动生成虚拟地址访问序列，假设这些虚拟地址都是由 RISC-V 指令中的 lw 指令生成的，单击“Next”按钮开始虚存模拟。注意，每单击一次“Next”按钮都要仔细阅读 PROGRESS UPDATE 框的文字内容，尝试真正了解每一次虚存访问中 TLB 表、页表及物理内存的变化。仿真结束后，记下虚存访问序列，同时记下 TLB 表及页表命中及缺失的次数，记下访问序列、是否发生页命中，并分析原因。

2．最糟糕的访问序列设计

自己设计一个包含 10 个地址的虚存访问序列，使得虚存系统会产生 10 次 TLB 缺失和 10 次页错，设计完成后单击“Self Generate Add. Ref. Str.”按钮一次性输入 10 个地址，然后开始仿真验证设计。

3．虚拟存储系统性能优化

对于能产生 10 次 TLB 缺失和 10 次页缺失的访问序列，读者能否通过调整 TLB 大小、页表大小、内存大小中的一个参数，使得 TLB 缺失次数仍然为 10，但页缺失次数小于 10？请给出自己的答案。

第 4 章 RISC-V 汇编程序设计实验

不同的处理器对应着不同的机器指令集，最初程序员使用二进制机器指令进行编程，后来人们发明了便于记忆和描述指令功能的助记符，利用助记符进行程序设计就是汇编语言程序设计。相比用二进制代码编程，汇编语言编程更加方便、灵活，在一定程度上简化了编程过程。汇编指令按作用对象来划分，可分为伪指令（宏指令）和真指令（硬指令）。伪指令是用于简化汇编程序的命令，可能会被解释成多条机器指令；真指令就是作用于真正处理器的命令，与机器指令一一对应。使用汇编语言编程必须对处理器内部架构有充分的了解，用汇编语言编写的程序必须利用汇编器转换成机器指令才能执行。本章主要介绍 RISC-V 汇编程序设计及实验，采用开源的 RARS 仿真器作为实验平台。

4.1 RISC-V 体系结构

RISC-V 是 2010 年由 David Patterson 主持研制的第五代 RISC 指令系统，它是结合了 ARM、MIPS 等 RISC 指令系统的优势，完全从零开始重新设计开发的一款开源指令系统，目前由非盈利的 RISC-V 基金会负责运营。RISC-V 指令集采用模块化的指令集，包括 32 位和 64 位指令集，32 位指令集 RV32G 包括核心指令集 RV32I 及 4 个标准扩展集：RV32M（乘除法）、RV32F（单精度浮点）、RV32D（双精度浮点）、RV32A（原子操作），核心指令集 RV32I 只包括 47 条基本指令，4 条特权指令，其指令格式规整，更易于硬件实现。模块化的指令集实现更加容易，没有传统增量指令集的历史包袱，方便进行灵活定制与扩展，既可用于嵌入式 MCU，也适合构造服务器。RISC-V 包括 32 位和 64 位指令系统，本章主要探讨 RV32I 指令系统，其所有指令长度都是定长的 32 位。

4.1.1 RISC-V 通用寄存器

RISC-V 体系结构中包含 32 个 32 位的通用寄存器，它们在汇编语言中可以用 x0～x31 表示，也可以使用寄存器的名称表示，例如 sp、t1、ra 等（详见表 4.1），实际在 RISC-V 机器指令中可以用 5 个比特位来表示对应寄存器的编号；RISC-V 中内存栈的方向是从高地址到低地址，也就是压栈时，栈指针寄存器 sp 做减法，出栈时做加法。

表 4.1　　RISC-V 通用寄存器功能说明

寄存器编号	寄存器助记符	英文全称	功能描述
x0	zero	Zero	值恒零，可用该寄存器参与的加法指令实现 MOV 指令功能
x1	ra	Return Address	返回地址
x2	sp	Stack Pointer	栈指针，指向栈顶
x3	gp	Global Pointer	全局指针
x4	tp	Thread Pointer	线程指针
x5-7	t0-t2	Temporaries	临时变量，调用者保存寄存器
x8	s0/fp	Saved Register/ Frame Pointer	通用寄存器，被调用者保存寄存器，在子程序中使用时必须先压栈保存原值，使用后应出栈恢复原值
x9	s1	Saved Registers	通用寄存器，被调用者保存寄存器
x10-11	a0-a1	Arguments/ Return values	用于存储子程序参数或返回值
x12-17	a2-a7	Arguments	用于存储子程序参数
x18-27	s2-s11	Saved Registers	通用寄存器
x28-32	t3-t6	Temporaries	临时变量，调用者保存寄存器

程序员可以使用除 x0 寄存器外的所有寄存器暂存数据。x0 寄存器在硬件上被设计为恒零，程序员可以利用 x0 寄存器的特性实现一些特殊的功能，譬如实现 NOP 操作。RISC-V 本没有 NOP 指令，但由于对 x0 寄存器的写入实际上无意义，可以作为空操作使用。另外，add x8,x9,x0 这样的指令可以实现 x86 中 MOV 指令的功能。

事实上，编译器将高级语言程序转换为 RISC-V 汇编程序时，一般会遵循操作系统 ABI（Application Binary Interface）中的寄存器使用约定，如某些寄存器用于函数的参数，有些用于存放返回值，有些用于存储临时数据，另一些则起特殊作用（如保存调用函数时的返回地址或作为堆栈指针等）。如果使用汇编语言开发，理论上可以无视这些约定，但一般应尽量遵守约定。

4.1.2　RISC-V 浮点寄存器

RV32F、RV32D 浮点指令集中还包括 32 个 64 位的双精度浮点寄存器 f0～f31，详见表 4.2。RV32F 中的单精度浮点指令仅使用双精度浮点寄存器的低 32 位，而 MIPS32 中只有 32 个单精度浮点寄存器，仅能支持 16 个双精度浮点寄存器。

表 4.2　　RISC-V 浮点寄存器

寄存器编号	寄存器助记符	英文全称	功能描述
f0-f7	ft0-7	FP temporaries	浮点临时寄存器
f8-f9	fs0-1	FP saved registers	浮点保存寄存器

续表

寄存器编号	寄存器助记符	英文全称	功能描述
f10-f11	fa0-1	FP arguments/return values	浮点参数/返回值
f12-f17	fa2-7	FP arguments	浮点参数
f18-f27	fs2-11	FP saved registers	浮点保存寄存器
f28-f31	ft8-11	FP temporaries	浮点临时寄存器

4.1.3 RISC-V 控制状态寄存器

除了通用寄存器和浮点寄存器外，RISC-V 体系结构还包括一组控制状态寄存器（Control and Status Registers，CSR），CSR 用于进行 CPU 的配置，中断异常处理、缓存控制、虚拟内存管理等功能都依赖于 CSR 来实现，具体功能可以参考 RISC-V 特权指令集手册，本节仅介绍 7 个用于中断异常处理的 CSR 寄存器。

- mtvec（Machine Trap Vector）：存放发生异常时 CPU 发生跳转的地址；
- mepc（Machine Exception PC）：存放异常或中断返回地址；
- mcause（Machine Exception Cause）：存放引起中断或异常的原因；
- mie（Machine Interrupt Enable）：存放不同类型中断的使能控制；
- mip（Machine Interrupt Pending）：存放当前正准备处理的中断请求；
- mtval（Machine Trap Value）：存放异常处理时的附加信息，地址异常时用于保存出错的地址，出现非法指令异常时保存指令本身，对于其他异常，它的值为 0；
- mstatus（Machine Status）：存放很多与 CPU 执行机制有关的状态位，如全局中断使能位。

CSR 寄存器用 12 位地址编码，最多可支持 4096 个 CSR 寄存器，但实际上 RISC-V 手册中只定义了十来个 CSR 寄存器，访问不存在的 CSR 寄存器将触发无效指令异常。不同 CSR 寄存器的地址的分配，请参考 RISC-V 特权指令集手册。由于 CSR 寄存器地址空间和通用寄存器地址空间不一致，因此访问 CSR 寄存器需要使用特殊的指令，RV32I 中有 6 条用于访问 CSR 寄存器的指令，详细功能如下。

csrrw rd,csr,rs1：读取控制状态寄存器 csr 的值到通用寄存器 rd，然后把通用寄存器 rs1 的值写入 csr。如 csrrw t0, mstatus, t0 的功能是将 mstatus 的值与 t0 的值交换。

csrrs rd,csr,rs1：读取控制状态寄存器 csr 的值到通用寄存器 rd，然后依据 rs1 寄存器的值将 csr 寄存器按位置 1，具体是将 rs1 寄存器与 csr 寄存器按位进行逻辑或后写入 csr。

csrrc rd,csr,rs1：读取控制状态寄存器 csr 的值到通用寄存器 rd，然后依据 rs1 寄存器的值将 csr 寄存器按位清零，具体是将 rs1 寄存器取反后与 csr 寄存器进行逻辑与后写入 csr。

csrrwi rd,csr,zimm5：读取控制状态寄存器 csr 的值到通用寄存器 rd，然后将 zimm5 零扩展后写入 csr。

csrrsi rd,csr,zimm5：读取控制状态寄存器 csr 的值到通用寄存器 rd，然后依据 zimm5 值将 csr 寄存器按位置 1，具体是将 zimm5 零扩展成 32 位后与 csr 寄存器按位进行逻辑或后写入 csr。

csrrci rd,csr, zimm5：读取控制状态寄存器 csr 的值到通用寄存器 rd，然后依据 zimm5 值将 csr 寄存器按位清零，具体是将 zimm5 零扩展成 32 位取反后与 csr 寄存器进行逻辑与后写入 csr。

4.2 RISC-V 指令集

4.2.1 功能描述符号

为了清晰而简洁地描述 RISC-V 指令的功能，本小节给出一些功能描述符号的约定，具体如表 4.3 所示。

表 4.3 指令功能描述符号

符号	含义	示例
{X, Y}	将 X 和 Y 的比特位连接在一起	{10, 11, 011} = 1011011
X × Y	将比特 X 重复 Y 次	{1, 0 × 3} = 1000
(X)[B:A]	将 X 中的第 A 位到第 B 位切分出来	(1100110101)[4:0] = 10101
sExt(X)	将立即数 X 有符号扩展到 32 位	sExt(1001) = {1 × 28, 1001}
zExt(X)	将立即数 X 零扩展到 32 位	zExt(1001) = {0 × 28, 1001}
$M[X]_{NB}$	访问内存地址 X 处的 N 个字节	$M[0000]_{4B}$
R[N]	通用寄存器中编号为 N 的寄存器	R[0]
C[N]	控制状态寄存器中编号为 N 的寄存器	C[0]

4.2.2 指令格式

RV32I 为定长指令集，但操作码字段预留了扩展空间，可以扩展为变长指令，指令字长必须是双字节对齐。RISC-V 包括 6 种指令格式，具体如图 4.1 所示。和 MIPS 一样，RISC-V 指令也没有寻址特征字段，寻址方式由操作码决定。RISC-V 强调指令硬件更容易实现，其最大特色是指令字中的各字段位置固定，这将有效减少指令译码电路中所需要的多路选择器，也可提升指令译码速度。

图 4.1 中 7 位的主操作码 OP 均固定在低位，扩展操作码 funct3、funct7 字段位置也是固定的，另外，源寄存器 rs1、rs2 及目的寄存器 rd 位置在指令字中的位置也是固定不变的。以上字段位置固定后，剩余的位置用于填充立即数字段 imm，这也直接导致 imm 字段看起来比较混乱，不同类型指令立即数字段的长度，甚至顺序都不一致。但 imm 字段的最高位都固定在指令字的最高位，方便立即数的符号扩展，另外，立即数字段中部分字段尽量追求位置固定，如 I/S/B/J 型指令的 imm[10～5]字段位置固定，S/B 型指令中的 imm[4～1]字段位置固定。不同指令格式中的立即数字段最终会译码生成 32 位立即数，具体立即数形式如图 4.2 所示，注意图中 inst[m:n]表示指令字中第 m～n 位。

	31~25	24~20	19~15	14~12	11~07	06~00
R 型指令	funct7	rs2	rs1	funct3	rd	OP
I 型指令	imm[**11**:0]		rs1	funct3	rd	OP
S 型指令	imm[**11**,10:5]	rs2	rs1	funct3	imm[4:1, **0**]	OP
B 型指令	imm[**12**,10:5]	rs2	rs1	funct3	imm[4:1,**11**]	OP
U 型指令	imm[**31**:12]				rd	OP
J 型指令	imm[**20**,10:5]	imm[4:1,11,19:12]			rd	OP

图 4.1 RISC-V 指令格式

	31	30~20	19~12	11	10~5	4~1	0
I 型立即数	~inst[31]~				inst[30:25]	inst[24:21]	inst[20]
S 型立即数	~inst[31]~				inst[30:25]	inst[11:8]	inst[7]
B 型立即数	~inst[31]~			inst[7]	inst[30:25]	inst[11:8]	0
U 型立即数	inst[31]	inst[30:20]	inst[19:12]	~0~			
J 型立即数	~inst[31]~		inst[19:12]	inst[20]	inst[30:25]	inst[24:21]	0

图 4.2 RISC-V 立即数形式

4.2.3 R 型指令

R 型指令包括三个寄存器操作数，主操作码字段 OP=33H，由 funct3 和 funct7 两个字段共 10 位作为扩展操作码描述 R 型指令的功能。

	31~25	24~20	19~15	14~12	11~07	06~00
R 型指令	funct7	rs2	rs1	funct3	rd	OP=33H

RV32I 中包括 10 条 R 型指令，主要包括算术逻辑运算、关系运算、移位指令三类，具体如表 4.4 所示，和 MIPS32 不同的是 RV32I 中不包含乘、除法指令。

表 4.4　　RISC-V R 型指令功能详解

OP	funct3	funct7	指令助记符	功能描述	备注
33H	0	0	add rd,rs1,rs2	R[rd]=R[rs1]+R[rs2]	加法运算
33H	0	20H	sub rd,rs1,rs2	R[rd]=R[rs1]-R[rs2]	减法运算
33H	1	0	sll rd,rs1,rs2	R[rd]=R[rs1] <<R[rs2] [4:0]	逻辑可变左移
33H	2	0	slt rd,rs1,rs2	R[rd]=(R[rs1]< R[rs2])?1:0	小于置位
33H	3	0	sltu rd,rs1,rs2	R[rd]=(R[rs1]< R[rs2])?1:0	无符号小于置位
33H	4	0	xor rd,rs1,rs2	R[rd]=R[rs1]^R[rs2]	异或运算
33H	5	0	srl rd,rs1,rs2	R[rd]=R[rs1] >>>R[rs2][4:0]	逻辑可变右移
33H	5	20H	sra rd,rs1,rs2	R[rd]=R[rs1]>>R[rs2] [4:0]	算术可变右移
33H	6	0	or rd,rs1,rs2	R[rd]=R[rs1]|R[rs2]	逻辑或运算
33H	7	0	and rd,rs1,rs2	R[rd]=R[rs1]&R[rs2]	逻辑与运算

4.2.4 I 型指令

I 型指令包括 2 个寄存器操作数 rs1、rd 和一个 12 位立即数操作数，除主操作码 OP 字段外，funct3 字段也作为扩展操作码描述 I 型指令的功能。

	31～20	19～15	14～12	11～07	06～00
I 型指令	imm[11:0]	rs1	funct3	rd	OP

I 型指令主要包括立即数运算指令，移位指令，访存指令，系统控制类指令，具体如表 4.5 所示。

表 4.5　RISC-V I 型指令功能详解

OP	funct3	指令助记符	功能描述	备注
13H	0	addi rd,rs1,imm12	R[rd]=R[rs1]+ sExt (imm12)	加法运算
13H	1	slli rd,rs1, shamt	R[rd]=R[rs1]<< shamt	减法运算
13H	2	slti rd,rs1,imm12	R[rd]=(R[rs1]< sExt(imm12) ?1:0	小于置位
13H	3	sltiu rd,rs1,imm12	R[rd]=(R[rs1]< sExt(imm12))?1:0	无符号小于置位
13H	4	xori rd,rs1,imm12	R[rd]=R[rs1]^ sExt(imm12)	异或运算
13H	5	srli rd,rs1, shamt	R[rd]=R[rs1]>>> shamt	逻辑右移
13H	5	srai rd,rs1, shamt	R[rd]=R[rs1]>> shamt	算术右移
13H	6	ori rd,rs1,imm12	R[rd]=R[rs1] | sExt(imm12)	逻辑或运算
13H	7	andi rd,rs1,imm12	R[rd]=R[rs1] & sExt(imm12)	逻辑与运算
03H	0	lb rd,imm12(rs1)	R[rd]= sExt(M[R[rs]+ sExt(imm12)]$_{1B}$)	取字节
03H	1	lh rd,imm12(rs1)	R[rd]= sExt(M[R[rs]+ sExt(imm12)]$_{2B}$)	取半字
03H	2	lw rd,imm12(rs1)	R[rd]=M[R[rs1]+ sExt(imm12)]$_{4B}$	取字
03H	4	lbu rd,imm12(rs1)	R[rd]= zExt(M[R[rs]+ sExt(imm12)]$_{1B}$)	无符号取字节
03H	5	lhu rd,imm12(rs1)	R[rd]= zExt(M[R[rs]+ sExt(imm12)]$_{2B}$)	无符号取半字
67H	0	jalr rd,rs1,imm12	PC=R[rs1]+ sExt(imm12), R[rd]=PC+4	跳转到指定地址
0FH	0	fence	同步内存和 I/O	
0FH	1	fence.I	同步指令流	
73H	0	ecall	系统调用	imm[11～0]=0
73H	0	ebreak	断点异常	imm[11～0]=1
73H	0	uret	RV32N 特权指令，用户模式中断返回	imm[11～0]=2
73H	0	sret	特权指令，监管模式中断返回	imm[11～0]=102H
73H	0	mret	特权指令，机器模式中断返回	imm[11～0]=302H
73H	0	sfence.vma x0,x0	特权指令，刷新 TLB	imm[11～0]=9
73H	0	wfi	特权指令，等待中断	imm[11～0]=105H
73H	0	csrrw rd,csr,rs1	R[rd]=C[csr], C[csr]=R[rs1]	CSR 读写
73H	0	csrrs rd,csr,rs1	R[rd]=C[csr], C[csr]=C[csr] | R[rs1]	CSR 读置位
73H	0	csrrc rd,csr,rs1	R[rd]=C[csr], C[csr]=C[csr] & ～R[rs1]	CSR 读清零
73H	0	csrrwi rd,csr,zimm5	R[rd]=C[csr], C[csr]=zExt(zimm5)	CSR 读，立即数写
73H	0	csrrsi rd,csr,zimm5	R[rd]=C[csr], C[csr]=C[csr]|zExt(zimm5)	CSR 读，立即数置位
73H	0	csrrci rd,csr,zimm5	R[rd]=C[csr], C[csr]=C[csr] & ～ zExt(zimm5)	CSR 读，立即数清零

4.2.5 S 型指令

写存指令由于不存在目的寄存器 rd 字段，因此不能采用 I 型指令格式，只能单独设置一个 S 型指令格式，具体格式如下：

	31～25	24～20	19～15	14～12	11～07	06～00
S 型指令	imm[**11**,10:5]	rs2	rs1	funct3	imm[4:1, **0**]	OP

注意，funct3 字段为扩展操作码，立即数字段扩充到了原目标寄存器 rd 字段的位置，其立即数字段总位数也是 12 位，S 型指令如表 4.6 所示。

表 4.6　　　　RISC−V S 型指令功能详解

OP	funct3	指令助记符	功能描述	备注
23H	0	sb rs2,imm(rs1)	M[R[rs1]+sExt(imm)]$_{1B}$ = R[rs2][7:0]	
23H	1	sh rs2,imm(rs1)	M[R[rs1]+sExt(imm)]$_{2B}$ = R[rs2][15:0]	半字对齐
23H	2	sw rs2,imm(rs1)	M[R[rs1]+sExt(imm)]$_{4B}$ = R[rs2]	字对齐

4.2.6 B 型指令

B 型指令用于表示条件分支指令，同样 B 型指令也不存在目的寄存器 rd 字段，其指令形式和 S 型指令类似，但由于其指令字段的第 7 位和 B 型指令略有不同，因此 B 型指令也称为 SB 型指令。

	31～25	24～20	19～15	14～12	11～07	06～00
B 型指令	imm[12,10:5]	rs2	rs1	funct3	imm[4:1,11]	OP

注意，RISC-V 指令字长为双字节的倍数（16 位系统为双字节指令字长），指令字按照偶数对齐，这里立即数必须为偶数，最低位为零，为提升分支范围，指令中隐藏了最低位零，生成最终立即数时应在最低位补零变成 13 位立即数。B 型指令如表 4.7 所示。

表 4.7　　　　RISC−V B 型指令功能详解

OP	funct3	指令助记符	功能描述	备注
63H	0	beq rs1,rs2,imm12	if(R[rs1] = R[rs2]) PC = PC+sExt({imm12, 0})	
63H	1	bne rs1,rs2,imm12	if(R[rs1] ≠ R[rs2]) PC = PC+sExt({imm12, 0})	
63H	4	blt rs1,rs2,imm12	if(R[rs1] < R[rs2]) PC = PC+sExt({imm12, 0})	有符号比较
63H	5	bge rs1,rs2,imm12	if(R[rs1] ≥ R[rs2]) PC = PC+sExt({imm12, 0})	有符号比较
63H	6	bltu rs1,rs2,imm12	if(R[rs1] < R[rs2]) PC = PC+sExt({imm12, 0})	无符号比较
63H	7	bgeu rs1,rs2,imm12	if(R[rs1] ≥ R[rs2]) PC = PC+sExt({imm12, 0})	无符号比较

4.2.7 U 型指令

I 型指令立即数最多只有 12 位，立即数范围较小，为表示更大的立即数，设置了 U 型指令，这里“U”的意思是 Upper immediate，也就是高位立即数，具体格式如下：

	31～25	24～20	19～15	14～12	11～07	06～00
U 型指令	imm[**31**:12]				rd	OP

U 型指令中立即数字段共 20 位，包含两条指令，如表 4.8 所示。

表 4.8　　RISC-V U 型指令功能详解

OP	指令助记符	功能描述	备注
37H	lui rd,imm20	R[rd]={imm20, 0×12}	立即数加载到高 20 位，与 addi 指令配合实现 32 位立即数加载
27H	auipc rd,imm20	R[rd]=PC+ {imm20, 0×12}	立即数与 PC 高 20 位相加，与 jalr 指令配合实现 32 位地址空间长跳转

注意，lui 指令只能将立即数加载到高 20 位，如需要加载一个完整的 32 位立即数到寄存器中，可以利用 lui 和 addi 指令配合完成。要实现长跳转时需要将 PC 与一个完整的 32 位立即数相加。同理，可以利用 auipc 指令先累加高 20 位，再使用 jalr 跳转指令累加低 12 位实现长跳转。

4.2.8　J 型指令

J 型指令用于无条件跳转，其立即数字段共 20 位，所以也称 UJ 型指令。和 B 型条件分支指令一样，这里也隐藏了立即数最低位零，实际上是 21 位立即数，具体格式如下：

	31～25	24～20	19～15	14～12	11～07	06～00
J 型指令	imm[**20**,10:5]	imm[4:1,11,19:12]			rd	OP

J 型指令仅包括 1 条指令，如表 4.9 所示。

表 4.9　　RISC-V J 型指令功能详解

OP	指令助记符	功能描述	备注
7FH	jal rd,imm20	PC=PC+ sExt({imm20, 0})　R[*rd*]=PC+4 rd 为 x1 时可实现子程序调用；rd=x0 时可实现无条件短跳转	子程序调用

4.2.9　RISC-V 寻址方式

RISC-V 寻址方式比较简单，一共只有 4 种寻址方式，具体如表 4.10 所示。

表 4.10　　RISC-V 寻址方式

序号	寻址方式	有效地址 EA/操作数 S	指令示例
1	寄存器寻址	EA=R[rt]	add rd,rs1,rs2
2	立即数寻址	S=imm	addi rd,rs1,imm
3	基址/变址寻址	EA=R[rs]+imm	lw rd,imm(rs1)
4	相对寻址	EA=PC+sExt{imm,0}	beq rs1,rs2,imm

RISC-V 指令获取操作数的方式主要包括寄存器寻址（操作数在寄存器中）、立即数寻

址（操作数在指令字中）、变址寻址（操作数在主存中）、相对寻址 4 种寻址方式，只有访存指令 load/store（lb、lh、lw、lbu、lhu、sb、sh、sw）可以访问存储器，其他所有指令的操作数均在寄存器中或者在指令字的立即数字段中，这也是 RISC-V 优化指令流水线的重要特性。访存指令使用如下格式进行加载或存储数据。

```
lw s1,offset(s2)
```

程序员可以使用任何通用寄存器作为目的操作数和源操作数，偏移量 offset 是指令字中有符号的 12 位立即数，变化范围为[-2048,+2047]，s2+offset 的值为存储器载入地址。这种寻址方式足以满足 C 语言中结构体的数据访问，偏移量是结构体首地址和待访问数据之间的距离；可以通过这种寻址方式实现对 C 语言数组元素的访问，通过堆栈或帧指针访问函数变量，也可以通过 gp 寄存器访问静态或全局变量。

4.2.10 RISC-V 数据类型

RISC-V 的一次操作可加载 1～8 字节的数据。指令助记符使用的符号约定如表 4.11 所示。整型数据字节加载和半字加载分为有符号和无符号两类，其中有符号加载指令 lb、lh 将数据的值加载到 32 位寄存器的低位，高位用符号位进行扩展填充，这样可以将一个带符号的整数值转换为 32 位有符号整数。无符号指令 lbu 和 lhu 用 0 进行高位扩展，它们将数据载入 32 位寄存器的最低有效位，高位用 0 填充。

表 4.11　　指令助记符使用的符号约定

C 语言名称	RISC-V 名称	字节数	汇编器助记符
long long	**d**word	8	ld 中的“d”
int	**w**ord	4	lw 中的“w”
long	**w**ord	4	lw 中的“w”
short	**h**alfword	2	lh 中的“h”
char	**b**yte	1	lb 中的“b”
unsigned short	**h**alfword	2	lhu 中的“h”和“u”
unsigned char	**b**yte	1	lbu 中的“b”和“u”
float	**w**ord	4	flw 中的“w”
double	**d**word	8	fld 中的“d”（64 位系统）

注意，半字加载指令中存储地址必须按半字对齐（2 字节），字加载指令中存储地址必须按字对齐（4 字节），否则会触发系统异常。

4.3 RISC-V 汇编入门

4.3.1 程序结构

RISC-V 汇编源代码通常是以.s 或.asm 为文件后缀的文本文件，源代码由数据段、代码段两部分组成。其中，数据段以.data 开始，数据段声明了在代码中使用的变量名称，同时也在主存（RAM）中创建了对应的空间；程序段以.text 开始，包含由指令构成的程序功能代码，代码以“main:”函数开始。main 的结束点应该调用 exit，参见 4.3.8 节中系统调用的介绍。

下面是一个 RISC-V 汇编程序框架，注意“#”开始的部分都是注释部分。

```
# Template.s
# RISC-V 汇编程序框架
.data          # 数据段开始标志，后续行可以进行全局变量声明
# …

.text          # 代码段开始标志，后续行可以开始编写指令
main:          # 代码起始处，非必需
# …
# End of program
```

表 4.12 给出了 RISC-V 汇编程序常见的汇编代码指示符。

表 4.12　　RISC-V 汇编代码指示符

指示符	功能描述
.text	代码段，后续符号都在.text 内
.data	数据段，后续符号都在.data 内
.bss	未初始化数据段，后续符号都在.bss 中
.section .foo	自定义段，后续符号都在.foo 段中，.foo 段名可以做修改
.align n	按 2 的 *n* 次幂字节对齐
.balign n	按 *n* 字节对齐
.globl sym	声明 sym 为全局符号，其他文件可以访问
.macro　.end_macro	声明宏定义的开始和结尾
.globl sym	声明 sym 为全局符号，其他文件可以访问
.eqv name,value	定义 name 为常量 value ，相当于 C 语言中的#define
.string “str”	将字符串 str 放入内存　也可以使用.asciz
.space n	预留 *n* 字节的内存空间
.byte b1,…,bn	在内存中连续存储 *n* 个单字节
.half w1,…,wn	在内存中连续存储 *n* 个半字（2 字节）
.word w1,…,wn	在内存中连续存储 *n* 个字（4 字节）
.dword w1,…,wn	在内存中连续存储 *n* 个双字（8 字节）
.float f1,…,fn	在内存中连续存储 *n* 个单精度浮点数
.double d1,…,dn	在内存中连续存储 *n* 个双精度浮点数

4.3.2　数据声明

数据段以“.data”为开始标志，声明变量后，即在主存中分配空间。RISC-V 汇编源代码中数据变量声明格式如下：

```
name: storage_type values
```

其中，name 为变量名称；storage_type 代表存储类型；values 通常为初始值，当变量

类型为.space 时，values 的值表示分配多少字节空间。注意，声明时变量名称后要跟一个冒号。下面给出几种不同类型的变量声明例子。

```
var1: .word 3                    # 分配一个字类型变量，初始值为 3
array1: .byte 'a','b'            # 创建一个包含两个元素的字节数组
                                 # 两个数组元素初始值为字符'a'和'b'
array2: .space 40                # 分配 40 字节的连续内存空间
# 存储空间并未初始化，可以当作 40 个元素的字节数组，也可以当作 10 个元素的整型数组
# 最好增加注释说明存储空间数据类型
string1: .string "Print this.\n" # 定义一个字符串，并给出字符串初始值
```

4.3.3 RISC-V 访存指令

在 RISC-V 中如果要访问内存，只能使用 load 和 store 指令，其他指令一律只能对寄存器操作。访存指令的具体形式有如下几种。

```
lw rd, RAM_source
                          # 将 RAM_source 处的 4 字节内容复制到目标寄存器
                          # lw 是 load word 的缩写
lb rd, RAM_source
                          # 将 RAM_source 处的字节复制到目标寄存器的低字节部分
                          # 高字节部分进行符号扩展
                          # lb 是 load byte 的缩写
li rd, value
                          # 将立即数的值加载到目标寄存器，伪指令
                          # 立即数值不同，可能最终生成的机器码不同
                          # 当立即数超出 12 位表示范围时，可能生成两条机器指令
                          # li 是 load immediate 的缩写
sw rs2, RAM_destination
                          # 将 rs2 寄存器的 4 字节存储到内存 RAM_destination 处
                          # sw 是 store immediate 的缩写
sb rs2, RAM_destination
                          # 将 rs2 寄存器的最低字节存储到内存 RAM_destination 处
                          # sb 是 store byte 的缩写
```

RISC-V 中还有 lbu、lh、lhu、sh 等访存指令，具体内容可以参考相关手册。

RISC-V 汇编程序举例如下。

```
.data                       # 数据段开始标志
var1: .word 23              # 定义变量 var1，初始值为 23

.text                       # 代码段开始标志
__start:                    # 标签，非必需
 lw t0, var1                # 将内存变量 var1 的值载入寄存器 t0，t0=var1
 li t1, 5                   # t1=5
 sw t1, var1                # 将寄存器 t1 存入内存变量 var1，var1=t1
```

4.3.4 汇编寻址方式

RISC-V 系统结构只能用 load 或 store 相关指令来实现内存访问，在进行汇编程序编写时可能会用到以下 3 种寻址方式。

（1）直接寻址，代码如下：

```
la t0, var1                # la是load address的缩写
```

把内存变量 var1 在主存 RAM 中的地址复制到寄存器 t0 中。var1 也可以是程序中定义的一个子程序标签的地址；la 本质上并不是 RISC-V 指令，它只是一条伪指令，通常汇编器会利用算术指令立即数加 addi 替换，所以严格来说，RISC-V 并没有直接寻址这种寻址方式。

（2）寄存器间接寻址，代码如下：

```
lw t2, (t0)
```

主存中有一个字的地址存在 t0 中，按这个地址访问主存，并将主存内容传送到目的寄存器 t2 中。

```
sw t2, t0
```

将寄存器 t2 的值存入寄存器 t0 指向的主存位置。

（3）基址/变址寻址，代码如下：

```
lw t2, 4(t0)
```

将寄存器 t0 的值加 4 得到的地址所对应的主存字载入寄存器 t2 中，4 为包含在 t0 中的地址的偏移量，这里 t0 相当于基址寄存器。

```
sw t2, -12(t0)            # 偏移量可以是负数
```

将寄存器 t2 的值存入寄存器 t0 值减 12 得到的地址所对应的主存中，存入一个字共用 4 字节，可见，地址偏移量可以是负值。本质上讲，RISC-V 内存访问只有基址/变址寻址一种模式，前面的寄存器间接寻址不过是一种特殊形式而已。基址/变址寻址在以下场合特别有用。

① 数组：从基址寄存器加偏移量存取数组元素。

② 堆栈：利用从堆栈指针或者帧指针加偏移量来存取堆栈数据。

程序举例：

```
#file: example.s
.data
array1: .space 12              # 定义12字节的数组空间，可以存放3个整数
.text
__start:
 la t0,array1                  # 将array1的地址传送到t0
 li t1,5                       # t1=5
 sw t1,(t0)                    # 将t1的值存入array1首字
 li t1,13                      # t1=13
 sw t1,4(t0)                   # 将t1的值存入array1第4个字
 li t1,-7                      # t1=-7
 sw t1,8(t0)                   # 将t1的值存入array1第8个字
```

4.3.5 算术运算指令

算术运算指令的所有操作数都是寄存器或立即数，不能直接使用 RAM 地址或间接寻址。算术运算指令至多有 3 个操作数。例如：

```
add t0,t1,t2      # t0=t1+t2；有符号加
sub t2,t3,t4      # t2=t3-t4；有符号减
addi t2,t3,5      # t2=t3+5；立即数加（没有subi，思考一下为什么）
mv t2,t3          # t2=t3；mv是伪指令，汇编器会解释成addi t2,t3,0
```

4.3.6 程序控制指令

1. 条件分支指令（Branches）

条件分支的比较机制已经内置在指令中，分支指令如下：

```
beq t0,t1,target        # 如果 t0=t1，跳转到 target 标签位置
bne t0,t1,target        # 如果 t0≠t1，跳转到 target 标签位置
blt t0,t1,target        # 如果 t0<t1，跳转到 target 标签位置
bge t0,t1,target        # 如果 t0 >=t1，跳转到 target 标签位置
bltu t0,t1,target       # 如果 t0<t1，跳转到 target 标签位置,无符号比较
bgeu t0,t1,target       # 如果 t0 >=t1，跳转到 target 标签位置,无符号比较

#伪指令，会解释成以上 6 条指令的特殊形式
beqz t0,target          # 如果 t0=0，跳转到 target，解释成 beq t0,x0,target
bnez t0,target          # 如果 t0≠0，跳转到 target，解释成 bne t0,x0,target
blez t0,target          # 如果 t0=<0，跳转到 target，解释成 bge x0,t0,target
bgez t0,target          # 如果 t0 >=0，跳转到 target，解释成 bge t0,x0,target
bltz t0,target          # 如果 t0<0，跳转到 target，解释成 blt t0,x0,target
bgtz t0,target          # 如果 t0>0，跳转到 target，解释成 blt x0,t0,target
bgt t0,t1,target        # 如果 t0>t1，跳转到 target，解释成 blt t1,t0,target
ble t0,t1,target        # 如果 t0=<t1，跳转到 target，解释成 bge t1,t0,target
bgtu t0,t1,target       # 如果 t0>t1，跳转到 target，解释成 bltu t1,t0,target
bleu t0,t1,target       # 如果 t0=<t1，跳转到 target，解释成 bgeu t1,t0,target
```

2. 无条件跳转指令（Jumps）

无条件跳转指令如下：

```
j target                # 无条件跳转到 target 标签位置，伪指令，解释成 jal x0, target
jr t3                   # 跳转到寄存器 t3 所存储的地址位置,伪指令,解释成 jalr x0,0(t3)
```

3. 子程序调用指令

子程序调用指令如下：

```
jal x1, target#跳转到 target，返回地址保存到 x1 寄存器，jal 跳转空间是 ± 1Mbyte
jal target     #跳转到 target，伪指令,解释成 jal x1,target
jalr t0        #跳转到 t0 所存储的地址位置，伪指令，解释成 jalr x1,0(t0)
call target    #跳转到 target，返回地址保存到 x1,target 可以是 32 位地址空间任意地址
               #伪指令，用于远程子程序调用，最终会解释成 auipc 和 jalr 两条指令
```

其中，target 为子程序的标签，子程序调用指令的实质是跳转并链接（Jump and Link），该指令把当前程序计数器 PC 的值保留到返回地址寄存器 ra/x1 中，以备跳回，然后跳转到子程序。

4. 从子程序返回指令

从子程序返回指令如下：

```
ret            # 子程序返回，跳转至 ra/x1 寄存器所存储地址位置，解释成 jalr x0,0(x1)
```

子程序执行完后，必须返回调用子程序的主程序中，由于执行 jal 指令时已经将 PC 的值保存在 ra 中，因此该指令可以实现子程序返回（类似 x86 指令中的 ret 指令）。注意，返回地址存放在 ra 寄存器中，如果子程序调用了下一级子程序，或者是递归调用，在调用之前需要将返回地址寄存器 ra 保存在堆栈中，因为每执行一次 jal 指令就会覆盖 ra 中的返回地址，调用之后还需要从堆栈中恢复 ra 寄存器。

4.3.7 RISC-V 伪指令

为了简化编程，RISC-V 汇编器提供了大量的伪指令，这些伪指令扩充了 RISC-V 机器指令的功能，提升了 RISC-V 汇编编程的灵活性。在实际汇编时，汇编器会将伪指令转换成一条或者多条 RISC-V 机器指令。表 4.13 为 RISC-V 常用伪指令功能说明。

表 4.13　　RISC-V 常用伪指令功能说明

序号	伪指令语法	对应汇编指令序列	操作
1	li rd,imm	lui rd, imm[32:12]+imm[11] addi rd, rd, imm[11:0]	加载 32 位立即数，先加载高位，再加载低位
2	mv rd, rs	addi rd, rs, 0	寄存器复制
3	nop	addi x0, x0, 0	空操作
4	not rd, rs	xori rd, rs, −1	取反操作
5	neg rd, rs	sub rd, x0, rs	取负操作
6	seqz rd, rs	sltiu rd, rs, 1	等于 0 时置位
7	snez rd, rs	sltu rd, x0, rs	不等于 0 时置位
8	sltz rd, rs	slt rd, rs, x0	小于 0 时置位
9	sgtz rd, rs	slt rd, x0, rs	大于 0 时置位
10	beqz rs, offset	beq rs, x0, offset	等于 0 时跳转
11	bnez rs, offset	bne rs, x0, offset	不等于 0 时跳转
12	blez rs, offset	bge x0, rs, offset	小于等于 0 时跳转
13	bgez rs, offset	bge rs, x0, offset	大于等于 0 时跳转
14	bltz rs, offset	blt rs, x0, offset	小于 0 时跳转
15	bgtz rs, offset	blt x0, rs, offset	大于 0 时跳转
16	bgt rs, rt, offset	blt rt, rs, offset	rs 大于 rt 时跳转
17	ble rs, rt, offset	bge rt, rs, offset	rs 小于等于 rt 时跳转
18	bgtu rs, rt, offset	bltu rt, rs, offset	无符号 rs 大于 rt 时跳转
19	bleu rs, rt, offset	bgeu rt, rs, offset	无符号 rs 小于等于 rt 时跳转
20	j offset	jal x0, offset	跳转到 offset，不保存地址
21	jal offset	jal x1, offset	跳转到 offset，地址默认保存在 x1
22	jr rs	jalr x0, 0 (rs)	跳转到 rs 寄存器，不保存地址
23	jalr rs	jalr x1, 0 (rs)	跳转到 rs 寄存器，地址保存在 x1
24	ret	jalr x0, 0 (x1)	函数调用返回
25	call offset	aupic x1, offset[32:12]+offset[11] jalr x1, offset[11:0] (x1)	调用远程子函数
26	la rd, symbol	aupic rd, delta[32:12]+delta[11] addi rd, rd, delta[11:0]	载入全局地址，其中 detla 是 PC 和全局符号地址的差
27	lla rd, symbol	aupic rd, delta[32:12]+delta[11] addi rd, rd, delta[11:0]	载入局部地址，其中 detla 是 PC 和局部符号地址的差
28	l{b|h|w}rd, symbol	aupic rd, delta[32:12]+delta[11] l{b|h|w} rd, delta[11:0] (rd)	载入全局变量
29	s{b|h|w}rd,symbol, rt	aupic rd, delta[32:12]+delta[11] s{b|h|w} rd, delta[11:0] (rt)	载入局部变量

从表 4.13 中可以看出，有不少伪指令借助于 x0 寄存器实现，这使得 RISC-V 可以用较少的指令集实现更多的指令功能，这也是设计恒零寄存器的重要意义。

4.3.8 系统调用与输入/输出

系统调用，是指调用操作系统的特定子程序，该调用类似 x86 中的中断调用。通过系统调用可以实现终端的输入/输出，以及声明程序结束的功能。RISC-V 汇编程序中使用 ecall 指令对系统子程序进行调用，并且在进行 ecall 调用之前，需要准备若干参数寄存器：a7，a0～a3 等，返回值存放在 a0～a1、fa0 寄存器中。表 4.14 是 RISC-V 汇编程序中支持的部分系统调用，系统调用的详细使用方法可参考 RARS 仿真器使用手册。

表 4.14　RISC-V 汇编程序中支持的部分系统调用

a7	功能	调用参数	返回值
a7 = 1	输出一个整数	将整型值存放在 a0	
a7 = 2	输出单精度浮点数	将单精度浮点值存放在 fa0	
a7 = 3	输出双精度浮点数	将双精度浮点值存放在 fa0	
a7 = 4	输出字符串	将字符串的地址存放在 a0	
a7 = 5	输入整数		将读取的整型值存放在 a0
a7 = 6	输入单精度浮点数		单精度浮点值存放在 fa0
a7 = 7	输入双精度浮点数		双精度浮点值存放在 fa0
a7 = 8	输入字符串	将读取的字符串地址存放在 a0，将读取的字符串长度存放在 a1	
a7 = 9	动态分配内存	将分配空间字节数存放在 a0	分配空间首址存放在 a0
a7 =10	退出（exit）		

4.4 RISC-V 编程进阶

4.3 节介绍了 RISC-V 编程的一些基础知识，在实际汇编编程过程中可能需要用到较为复杂的程序结构。本章实验中我们将利用 RISC-V 汇编程序实现一些 C 语言程序的功能，所以用户必须了解一些 C 语言在编译过程中机器代码生成的相关知识，本节给出一些常见的 C 语言程序结构转换成汇编代码的思路。

4.4.1 运算语句

```
a=b+4+d-e;
```

以上这句 C 语言代码可以转换成如下的 RISC-V 汇编代码。

```
addi t0, s1, 4       # temp=b+4
add  t0, t0, s3      # temp=temp+d
sub  s0, t0, s4      # a=temp-e
```

4.4.2 数组访问

```
A[12]=h+A[8];                  # 所有变量均为 int 型
```

以上这句 C 语言代码可以转换成如下的 RISC-V 汇编代码。

```
lw  t0,32(s3)              # 得到 A[8]
add t0,s2,t0               # h+A[8]
sw  t0,48(s3)              # 存储 A[12]
```

4.4.3 条件分支结构

```
if (cond_expr)
    then_statement;
else
    else_statement;
```

对于以上条件分支结构 C 语言伪代码，读者可以将其代码改写为如下形式，然后利用汇编代码实现。

```
c=cond_expr;
if (c) goto true_lable;
    else_statement;
    goto done;
true_lable:
    then_statement
done:
```

例如：

```
if (a==b)
   {i=1;}
else
   {i=2;}
```

转换后的代码如下。

```
     beq s0,s1,L1       # 假设 a、b 分别存放在 s0、s1 中，i 存放在 s3 中
    addi s3,zero,2      # 0 号寄存器值恒为零，利用 0 号指令的加法指令可以实现数据传递
    j L2;
L1:addi s3,zero,1
L2:
```

4.4.4 do while 循环结构

```
do
{
   loop_body_statement;
}while (cond_expr);
```

对于以上 do while 循环结构 C 语言伪代码，读者可以将其代码改写为如下形式，然后利用汇编代码实现。

```
loop:
   loop_body_statement;
   c=cond_expr;
   if (c) goto loop;
done:
```

4.4.5 while 循环结构

```
while (cond_expr)
{
  loop_body_statement;
}
```

对于以上 while 循环结构 C 语言伪代码，读者可以将其代码改写为如下形式，然后利用汇编代码实现。

```
c=cond_expr;
  if (!c) goto done;
loop:
  loop_body_statement;
  c=cond_expr;
  if (c) goto loop;
done:
```

4.4.6 for 循环结构

```
for (begin_expr;cond_expr;update_expr)
{
 loop_body_statement;
}
```

对于以上 for 循环结构 C 语言伪代码，读者可以将其代码改写为如下形式，然后利用汇编代码实现。

```
begin_expr;
goto cond;
loop:
   loop_body_statement;
   update_expr;
cond:
   c=cond_expr;
   if (c) goto loop;
done:
```

4.4.7 过程调用

RISC-V 指令集可以支持 C 语言中的函数/过程调用，RISC-V 为实现对应的过程调用机制需要使用一系列特殊的寄存器，具体如表 4.15 所示。

表 4.15 RISC-V 过程调用使用的寄存器

寄存器助记符	英文全称	功能描述
ra	Return Address	子程序返回地址
sp	Stack Pointer	栈指针，指向栈顶
gp	Global Pointer	全局指针
t0～t6	Temporaries	临时变量，调用者保存寄存器，在子程序中使用时不需要提前保存，事后恢复，但编译器/程序员必须了解这些寄存器的值可能被子程序调用修改

续表

寄存器助记符	英文全称	功能描述
s0～s11	Saved Register /Frame Pointer	通用寄存器，被调用者保存寄存器，在子程序中使用前必须压栈保存原值，使用后应出栈恢复原值，需要跨子程序保存
a0～a7	Arguments	用于存储子程序参数
a0～a1	Return values	用于存储子程序返回值

以如下代码为例，该函数包括两个形参和一个返回值。

```
int sum(int x,int y)
{
    return (x+y);
}
int main()
{
    int a=1,b=2;
    sum(a,b);
}
```

如转换为 RISC-V 汇编代码，形式可能如下：

```
addi s0,zero,1        # 假设 a、b 分别存放在 s0、s1 中
addi s1,zero,2
add  a0,s0,zero       # x=a，准备参数 a，并传送到 a0
add  a1,s1,zero       # y=b，准备参数 b，并传送到 a1
jal sum               # 调用 sum 函数，同时将 return 标签地址送 ra/x1 寄存器
                      # 类似 x86 的 call 指令
return:               # 函数调用返回后应该跳转到这里
…
sum:                  # sum 函数入口
add a0,a0,a1          # 函数功能体：将两个参数的相加结果返回到 a0 寄存器
ret                   # 返回到调用函数指令的下一条指令（return 标签）处
                      # 伪指令，解释为 jalr x0, 0(x1)
```

RISC-V 过程调用中，调用其他函数的程序称为调用者 Caller，被调用函数称为 Callee。函数中也可以调用其他函数，称为函数嵌套，但函数嵌套可能会引起一些全局寄存器变量被破坏的问题，以上代码中 ra 就存在这样的问题。为了避免上述问题的产生，调用者函数 Caller 和被调用函数 Callee 必须遵守一些约定，如在调用函数之前，调用者函数 Caller 首先应该完成如下动作。

（1）将被调用函数 Callee 需要的参数存放到 a0～a7 寄存器中，如果参数超过 7 个，就需要使用内存栈帧存放。这与 x86 指令集中函数调用传递参数的机制相同。

（2）判断调用者保存寄存器（操作系统 ABI 中定义）a0～a7 和 t0～t6 是否会在被调用者函数中使用，如果会使用，须首先将对应寄存器压栈，函数调用结束后再进行出栈恢复。

（3）执行 jal 指令调用被调用函数 Callee，该指令会跳转到被调用函数的第一条指令，同时将返回地址存入 ra 寄存器。

使用被调用者函数时应该注意如下问题。

（1）根据需要将 s0～s11 和 ra 寄存器压栈，这部分寄存器称为被调用者保存寄存器，调用者函数 Caller 希望调用函数之后这些值仍然保持不变。所以只有被调用函数 Callee 还

需继续调用其他函数时才需要保存 ra 寄存器，另外被调用函数 Callee 中修改了 s0～s11 寄存器时也需要保存它们。为优化代码性能，避免复杂的现场保护，被调用函数 Callee 应优先使用调用者保存寄存器 t0～t6。

（2）被调用函数 Callee 执行完后可能需要将返回结果返回到 a0～a1 寄存器，另外需要恢复被调用者保存寄存器的值。

（3）通过跳转到 ra 寄存器值所指的位置返回到调用者函数。

4.5 RISC-V 汇编程序设计实验

4.5.1 实验目的

熟悉 RISC-V 指令系统、指令格式、寻址方式，熟练掌握 RARS 汇编仿真器的使用，熟悉常用的 RISC-V 汇编指令，掌握 RISC-V 汇编语言程序设计的基本方法，最终能编写几个 RISC-V 汇编程序。

4.5.2 实验内容

1. 运行第一个汇编程序

运行第一个 RISC-V 汇编程序，显示“Hello,World!”。代码文件为 helloworld.asm，具体代码如下。

```
#helloworld.asm
  .data                # 数据段开始标志
out_string: .string "\nHello,World!\n"

  .text                # 代码段开始标志
main:
  li a7,4              # 4 号系统调用：打印字符串
  la a0,out_string     # 取字符串首地址
  ecall                # 系统调用

  li a7,10             # 10 号系统调用：程序退出
  ecall                # 系统调用
```

在 RARS 工具栏中单击汇编图标，得到如图 4.3 所示的机器代码。

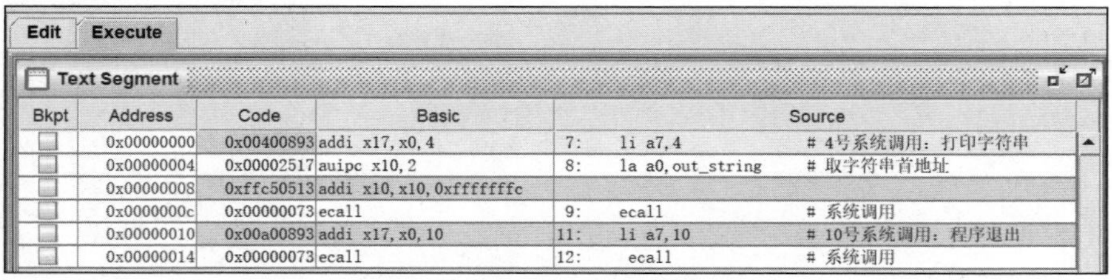

Edit | Execute

Text Segment

Bkpt	Address	Code	Basic	Source		
	0x00000000	0x00400893	addi x17, x0, 4	7:	li a7, 4	# 4号系统调用：打印字符串
	0x00000004	0x00002517	auipc x10, 2	8:	la a0, out_string	# 取字符串首地址
	0x00000008	0xffc50513	addi x10, x10, 0xfffffffc			
	0x0000000c	0x00000073	ecall	9:	ecall	# 系统调用
	0x00000010	0x00a00893	addi x17, x0, 10	11:	li a7, 10	# 10号系统调用：程序退出
	0x00000014	0x00000073	ecall	12:	ecall	# 系统调用

图 4.3 RARS 汇编代码窗口

单步运行该程序，观察 RARS 运行结果，观察寄存器窗口中 a7、a0 寄存器的变化。程序最终运行结果如图 4.4 所示。

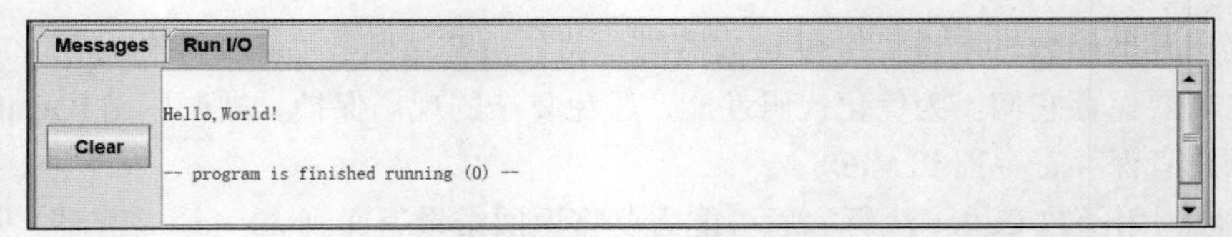

图 4.4 程序最终运行结果

2. 算术运算实验

编写一段 RISC-V 汇编程序实现与如下 C 语言代码完全相同的功能，注意变量 A～F 可以存储在暂存寄存器中，最终结果 Z 必须存储在内存变量中并输出。建议用十进制显示数据段寄存器的值，以方便观察结果。

```
// Arithmetic.c
int main()
{
  int A=15;
  int B=10;
  int C=7;
  int D=2;
  int E=18;
  int F=-3;
  int Z=0;
  Z=(A+B)+(C-D)+(E+F)-(A-C);
  printf("%x",Z);
}
```

3. 分支结构实验

编写一段 RISC-V 汇编程序实现与如下 C 语言代码完全相同的功能，变量 A～C、Z 必须是内存中的整型变量，程序运行过程中可以加载到寄存器；每次运行之前可以修改 A～C 的初始值，注意可以使用 RISC-V 中与分支相关的伪指令，使得比较和分支代码更简单。建议用十进制显示数据段的值，以方便观察结果。

```
// Branch.c
int main()
{
int A=10; int B=15; int C=6; int Z=0;
  if (A>B||C<5)
    Z=1;
  else if (A==B)
    Z=2;
  else
    Z=3;
  switch(Z)
  {
    case 1:
      Z=-1;
      break;
    case 2:
      Z=-2;
      break;
    default:
```

```
            Z=0;
            break;
      }
  }
```

4. 循环结构实验

编写一段RISC-V汇编程序实现与如下C语言代码完全相同的功能，变量i和Z必须是内存中的整型变量，程序运行过程中可以加载到寄存器；每次运行之前可以修改i和Z的初始值，注意可以使用RISC-V中与分支相关的伪指令，使得比较和分支代码更简单。建议用十进制显示数据段的值，以方便观察结果。

```
// Loop.c
int main(){
   int Z=2; int i=40;
do {
   Z++;
} while (Z<100);

while (i > 0) {
   Z--;
   i--;
}
```

5. 数组访问实验

编写一段RISC-V汇编程序，实现与如下C语言代码完全相同的功能，变量A和B必须是内存中的整型数组，C是内存整型变量，i可以是寄存器。建议用十进制显示数据段的值，以方便观察结果。

```
// array.c
int main()
{
   int A[5];     // 可存5个元素的空内存区域
   int B[5]={1,2,3,4,5};
   int C=10;
   int i;
   for (i=0; i<5; i++)
   {
      A[i]=B[i] + C;
   }
 }
```

6. 数组排序实验

编写一段RISC-V汇编程序，实现与如下C语言代码完全相同的功能，变量A必须是内存中的整型数组，必须使用RISC-V过程调用机制实现对应C语言函数。建议用十进制显示数据段和寄存器的值，以方便观察结果。

```
//array_sort.c
//交换函数，如果x指针指向的内存变量>y指针指向的内存变量，则交换内存变量，返回1，否则返回0
int swap (int *x, int *y )
{
   if (*x>*y)
   {
      int t=*x; *x=*y; *y=t;
```

```
            return 1;
        }
            return 0;
    }
    int main()
    {
        int A[16]={10,9,8,7,6,5,4,3,2,1,0,-1,-2,-3,-4,-5};
        int i,j,counter=0;
        for (i=0; i<15; i++)        // 冒泡排序算法
        {
            for (j=i+1; j<16; j++)
              counter+=swap(&a[i], &a[j]);    // counter 统计交换次数
        }
        printf("%d",counter);
    }
```

7. 输入/输出实验

编写一段 RISC-V 汇编程序，实现与如下 C 语言代码完全相同的功能，变量 string 是内存中的字符数组，i 可以是寄存器，程序结束时 result 指针必须存放在内存中。

```
//IO.c
int main()
{
    char string[256];
    int i=0;
    char *result=NULL;  // 空指针为二进制零
    scanf("%255s", string);

    // 在字符串中搜索字母'e'，结果为指针指向第 1 个 e（若存在）
    while(string[i]!='\0') {
        if(string[i]=='e') {
            result=&string[i];
            break; // 提前退出 while 循环
        }
        i++;
    }
    if(result!=NULL) {
        printf("First match at address %p%\n", result);
        printf("The matching character is %c\n", *result);
    }
    else
        printf("No match found\n");
}
```

8. 编写布斯一位乘法程序

（1）输入两个整数，利用布斯一位乘法实现两个有符号整数的乘法，并将运算结果输出。

（2）将布斯一位乘法算法修改成 RISC-V 函数，利用函数调用的方式实现上述功能。

9. 编写无符号数乘法程序

（1）输入两个整数，利用原码一位乘法实现两个无符号整数的乘法，并将运算结果输出。

（2）将原码一位乘法算法修改成 RISC-V 函数，利用函数调用的方式实现上述功能。

第 5 章 RISC-V 处理器设计实验

5.1 单总线三级时序 CPU 设计实验

5.1.1 实验目的

掌握三级时序硬布线控制器设计的基本原理，能在 Logisim 平台中基于单总线结构实现支持 5 条 RISC-V 指令的三级时序处理器。

5.1.2 实验原理

图 5.1 给出了一个单总线 RISC-V 数据通路。基于该数据通路也可以实现基本的 RISC-V 指令，在 RiscVOnBusCpu-3.circ 实验框架电路中已经实现了这个数据通路。

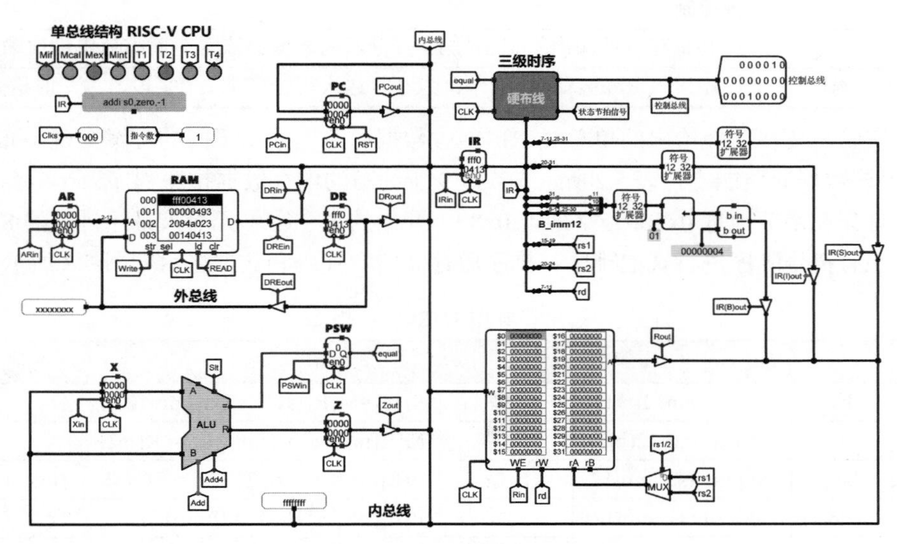

图 5.1 单总线 RISC-V 数据通路（三级时序）

图 5.1 中中间竖线为内总线，所有功能部件均通过内总线进行数据交换。单总线 RISC-V 数据通路主要功能部件包括存储器 RAM、ALU（功能已实现）、寄存器堆及 PC、AR、DR、IR、PSW、Z 寄存器。寄存器输出控制采用三态门进行控制，输入采用寄存器使能端进行控制。单总线 RISC-V 数据通路常见控制信号及其功能如表 5.1 所示。

表 5.1　　单总线 RISC-V 数据通路常见控制信号及其功能

序号	控制信号	功能说明
1	PC_{in}	控制 PC 接收来自内总线的数据，需配合时钟控制
2	PC_{out}	控制 PC 向内总线输出数据
3	AR_{in}	控制 AR 接收来自内总线的数据，需配合时钟控制
4	DR_{in}	控制 DR 接收来自内总线的数据，需配合时钟控制
5	DR_{out}	控制 DR 向内总线输出数据
6	DRE_{in}	控制 DR 接收从主存读出的数据，需配合时钟控制
7	DRE_{out}	控制 DR 向主存输出数据，以便最后将该数据写入主存
8	X_{in}	控制暂存寄存器 X 接收来自内总线的数据，需配合时钟控制
9	Add4	将 ALU A 端口的数据加 4 输出
10	Add	控制 ALU 执行加法，实现 A 端口和 B 端口的两数相加
11	Slt	控制 ALU 执行小于置位运算
12	PSW_{in}	控制状态寄存器 PSW 接收 ALU 的运算状态，需配合时钟控制
13	Z_{out}	控制暂存寄存器 Z 向内总线输出数据
14	IR_{in}	控制 IR 接收来自内总线的指令，需配合时钟控制
15	$IR(B)_{out}$	控制 IR 中 B 型立即数有符号扩展、并左移一位再减 4 后向内总线输出
16	$IR(I)_{out)}$	控制 IR 中 I 型立即数有符号扩展后向内总线输出
17	$IR(S)_{out}$	控制 IR 中 S 型立即数有符号扩展后向内总线输出
18	Write	存储器写命令，需配合时钟控制
19	Read	存储器读命令
20	R_{in}	控制寄存器堆接收来自内总线的数据，写入 W#端口对应的寄存器中，需配合时钟控制
21	R_{out}	控制寄存器堆输出指定编号 R#寄存器的数据，该寄存器组为单端口输出
22	rs1/2	控制送入 R#的寄存器编号，为 0 时送入指令字中 rs1 字段，为 1 时送入 rs2

本实验需要在已经给出的单总线 RISC-V 数据通路上采用不同的方案实现硬布线控制器，使得该数据通路能支持表 5.2 所示 5 条指令所编写的内存数据排序程序 sort-5-riscv.asm。该程序首先在字节地址 0x200（字地址 0x80）开始的 8 个字单元写入升序排列的 8 个数，然后按照有符号降序进行冒泡排序，排序后存储器中代码和数据显示如图 5.2 所示。

表 5.2　　典型 RISC-V 指令

序号	指令	汇编代码	指令类型	RTL 功能说明
1	lw	lw rd,imm12(rs1)	I 型	$R[rd]=M[R[rs1]+ sExt(imm12)]_{4B}$
2	sw	sw rs2,imm12(rs1)	S 型	$M[R[rs1]+sExt(imm)]_{4B} = R[rs2]$
3	beq	beq rs1,rs2,imm12	B 型	if(R[rs1] == R[rs2]) PC = PC+sExt({imm12, 0})
4	addi	addi rd,rs1,imm12	I 型	R[rd]=R[rs1]+ sExt (imm12)
5	slt	slt rd,rs1,rs2	R 型	if (R[rs1] < R[rs2]) R[rd] = 1 else R[rd] = 0

图 5.2　排序程序运行结果

5.1.3　实验内容

三级时序硬布线控制器可以根据图 5.3 所示的模型构建。本实验需要依次实现指令译码器、时序发生器和硬布线控制器组合逻辑单元，实验框架电路为 RiscVOnBusCpu-3.circ。

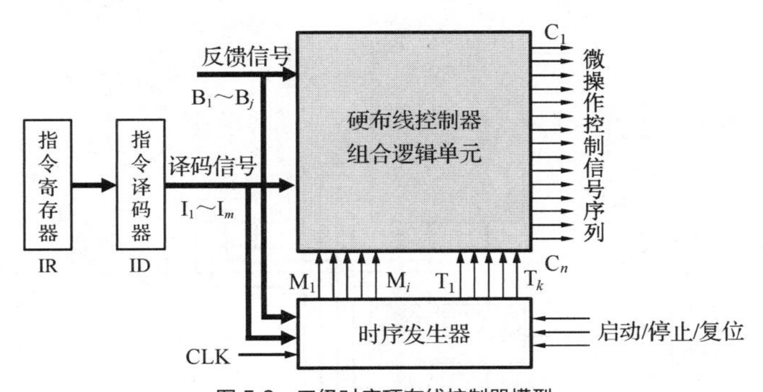

图 5.3　三级时序硬布线控制器模型

1. 设计 RISC-V 指令译码器

RISC-V 指令译码器负责将定长的 32 位 RISC-V 指令字翻译为指令译码信号，以此识别指令功能，具体电路封装与引脚功能描述如表 5.3 所示。

表 5.3　RISC-V 指令译码器电路封装与引脚功能描述

	引脚	类型	位宽	功能说明
IR Decoder LW SW BEQ ADDI SLT OtherInstr	IR	输入	32	RISC-V 指令字
	LW	输出	1	为 1 表示 lw 指令
	SW	输出	1	为 1 表示 sw 指令
	BEQ	输出	1	为 1 表示 beq 指令
	ADDI	输出	1	为 1 表示 addI 指令
	SLT	输出	1	为 1 表示 slt 指令
	OtherInstr	输出	1	为 1 表示以上 5 条指令之外的指令

指令译码器电路框架如图 5.4 所示，请查阅 RISC-V32 指令手册，根据对应指令的 OP 字段和 funct3、funct7 字段的值，利用 Logisim 中的比较器组件和基本逻辑门电路输出各指令译码信号。

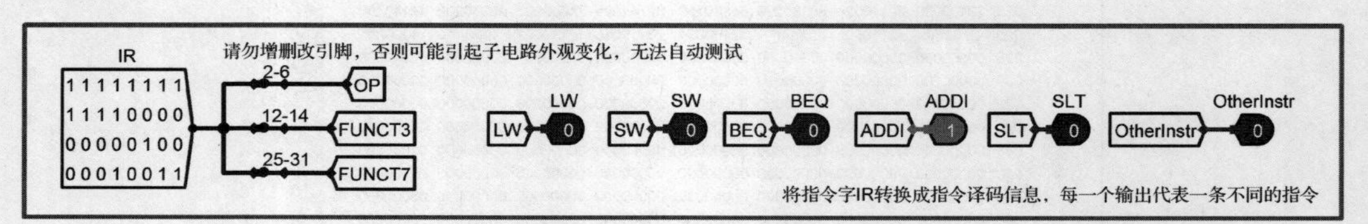

图 5.4　指令译码器电路框架

2. 设计三级时序发生器

三级时序发生器主要功能是根据时钟脉冲信号持续不断地产生状态周期电位和节拍电位。在定长指令周期的同步控制方式中，指令周期包含固定数量的机器周期，每个机器周期节拍数相同，所以节拍电位信号仅与时钟脉冲有关。但在变长指令周期同步控制方式中，时序发生器的输出还可能与指令译码信号、状态反馈信号相关，时序发生器内部结构如图 5.5 所示。设计三级时序发生器关键是设计 FSM 状态机组合逻辑（也称触发器输入函数）与输出函数组合逻辑两个组合逻辑电路。

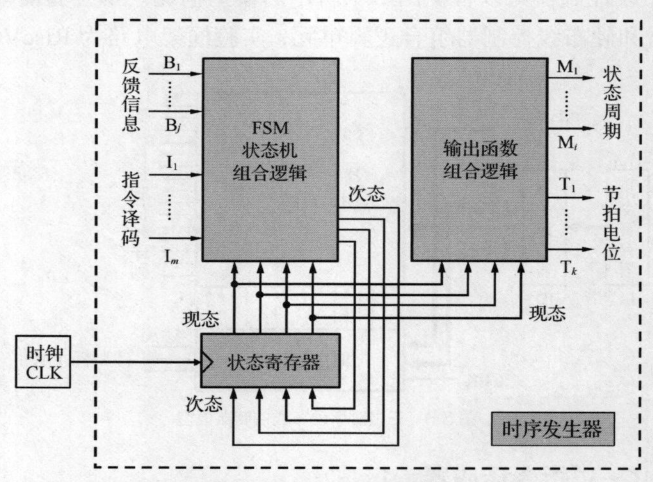

图 5.5　时序发生器的内部结构

定长指令周期三级时序波形图如图 5.6 所示，这里所有指令的指令周期均分为取指周期 M_{if}、计算周期 M_{cal} 和执行周期 M_{ex} 3 个机器周期，每个机器周期均包括 T_1、T_2、T_3、T_4 这 4 个时钟节拍，也就是所有指令周期都包括 12 个节拍。

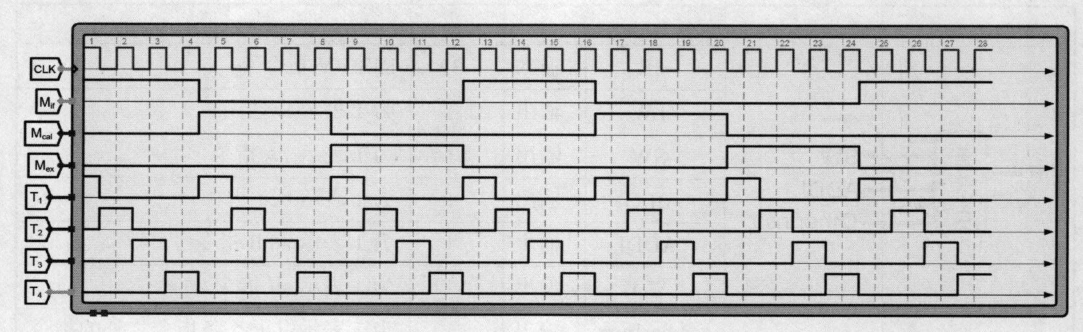

图 5.6　定长指令周期三级时序波形图

时序发生器本质上是一个同步时序电路，可以利用Moore型电路进行设计，采用有限状态机来描述机器周期及节拍电位的变化情况。图5.6所示的定长指令周期三级时序可以用图5.7所示的状态机表示，每个机器周期都包括4个节拍，3个不同机器周期的每一个节拍都用不同的状态表示。这里包括S_0～S_{11}共12个状态，其中S_0～S_3为取指周期M_{if}，S_4～S_7为计算周期M_{cal}，S_8～S_{11}为执行周期M_{ex}。各状态之间的切换只与时钟触发（下跳沿）有关系，与其他输入无关。而状态周期电位信号M_{if}、M_{cal}、M_{ex}和节拍电位信号T_1～T_4只与状态有关，这也是Moore型电路的主要特征。

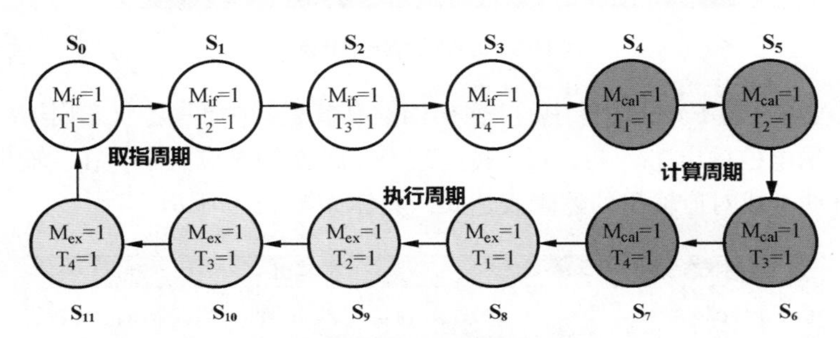

图5.7 定长指令周期三级时序状态机

对图5.7进行适当的修改，就可以得到变长指令周期的三级时序状态机，如图5.8所示。图5.8中指令周期的机器周期数可变，机器周期的节拍数也可变，S_0～S_3为取指周期M_{if}，取指周期最后一个节拍S_3状态需要根据指令译码信号进行状态分支。如果是lw、sw、beq指令则进入计算周期M_{cal}，对应S_4～S_5两个状态；如果是slt、addi、eret指令则进入执行周期M_{ex}，对应S_6～S_8这3个状态；计算周期最后一个节拍S_5结束后直接进入执行周期的第一个节拍S_6状态，执行周期最后一个节拍S_8结束后直接进入取指周期第一个节拍S_0状态。

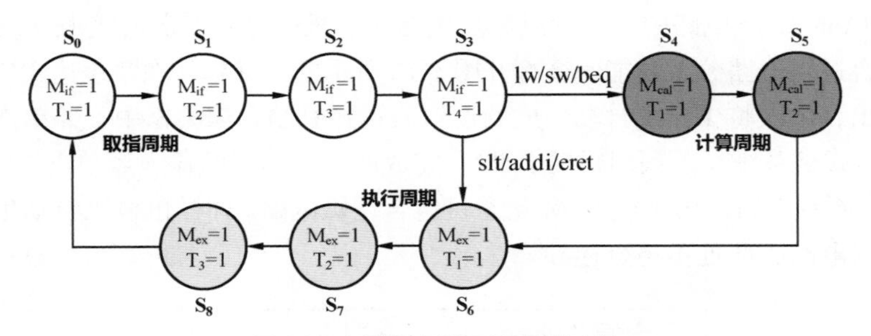

图5.8 变长指令周期三级时序状态机

有了时序发生器的有限状态机就可以设计时序发生器的两个核心逻辑电路。给每一个状态分配一个状态字，以图5.7为例，12个状态需要一个4位的状态寄存器表示所有状态，将S_3～S_0用对应的4位二进制编码表示，填写时序发生器状态转换表。为方便实验，我们设计了一个能自动生成FSM状态机组合逻辑、输出函数逻辑表达式的Excel表，详见实验包中的“单总线RISC-V三级时序发生器逻辑自动生成.xlsx”文件，如图5.9所示。

（1）填写状态转换表：根据实验要求的状态机（定长/变长）填写“状态转换表”。注意，只需填写现态和次态的十进制值及输入信号即可，状态的二进制值会自动生成。完成表格填写后，在“触发器输入函数自动生成表”中就可以得到FSM状态机组合逻辑所有输出的逻辑表达式。

当前状态(现态)					输入信号							下一状态（次态）				
S_3	S_2	S_1	S_0	现态(十进制)	LW	SW	BEQ	SLT	ADDI	ERET	IntR	次态(十进制)	N_3	N_2	N_1	N_0
0	0	0	0	**0**								**1**	0	0	0	1
0	0	0	1	**1**								**2**	0	0	1	0
0	0	1	0	**2**								**3**	0	0	1	1
0	0	1	1	**3**								**4**	0	1	0	0

状态转换表　触发器输入函数自动生成表　输出函数真值表　输出函数自动生成表

图 5.9　时序发生器状态转换表

同理，也可以在该 Excel 文件中的“输出函数真值表”中填写各状态周期电位输出 M_{if}、M_{cal}、M_{ex}，节拍电位输出 T_1、T_2、T_3、T_4 与现态十进制的对应关系，在“输出函数自动生成表”中会自动生成对应输出的逻辑表达式，具体如图 5.10 所示。

当前状态(现态)					输出							
S_3	S_2	S_1	S_0	现态(十进制)	M_{if}	M_{cal}	M_{ex}	M_{int}	T_1	T_2	T_3	T_4
0	0	0	0	**0**	**1**				**1**			
0	0	0	1	**1**	**1**					**1**		
0	0	1	0	**2**	**1**						**1**	
0	0	1	1	**3**	**1**							**1**

状态转换表　触发器输入函数自动生成表　输出函数真值表　输出函数自动生成表

图 5.10　输出函数真值表

（2）自动生成状态机与输出函数电路：填写完成 Excel 表格后，根据实验要求打开 RiscVOnBusCpu-3.circ 电路中对应的时序发生器状态机子电路（定长/变长），打开 Logisim 工程菜单组合逻辑电路分析功能，会打开图 5.11 所示的对话框，在“表达式”选项卡中选择不同的输出，依次将 Excel 自动生成的逻辑表达式复制到编辑框中，并单击“输入”按钮（确保表达式被系统显示到编辑框上部），完成所有表达式的输入后单击“生成电路”按钮，选择替换原有电路即可生成 FSM 状态机组合逻辑电路。同样也可以自动生成时序发生器输出函数子电路，此处不再赘述。

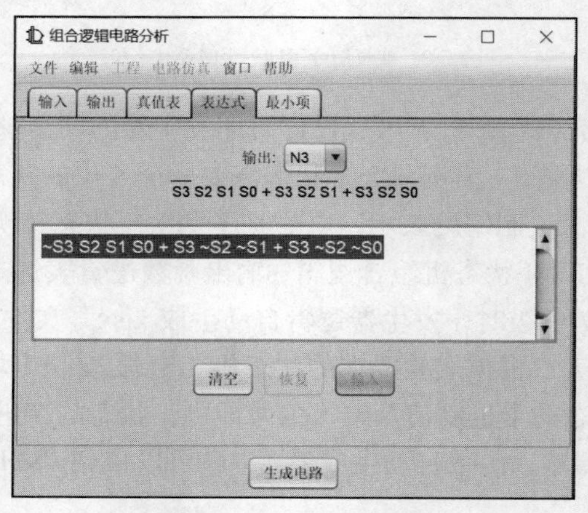

图 5.11　表达式自动生成电路

自动生成的定长指令周期 FSM 状态机组合逻辑电路封装如图 5.12（a）所示，很明显次态只与现态有关系，与指令译码信号无关。变长指令周期 FSM 状态机组合逻辑电路封装如图 5.12（b）所示，次态与现态及指令译码信号有关。时序发生器输出函数如图 5.12（c）所示，因为这里采用的是摩尔电路，所以输出仅与现态有关。

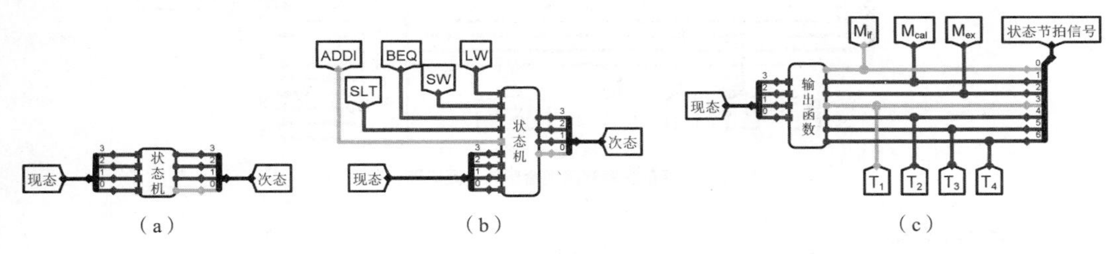

图 5.12　状态机和输出函数电路封装

（3）构建三级时序发生器：打开硬布线控制器子电路如图 5.13 所示，参考图 5.5 电路原理并利用已经实现的状态机组合逻辑、输出函数组合逻辑、状态寄存器组件实现时序发生器，实现时应注意结合三级时序波形考虑状态寄存器到底是上跳沿有效，还是下跳沿有效。

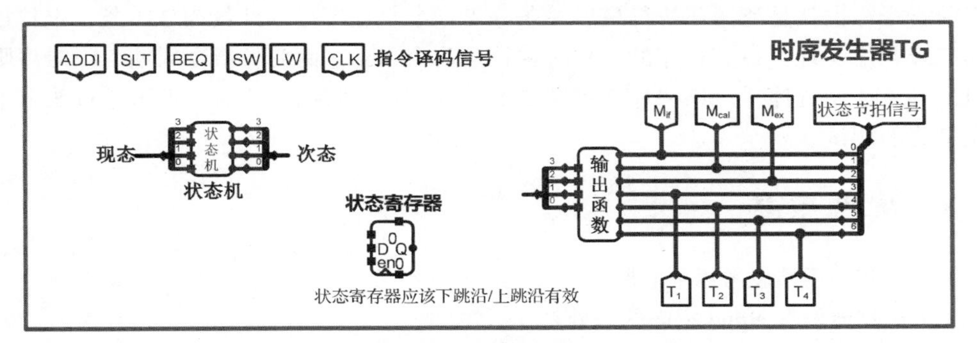

图 5.13　时序发生器电路框架

3. 实现硬布线控制器组合逻辑

根据指令功能，给出 5 条 RISC-V 指令的操作流程及各状态周期各节拍对应的控制信号。利用 Excel 打开“单总线 RISC-V 三级时序控制器控制信号逻辑自动生成.xlsx”文件，填写状态周期电位、节拍电位，以及指令译码信号输入与控制信号输出的真值表（见图 5.14）。该表格同样会自动生成所有控制信号的逻辑表达式。

输入（填1或0，不填为无关项x）												输出 (只填写为1的情况)																					
M_{if}	M_{cal}	M_{ex}	T_1	T_2	T_3	T_4	LW	SW	BEQ	SLT	ADDI	PC_{out}	DR_{out}	Z_{out}	R_{out}	$IR(I)_{out}$	$IR(A)_{out}$	DRE_{out}	PC_{in}	AR_{in}	DRE_{in}	DR_{in}	X_{in}	R_{in}	IR_{in}	PSW_{in}	Rs/Rt	RegDst	ADD	ADD4	SLT	READ	WRITE
1			1									1								1			1										
1				1																										1			
1					1									1					1		1											1	
1						1							1												1								

图 5.14　控制器组合逻辑真值表

打开硬布线控制器组合逻辑单元子电路，打开 Logisim 工程菜单组合逻辑电路分析功能，依次输入所有输出的逻辑表达式，并单击“输入”按钮，最后自动生成电路即可实现硬布线控制器组合逻辑，该电路封装如图 5.15 所示。注意，图 5.15 中的 OCInput 为隧道标签，它是硬布线控制器组合逻辑单元的输入汇总，在头歌平台上测试时会输出其值。

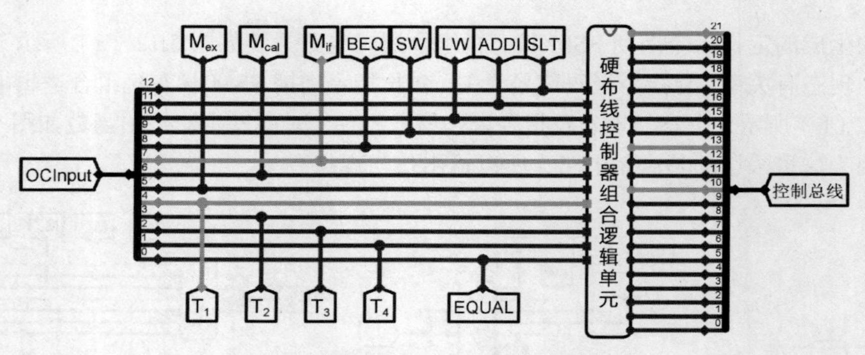

图 5.15　硬布线控制器组合逻辑单元电路封装

4. 系统联调

以上所有模块的设计均可以在头歌平台上进行模块测试，用户可根据平台反馈的问题进行快速、精准的调试；完成所有模块的测试后，即可进行系统联调。在单总线 CPU（三级时序）子电路中的 RAM 存储器中加载 sort-5-riscv.hex 程序，利用时钟单步或自动运行来测试程序运行情况，该程序执行完冒泡排序后最后一条指令是 beq 指令，会跳转到当前指令，也就是死循环执行最后一条分支指令。程序指令计数为 251 条，定长指令周期三级时序实现执行该程序的最终时钟计数为 0xbbb，而变长指令周期三级时序则为 0x81d，RAM 中程序排序结果应该如图 5.2 所示。系统联调成功后，即可通过头歌平台提交最终的测试。

5.1.4　实验思考

做完本实验后请思考以下问题：

（1）运算器设置 equal 标志的好处是什么？

（2）状态寄存器的时钟触发为什么与其他时序组件相反？

（3）定长指令周期三级时序设计完成后，为什么排序结果会出现在代码段？如何修改才能避免出现这种情况。

5.2　单总线现代时序 CPU 设计实验

5.2.1　实验目的

掌握现代时序硬布线控制器、微程序控制器设计的基本原理，能在 Logisim 平台中基于单总线结构实现支持 5 条 RISC-V 指令的现代时序处理器。

5.2.2　实验原理

现代时序采用有限状态机来描述指令的执行过程，将不同指令执行的每个时钟周期均对应一个状态，每一个状态会对应特定的微操作控制信号。如采用 Moore 型电路构建控制器时序电路，则所有微操作控制信号只与指令执行的现态有关，由硬布线控制器组合逻辑生成；次态则与指令的译码信号、反馈信息和现态有关，具体如图 5.16 所示。

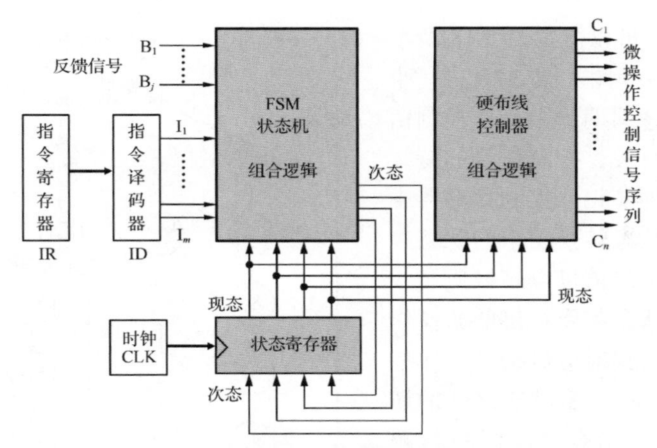

图 5.16 现代时序硬布线控制器组成框图

控制器的核心模块是有限状态机，由一个状态寄存器和 FSM 状态机组合逻辑控制单元构成。FSM 状态机组合逻辑控制单元的输入包括现态（来自状态寄存器的输出）、指令的译码信号和反馈信号，输出为次态，送入状态寄存器的输入端，在时钟信号的作用下输入状态寄存器中，作为下一时刻的现态。

图 5.17 给出了微程序控制器的组成框图。它主要由控制存储器、地址转移逻辑、微地址寄存器三大部分组成。这里微地址寄存器等价于图 5.16 中硬布线控制器的状态寄存器，输出微地址等价于现态，输入后续地址等价于次态；地址转移逻辑功能与硬布线控制器中 FSM 状态机组合逻辑功能类似，分别用于生成后续地址和次态；而控制存储器等价于硬布线控制器组合逻辑，直接根据当前微地址或现态输出微操作控制信号。

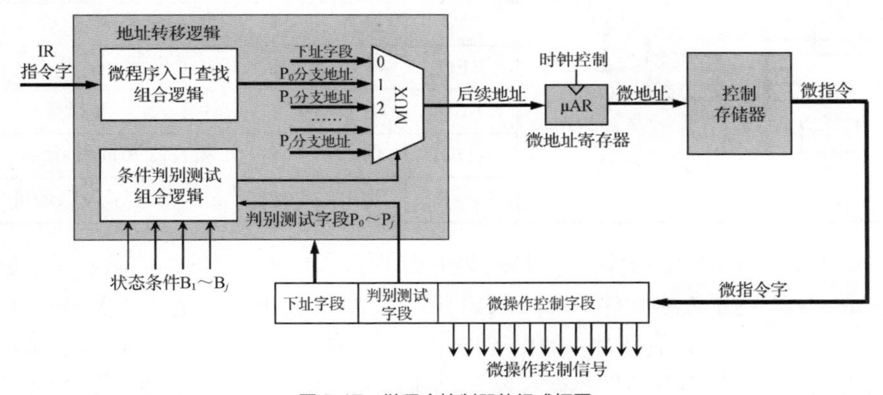

图 5.17 微程序控制器的组成框图

5.2.3 实验内容

本实验将依次设计指令译码器、地址转移逻辑、微程序控制存储器、FSM 状态机等电路，以逐步实现微程序控制器和硬布线控制器；实验电路框架文件为 RiscVOnBusCpu-1.circ。

1. 设计 RISC−V 指令译码器

这部分要求与 5.1.3 节中的指令译码器完全相同，请参考前面的内容。

2. 设计微程序控制器

对于图 5.1 所示的单总线数据通路，我们采用现代时序分析 5 条 RISC-V 指令的指令周期及数据通路，可以得到图 5.18 所示的指令执行状态转换图。图 5.18 中一个状态对应一个时钟周期，微操作控制信号的值仅与现态有关，控制信号的持续时间就是一个时钟节拍。控制存储器中的微指令可以与状态转换图中的状态一一对应，状态的编号值可以转换成微指令地址；而某一状态需要给出的微操作控制信号可以映射到对应微指令操作控制字段中的控制信号位；状态之间的切换关系可以对应微指令之间的执行顺序，用于设置判别测试字段和下址字段。

图 5.18　指令执行状态转换图

结合图 5.18，根据微程序设计原理设计微指令格式，并构建 5 条 RISC-V 指令的微程序。

（1）实现微程序入口查找组合逻辑

图 5.18 中取指令阶段最后一个状态 S_3 要根据指令译码信号生成不同的微程序入口地址，需要构建图 5.17 中的微程序入口查找组合逻辑，其电路封装与引脚功能描述如表 5.4 所示。

表 5.4　微程序入口查找组合逻辑电路封装与引脚功能描述

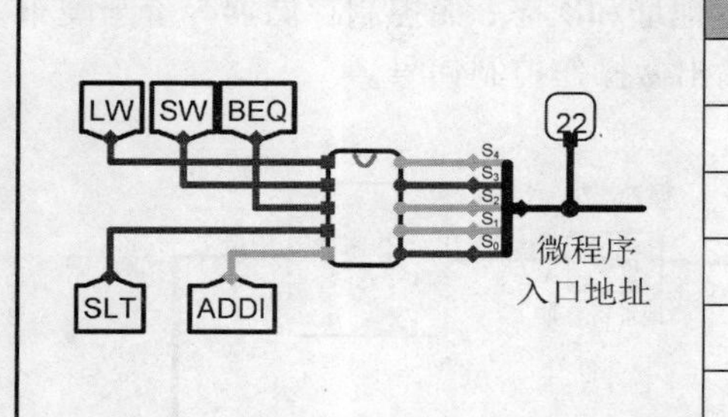

引脚	类型	位宽	功能说明
LW	输入	1	为 1 表示 lw 指令
SW	输入	1	为 1 表示 sw 指令
BEQ	输入	1	为 1 表示 beq 指令
SLT	输入	1	为 1 表示 slt 指令
ADDI	输入	1	为 1 表示 addi 指令
S_4～S_0	输出	1	5 位微程序入口地址

为方便大家实现相应的逻辑，实验框架中提供了“单总线 RISC-V 微程序地址转移逻辑自动生成.xlsx”电子表格文件。用 Excel 打开后，在图 5.19 所示的“微程序入口地址表”中完整填写不同指令译码信号对应的微程序“入口地址十进制”栏，即可在“微程序入口查找逻辑自动生成表”中自动生成微程序入口地址 S_4～S_0 的逻辑表达式，参考图 5.11 的原理自动生成微程序入口查找组合逻辑电路。

机器指令译码信号					微程序入口地址					
LW	SW	BEQ	SLT	ADDI	入口地址十进制	S_4	S_3	S_2	S_1	S_0
1					4	0	0	1	0	0

微程序入口地址表　微程序入口查找逻辑自动生成表　微程序自动生成表

图 5.19　微程序地址入口表

（2）实现条件判别测试组合逻辑

根据图 5.17 中多路选择器的连接情况及具体条件判别测试位的定义，设计条件判别测试组合逻辑。该电路封装与引脚功能描述如表 5.5 所示。

表 5.5　　条件判别测试组合逻辑电路封装与引脚功能描述

引脚	类型	位宽	功能说明
P_0	输入	1	条件判断位 P_0，用于指令译码
P_1	输入	1	条件判断位 P_1，用于 beq 分支
equal	输入	1	运算操作数相等标志位
MuxSel	输出	2	地址转移逻辑中 MUX 选择控制信号

由于该电路只有 3 个 1 位输入，因此可以利用 Logisim 的真值表自动生成电路功能自动生成电路，也可以利用“判别测试逻辑自动生成表达式.xlsx”电子表格文件填写真值表以自动生成表达式，最后利用表达式生成电路。

（3）微程序控制器设计

打开微程序控制器子电路，其电路封装与引脚功能描述如表 5.6 所示。

表 5.6　　微程序控制器电路封装与引脚功能描述

引脚	类型	位宽	功能说明
equal	输入	1	运算操作数相等标志位
CLK	输入	1	时钟信号
IR	输入	32	RISC-V 指令字
控制总线	输出	22	所有控制信号的汇总输出
微地址	输出	5	当前微地址，用于观察

参考图 5.17 所示的微程序控制器组成框图，利用前两步已实现的微程序入口查找逻辑、判别测试逻辑和其他已给出的 Logisim 电路组件实现微程序控制器电路，如图 5.20 所示。

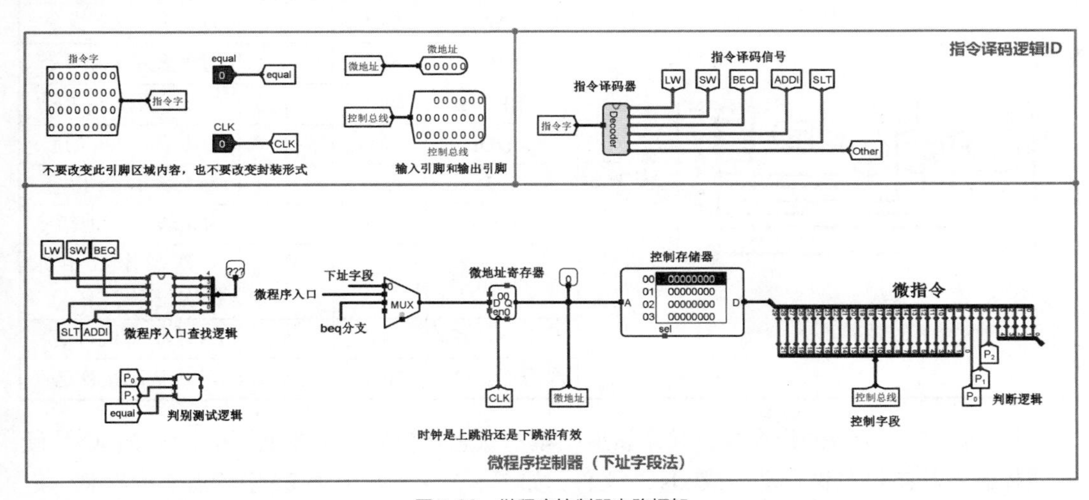

图 5.20　微程序控制器电路框架

（4）设计微程序

根据前面已经设计好的微指令格式及 5 条指令对应的微程序，填写“单总线 RISC-V 现代时序微程序控制器设计.xlsx”文件中的“微程序自动生成表”，如图 5.21 所示。

微指令功能	状态/微地址	PC_{out}	DR_{out}	Z_{out}	R_{out}	$IR(I)_{out}$	$IR(A)_{out}$	DRE_{out}	PC_{in}	AR_{in}	DRE_{in}	DR_{in}	X_{in}	R_{in}	IR_{in}	PSW_{in}	Rs/Rt	RegDst	ADD	ADD4	SLT	READ	WRITE	P_0	P_1	下址	微指令十六进制
取指令	0	1								1			1													1	20240001
取指令	1																			1						2	802
取指令	2			1					1		1											1				3	8500203
取指令	3																										0
	4																										0
	5																										0
	6																										0
	7																										0

微程序入口地址表 | 微程序入口查找逻辑自动生成表 | 微程序自动生成表

图 5.21　微程序自动生成表

接下来，严格按状态字的顺序依次填写 S_0～S_{24} 状态对应的微指令。微指令字中只需填写为 1 的字段，下址字段填写十进制值。图 5.21 中已经给出取指令微程序的前 3 条微指令，请参考填写其他微指令。完成 25 条微指令的填写后，最右侧列会自动生成所有微指令的十六进制值，直接复制所有微指令到控制存储器中即可。

（5）系统联调

以上所有模块的设计均可以在头歌平台上进行模块测试，用户可根据平台反馈的问题进行快速、精准的调试；完成所有模块的测试后，即可进行系统联调。在单总线 CPU（微程序）子电路中的 RAM 存储器中加载 sort-5-riscv.hex 程序，利用时钟单步或自动运行来测试程序运行情况，可知该程序执行完冒泡排序后最后一条指令是 beq 指令，会跳转到当前指令，也就是死循环执行，最后 RAM 中数据排序结果应该如图 5.2 所示，程序指令计数为 251 条，最终时钟计数为 1985。系统联调成功后即可通过头歌平台提交最终的测试。

3. 设计硬布线控制器

（1）实现硬布线状态机

打开硬布线状态机子电路，其电路封装与引脚功能描述如表 5.7 所示。

表 5.7　硬布线状态机电路封装与引脚功能描述

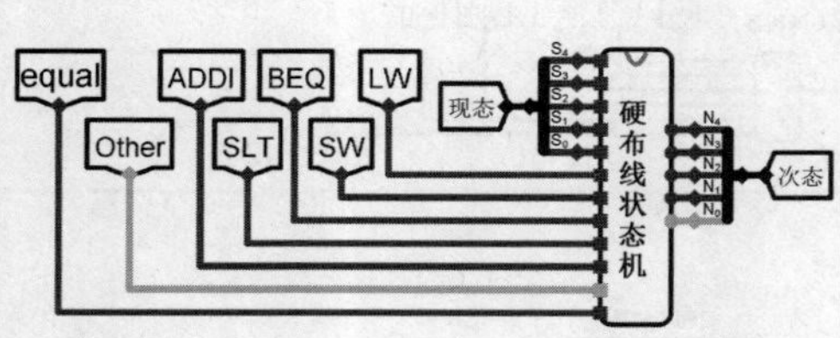

引脚	类型	位宽	功能说明
LW	输入	1	为 1 表示 lw 指令
SW	输入	1	为 1 表示 sw 指令
BEQ	输入	1	为 1 表示 beq 指令
ADDI	输入	1	为 1 表示 addi 指令
SLT	输入	1	为 1 表示 slt 指令
Other	输出	1	为 1 表示其他指令
equal	输入	1	运算操作数相等标志位
现态 S_4～S_0	输入	5	FSM 状态机现态
次态 N_4～N_0	输出	5	FSM 状态机次态

根据图 5.18 所示的指令执行状态转换图填写状态转换表，具体见“单总线 RISC-V 硬布线控制器状态机逻辑自动生成.xlsx”文件，如图 5.22 所示。图 5.22 中状态 0 的次态一定是 1，因此所有指令译码信号列都不填，而状态 3 会根据指令功能进入不同的状态，状态 3

需要重复填写多行，请参考图中已经填写部分完成状态转换表。“表达式自动生成表”将自动生成次态输出 N_4～N_0 的逻辑表达式，根据表达式可自动生成硬布线状态机电路。

当前状态(现态)						输入信号						下一状态（次态）					
S_4	S_3	S_2	S_1	S_0	现态（十进制）	LW	SW	BEQ	SLT	ADDI	equal	次态（十进制）	N_4	N_3	N_2	N_1	N_0
0	0	0	0	0	0							1	0	0	0	0	1
0	0	0	0	1	1							2	0	0	0	1	0
0	0	0	1	0	2							3	0	0	0	1	1
0	0	0	1	1	3	1						4	0	0	1	0	0
0	0	0	1	1	3		1					9	0	1	0	0	1

状态转换表　表达式自动生成表

图 5.22　状态转换表

（2）实现硬布线控制器

打开硬布线控制器子电路，其电路封装与引脚功能描述如表 5.8 所示。

表 5.8　　硬布线控制器电路封装与引脚功能描述

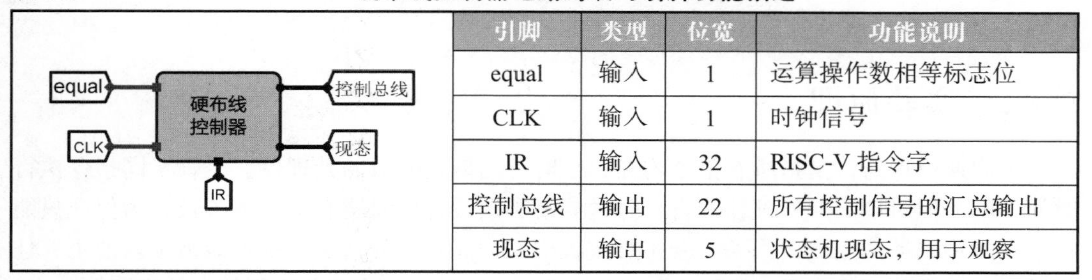

引脚	类型	位宽	功能说明
equal	输入	1	运算操作数相等标志位
CLK	输入	1	时钟信号
IR	输入	32	RISC-V 指令字
控制总线	输出	22	所有控制信号的汇总输出
现态	输出	5	状态机现态，用于观察

参考图 5.16 所示的硬布线控制器组成框图，利用已实现的硬布线状态机和其他已给出的 Logisim 电路组件实现硬布线控制器电路，如图 5.23 所示。注意，由于输出函数组合逻辑和控制存储器输入/输出功能完全一样，因此这里无须单独设计输出函数组合逻辑，仍然复用微程序控制器中的控制存储器，取出微指令并利用分线器解析出控制字段的控制信号即可。

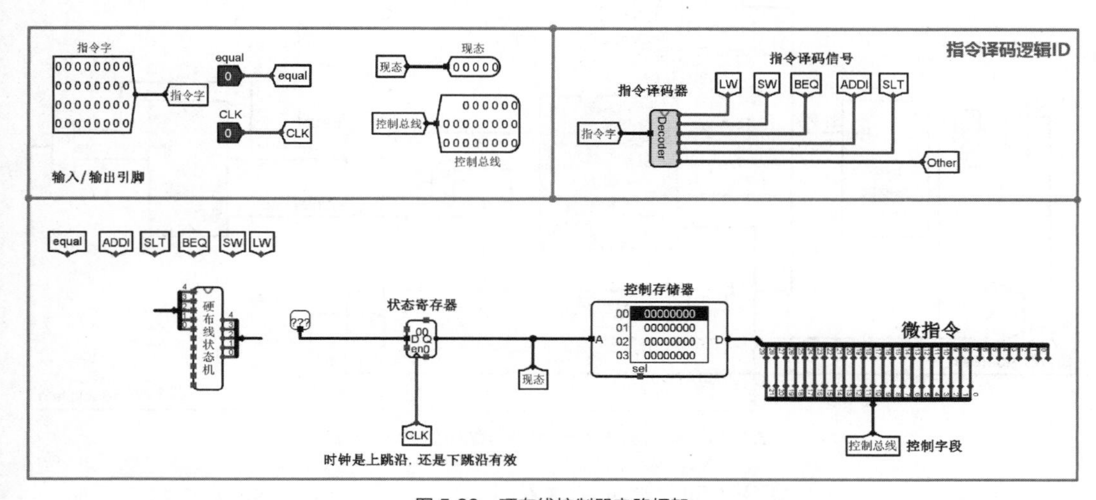

图 5.23　硬布线控制器电路框架

完成硬布线控制器的连接后可通过头歌平台测试。如需系统联调，也可以在单总线 CPU（微程序）子电路中将微程序控制器替换为硬布线控制器，再加载程序进行测试联调。

5.2.4 实验思考

做完本实验后请思考以下问题：

（1）微地址寄存器或状态寄存器的时钟触发为什么与其他时序组件相反？

（2）微程序如果采用计数器法，会有什么好处？图 5.20 应做哪些修改？

（3）三级时序处理器能否采用微程序控制器实现？

5.3 单周期 RISC-V 处理器设计实验

5.3.1 实验目的

掌握控制器设计的基本原理，能利用硬布线控制器的设计原理在 Logisim 平台中实现单周期 RISC-V 处理器。

5.3.2 实验原理

单周期处理器，是指所有指令均在一个时钟周期内完成的处理器。尽管不同指令执行时间不同，但对单周期处理器而言，时钟周期必须设计成对所有指令都等长。为保证只能在一个时钟周期内完成，一条指令执行过程中数据通路的任何资源都不能被重复使用，任何需要被多次使用的资源（如加法器、存储器）都需要设置多个，否则就会发生资源冲突。图 5.24 给出了单周期 RISC-V 处理器数据通路顶层视图。

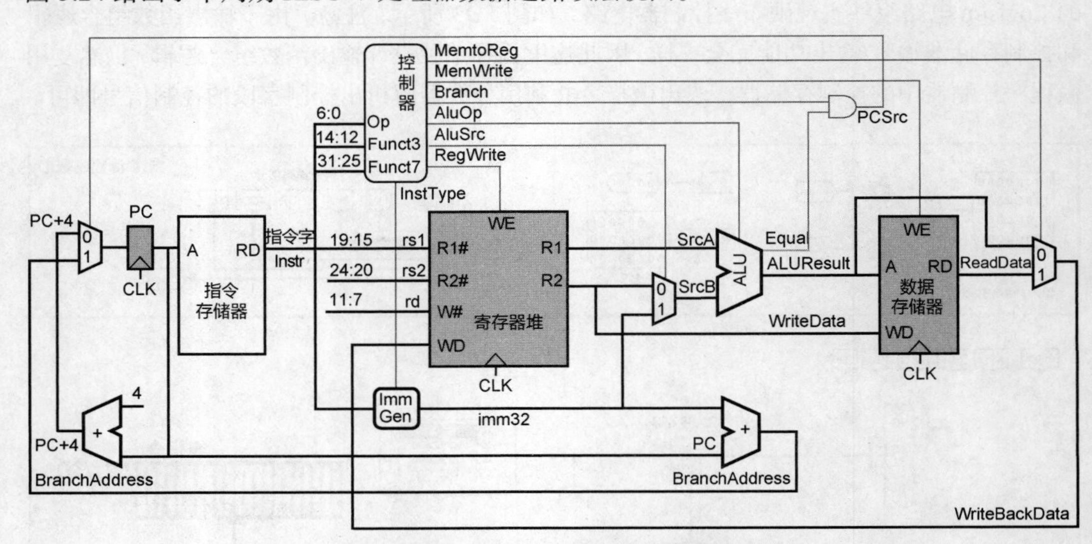

图 5.24 单周期 RISC-V 处理器数据通路顶层视图

不同 RISC-V 指令的功能不同、数据通路不同，具体细节参考 RISC-V32 指令手册。

5.3.3 实验内容

利用运算器实验和存储系统实验中构建的运算器、寄存器文件、存储系统等部件及Logisim中其他功能部件，构建一个32位单周期RISC-V处理器。

1. 8条指令RISC-V处理器设计

采用硬布线控制器方式设计单周期RISC-V处理器，能支持表5.9中的8条RISC-V核心指令，能运行实验包中的冒泡排序测试程序sort-riscv.asm。该程序自动在数据存储器0～15号字单元中写入16个数据，然后利用冒泡排序将数据升序排列，要求统计指令条数并与RARS中的指令统计数量进行对比。实验电路框架文件为cpu-riscv.circ。

表5.9　　RISC-V核心指令集

序号	RISC-V指令	功能说明
1	add rd,rs1,rs2	R[rd] =R[rs1]+R[rs2];
2	slt rd,rs1,rs2	if (R[rs1] < R[rs2]) R[rd] = 1 else R[rd] = 0
3	addi rd,rs1,imm12	R[rd]=R[rs1]+sExt(imm12);
4	lw rd,imm12(rs1)	$R[rd]=M[R[rs1]+ sExt(imm12)]_{4B}$
5	sw rs2,imm12(rs1)	$M[R[rs1]+sExt(imm)]_{4B} = R[rs2]$
6	beq rs1,rs2,imm12	if(R[rs1] == R[rs2])　PC = PC+sExt({imm12, 0})
7	bne rs1,rs2,imm12	if(R[rs1] != R[rs2])　PC = PC+sExt({imm12, 0})
8	ecall	系统调用，这里用于停机

（1）构建单周期数据通路

单周期RISC-V（8条指令）子电路框架如图5.25所示。图5.25中已给出了程序计数器PC、指令存储器、寄存器文件RegFile、运算器ALU、单周期硬布线控制器（待实现）等电路，参考图5.24构建能支持8条指令的完整RISC-V数据通路。

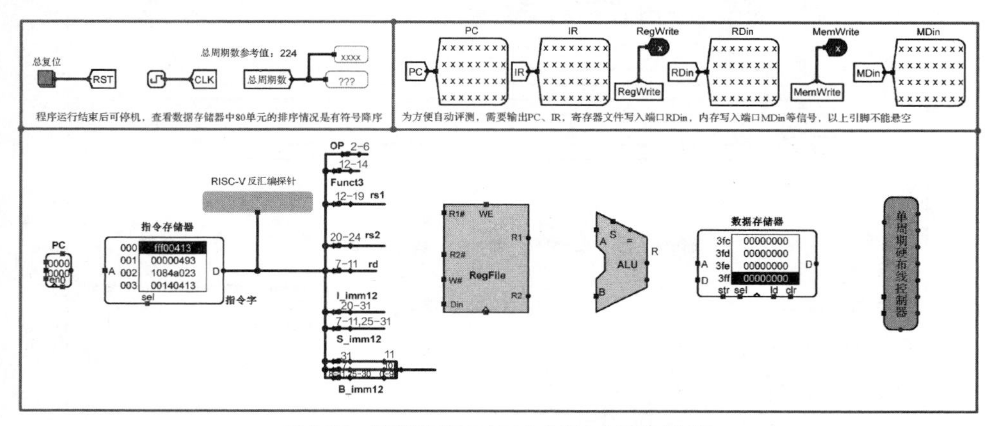

图5.25　单周期RISC-V（8条指令）子电路框架

（2）实现硬布线控制器逻辑

图5.25中寄存器文件、ALU的功能前面实验已经介绍过，这里不再赘述。单周期硬布线控制器（8条指令）电路封装与引脚功能描述如表5.10所示。对于单周期处理器而言，硬布线控制器是纯组合逻辑，控制器的功能就是根据指令操作码OP和Funct字段的值直接输出所有操作控制信号。

由于实验支持的指令较少，控制器逻辑相对简单，实验可分为以下 3 步。

① 设计指令译码逻辑。在图 5.26 左下角指令译码逻辑区域，利用比较器比较指令字中 OP 字段和 Funct3 字段的值，分别生成 8 条指令的指令译码信号，具体编码需要查阅 RISC-V32 指令手册。注意，其中 R_TYPE 表示 R 型运算类指令，这里主要包括 add、slt 指令。

② 实现 ALU 控制器逻辑。在图 5.26 右下角的 ALU 控制器逻辑区域，根据指令译码信息生成对应的运算器运算控制信号 ALU_OP。

③ 实现控制器逻辑。在图 5.26 顶部控制器逻辑区域，利用简单的逻辑门实现各操作控制信号与指令译码信号之间的逻辑关系。

表 5.10　　单周期硬布线控制器（8 条指令）电路封装与引脚功能描述

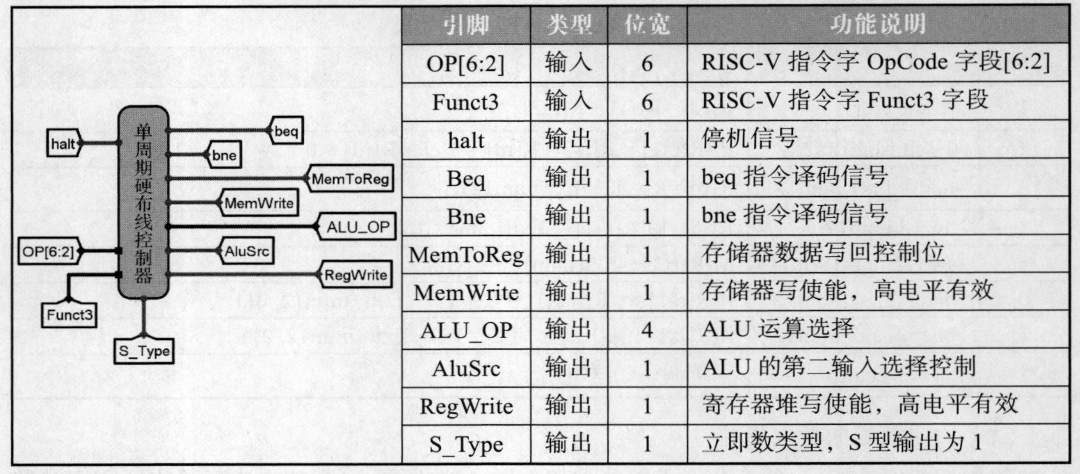

引脚	类型	位宽	功能说明
OP[6:2]	输入	6	RISC-V 指令字 OpCode 字段[6:2]
Funct3	输入	6	RISC-V 指令字 Funct3 字段
halt	输出	1	停机信号
Beq	输出	1	beq 指令译码信号
Bne	输出	1	bne 指令译码信号
MemToReg	输出	1	存储器数据写回控制位
MemWrite	输出	1	存储器写使能，高电平有效
ALU_OP	输出	4	ALU 运算选择
AluSrc	输出	1	ALU 的第二输入选择控制
RegWrite	输出	1	寄存器堆写使能，高电平有效
S_Type	输出	1	立即数类型，S 型输出为 1

单周期硬布线控制器电路框架如图 5.26 所示。

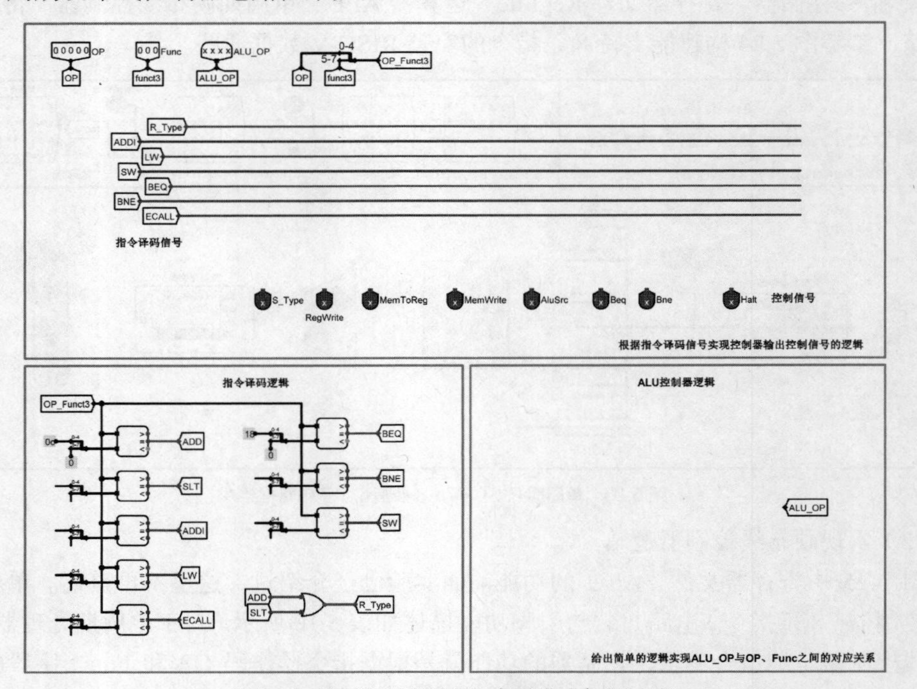

图 5.26　单周期硬布线控制器（8 条指令）电路框架

（3）系统调试

完成控制器电路实现后，在单周期 RISC-V（8 条指令）子电路中的指令存储器中载入 sort.hex 程序，利用 Ctrl+K 或⌘+K 组合键开启时钟自动仿真，测试程序，程序最后一条指令为停机指令。执行完后系统总周期数计数应该是 224，数据存储器中数据排序情况如图 5.27 所示。

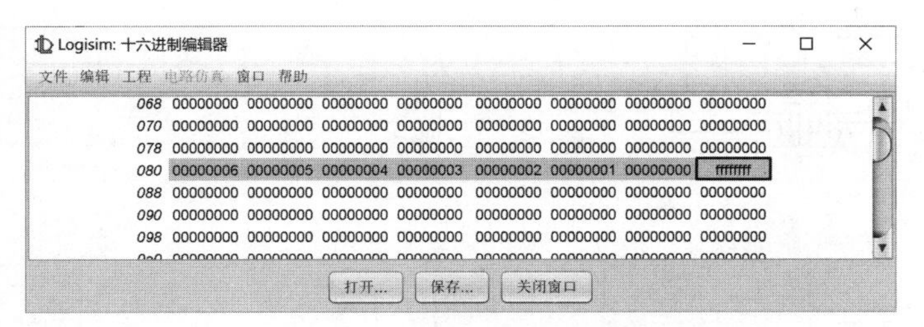

图 5.27　sort.hex 数据排序情况

如程序测试有问题，可以单步调试每条指令，也可利用头歌平台自动评测，根据出错的测试用例信息精准定位出错时钟节拍，然后利用电路框架中的可计数暂停的时钟源运行到出错时钟节拍前一条指令，单步跟踪，复原错误现场，进一步根据指令功能排查故障。

2．21 指令 RISC-V 处理器设计

采用硬布线控制器方式设计单周期 RISC-V 处理器，能支持表 5.9 和表 5.11 中的多条 RISC-V 指令，能运行标准测试程序 benchmark.asm。要求统计指令条数并与 RARS 中的指令统计数量进行对比，实验电路框架文件为 cpu21.circ。

表 5.11　　21 条 RISC-V 指令

序号	RISC-V 指令	功能说明
1	add rd,rs1,rs2	R[rd] =R[rs1]+R[rs2]
2	addi rd,rs1,imm12	R[rd]=R[rs1]+sExt(imm12)
3	and rd,rs1,rs2	R[rd] =R[rs1]&R[rs2]
4	andi rd,rs1,imm12	R[rd]=R[rs1]&sExt(imm12)
5	slli rd,rs1,shamt	R[rd] =R[rs1]<<shamt [4:0]
6	srai rd,rs1,shamt	R[rd] =R[rs1]>>shamt [4:0]
7	srli rd,rs1,shamt	R[rd] =R[rs1]>>>shamt [4:0]
8	sub rd,rs1,rs2	R[rd] =R[rs1]−R[rs2]
9	or rd,rs1,rs2	R[rd] =R[rs1]|R[rs2]
10	ori rd,rs1,imm12	R[rd] =R[rs1]|sExt(imm12)
11	xori rd,rs1,imm12	R[rd] =R[rs1]^sExt(imm12)
12	lw rd,imm12(rs1)	R[rd]=M[R[rs1]+ sExt(imm12)]$_{4B}$
13	sw rs2,imm12(rs1)	M[R[rs1]+sExt(imm)]$_{4B}$ = R[rs2]
14	beq rs1,rs2,imm12	if(R[rs1] == R[rs2])　PC = PC+sExt({imm12, 0})
15	bne rs1,rs2,imm12	if(R[rs1] != R[rs2])　PC = PC+sExt({imm12, 0})
16	slt rd,rs1,rs2	if (R[rs1] < R[rs2]) R[rd] = 1 else R[rd] = 0
17	slti rd,rs1,imm12	if (R[rs1] < sExt(imm12)) R[rd] = 1 else R[rd] = 0
18	sltiu rd,rs1, imm12	if (R[rs1] < sExt(imm12)) R[rd] = 1 else R[rd] = 0　无符号比较
19	jal	PC=PC+ sExt({imm20, 0})　R[rd]=PC+4
20	jalr	PC=R[rs1]+ sExt(imm12)　R[rd]=PC+4
21	ecall	if (a7==34) LED 输出 a0 的值，else 停机等待，Go 按键被按下

（1）构建数据通路

打开 cpu21-riscv.circ 文件的单周期 RISC-V（21 条指令）子电路，其电路框架如图 5.28 所示。该电路框架已经给出了程序计数器 PC、指令存储器、寄存器文件 RegFile、运算器 ALU、数据存储器、单周期硬布线控制器（待实现）等电路，参考图 5.24 构建能支持 21 条指令的完整数据通路。

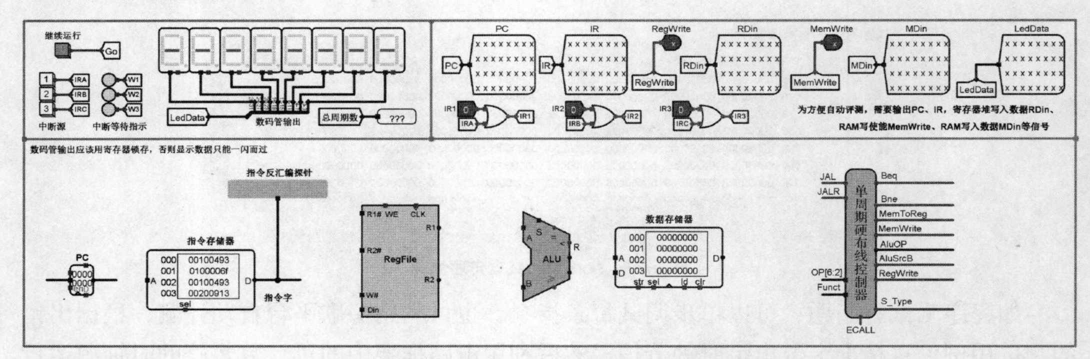

图 5.28 单周期 RISC-V（21 条指令）子电路框架

（2）实现硬布线控制器逻辑

图 5.28 中单周期硬布线控制器（24 条指令）电路封装与引脚功能描述如表 5.12 所示。对于单周期处理器而言，硬布线控制器是纯组合逻辑，控制器的功能就是根据指令操作码 OP 和 Funct 字段的值直接输出所有操作控制信号。

表 5.12 单周期硬布线控制器（24 条指令）电路封装与引脚功能描述

引脚	类型	位宽	功能说明
OP[6:2]	输入	5	指令字 OpCode 字段[6:2] 位
Funct	输入	5	连接指令字 IR[12～14,25,30]位
Beq	输出	1	beq 指令译码信号
Bne	输出	1	bne 指令译码信号
MemToReg	输出	1	存储器数据写回控制位
MemWrite	输出	1	存储器写使能，高电平有效
ALU_OP	输出	4	ALU 运算选择
AluSrcB	输出	1	ALU 的第二输入来源选择控制
RegWrite	输出	1	寄存器堆写使能，高电平有效
S_Type	输出	1	S 型指令时输出为 1
JAL	输出	1	jal 指令译码信号
JALR	输出	1	jalr 指令译码信号
ECALL	输出	1	ecall 指令译码信号

单周期 RISC-V 硬布线控制器（21 条指令）电路框架如图 5.29 所示。由于 Logisim 自动生成电路功能输出引脚数量有限，为了方便自动生成电路，这里将 ALU_OP 输出利用运算器控制器单独输出，其他控制信号则用控制信号生成电路输出。实验时需要分别设计实现这两个电路。

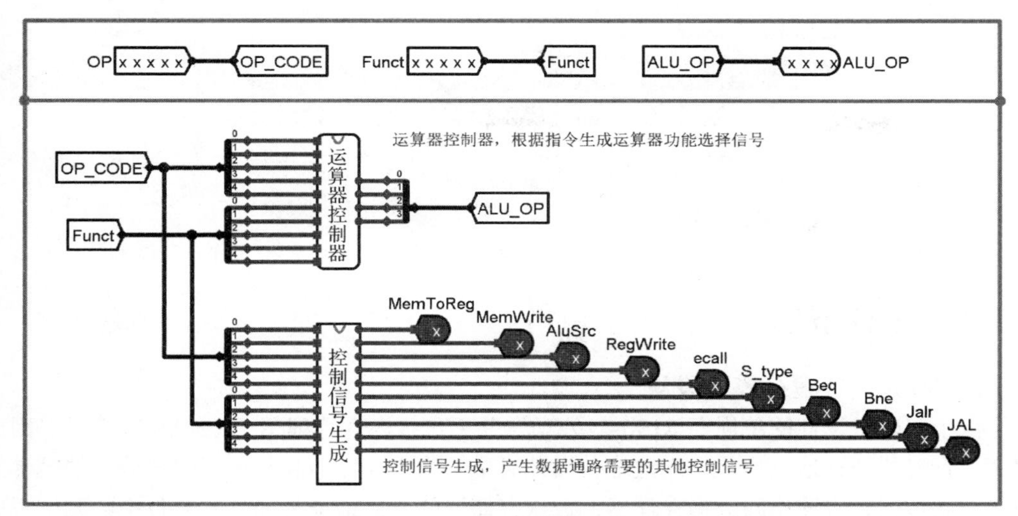

图 5.29 单周期 RISC-V 硬布线控制器（21 条指令）电路框架

利用 Excel 打开实验资料包中的“单周期 RISC-V 硬布线控制器表达式自动生成.xlsx”文件的真值表，如图 5.30 所示。在其中逐条填写每条指令 OpCode、Funct，以及对应的 ALU_OP 和其他控制信号值（只填 1 值）。注意，OpCode、Funct、ALU_OP 列填写正确数值。填写完后，打开“控制信号表达式生成表”，可以得到所有控制信号的逻辑表达式，利用逻辑表达式自动生成运算器控制器和控制信号生成电路即可。

#	指令	Funct7 (十进制)	Funct3 (十进制)	OpCode (十六进制)	ALU_OP	MemtoReg	MemWrite	ALU_Src	RegWrite	ecall	S_Type	BEQ	BNE	Jal	jalr
1	add														
2	sub														
3	and														
4	or														
5	slt														
6	sltu														
7	addi														
8	andi														
9	ori														
10	xori														
11	slti														
12	slli														
13	srli														
14	srai														
15	lw														
16	sw														
17	ecall														
18	beq														
19	bne														
20	jal														
21	jalr														

图 5.30 单周期 RISC-V 硬布线控制器（21 条指令）真值表

（3）系统调试

完成控制器电路实现后，在单周期 RISC-V 子电路中的指令存储器中载入 benchmark.hex 程序，利用 Ctrl+K 或⌘+K 组合键开启时钟自动仿真，测试程序，程序最后一条指令为停机指令。执行完后系统总周期数计数应该是 1546，LED 显示区应该显示 00000038，数据存储器中数据分布情况如图 5.31 所示。

如程序测试有问题，可以单步调试每条指令，也可利用头歌平台自动评测，根据出错的测试用例信息精准定位出错时钟节拍，然后利用电路框架中的可计数暂停的时钟源运行到出错时钟节拍前一条指令，单步跟踪，复原错误现场，进一步根据指令功能排查故障。

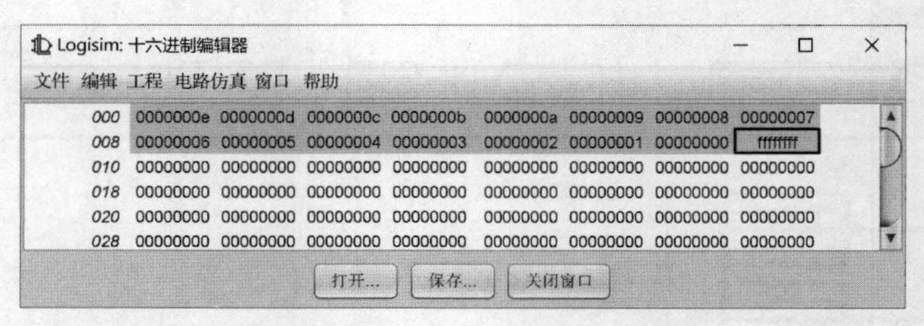

图 5.31　benchmark.hex 运行结果

5.3.4　注意事项

1. RISC-V 虚存模式设置

由于实验中设计的单周期 RISC-V 处理器并不包括内存管理单元（MMU）部件，因此程序运行时的访存地址均是物理地址，设计时采用指令存储器和数据存储器分离的哈佛架构。访问数据时应该访问数据存储器，数据存储器的起始地址是 0，实验包中的测试程序均直接使用了 0 号地址开始的数据单元。为了使测试程序在 RARS 与在实验设计的处理器中的运行结果保持一致，必须配置 RARS 模拟器中的虚拟内存模式，具体可以选择菜单中“Setting”→“Memory Configuration”选项，如图 5.32 所示。这里应将虚拟内存模式设置为“Compact,Data at Address 0”模式，这样数据段起始位置为 0 开始的位置。注意，如果采用“Default”模式，在 RARS 中运行 sort.asm 排序程序时访存指令会越界访问代码段或内核段，引起保护错。

2. RISC-V 机器指令导出

在 RARS 中可以利用菜单中“File”→“Dump Memory”功能将汇编程序代码段的机器指令和数据段的数据导出。为了能直接在 Logisim 的 RAM 和 ROM 组件中使用，在这里应采用 Hexade- cimal Text（十六进制文本）的方式导出（见图 5.33），导出成功后还应在文本文件第一行加入“v2.0 raw”，这样导出的文件即可直接加载到 Logisim 平台的 ROM 和 RAM 组件中。

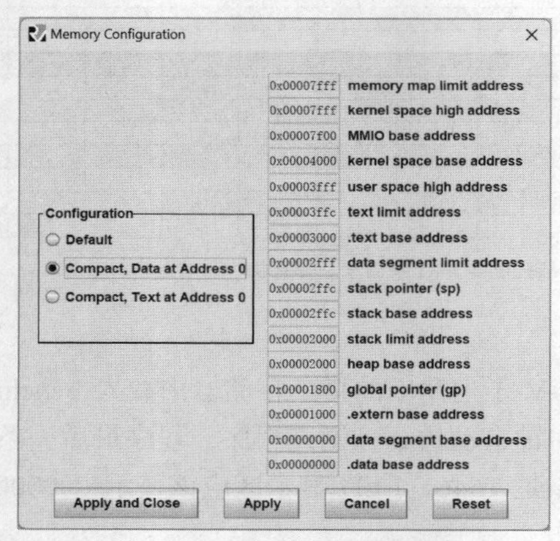

图 5.32　RISC-V 虚拟内存模式配置

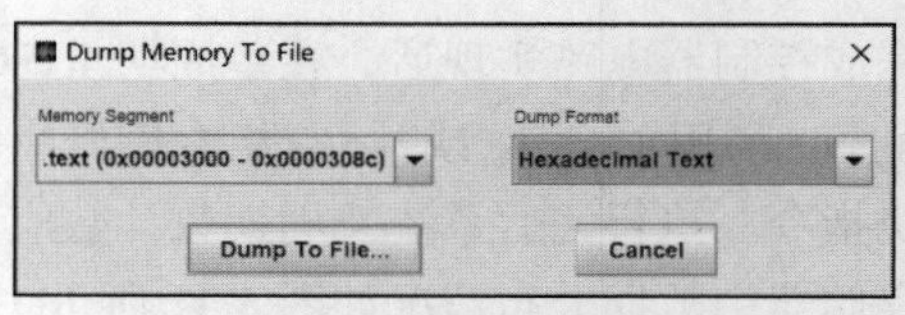

图 5.33　RISC-V 代码导出

3. RISC-V 寄存器文件库

实验资料包中的 Logisim 库文件 CS3410.jar 提供了一个标准寄存器文件的库。该库由美国康奈尔大学开发。在 Logisim 平台中可以通过加载 JAR 库的方式加载第三方 Java 库，如图 5.34 所示。

图 5.34　JAR 库加载

选择实验资料包中的 CS3410.jar 库，加载成功后 Logisim 左下角的组件库会增加 CS3410 Components（CS3410 组件）的选项。其中第一个组件就是 Register File（寄存器文件），将该组件添加到画布中，如图 5.35 所示。这个寄存器文件的引脚 rA、rB 为读寄存器编号，rW 为写入寄存器编号，WE 为写使能，W 为写入数据，R1、R2 为 rA、rB 寄存器的输出值。该组件直接提供了 32 个寄存器观察窗口，非常直观，用户还可以使用手形戳工具直接修改寄存器的值。

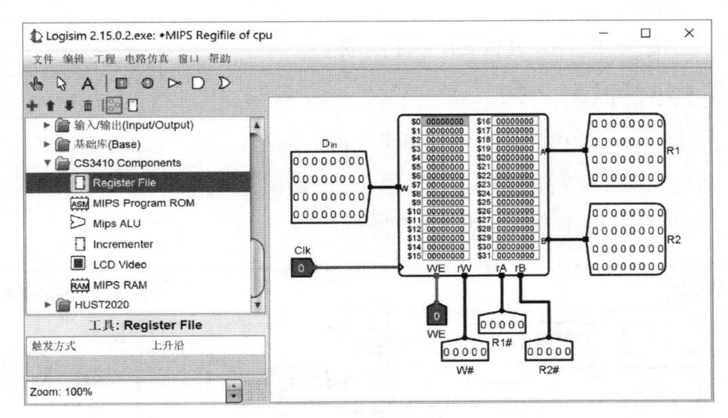

图 5.35　寄存器文件库

4. RAM 组件库

存储系统实验中设计过 RAM 电路，CS3410 库中也提供了一个标准的 MIPS RAM 组件抽象，在实现 lb、sb、lh、sh 等字节访问或半字访问指令时非常有用。该组件的访问接口如图 5.36 所示，该组件也可用于 RISC-V CPU 的设计。

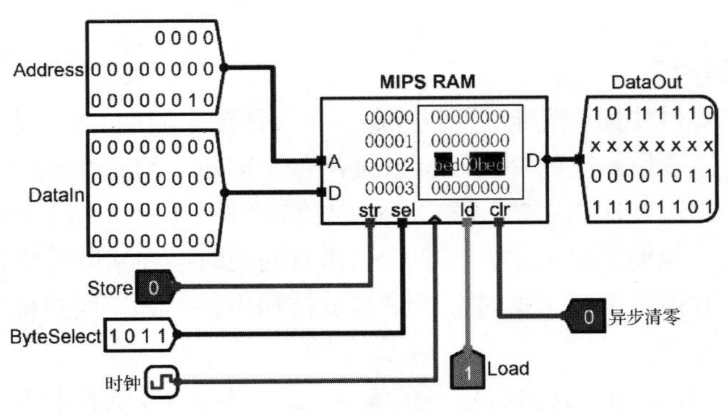

图 5.36　MIPS RAM 组件的访问接口

各引脚功能说明如下。

- A 为 20 位字地址输入端。RAM 组件中的每一行代表内存中的 4 字节；A 端地址为 0x00002，RISC-V RAM 中第三行用黑底白字显示，0xbed00bed 为 2 号字单元的值。如果要访问当前地址中具体某个字节或半字，则需要设置 RISC-V RAM 组件底部的 sel 输入端口。默认地址为 20 位，可以访问 1MWord=4MB。
- 左侧 D 为数据输入端，位宽为 32 位，其包含即将写入 RAM 的数据，具体写入时会根据 sel 端的设置决定数据输入端的哪些字节被写入。
- str 为存储控制位，当 str=1 时，RAM 会根据 sel 的值写入右侧输出端口 D 中的某些字节。
- sel 为选择控制字段，线宽为 4 位。当 sel=0001 时，右侧 D 端口的 0～7 位被选中；当 sel= 0010，D 端口的 8～15 位被选中；当 sel=0100 时，右侧 D 端口的 16～23 位被选中；当 sel=1000 时，右侧 D 端口的 24～31 位被选中。另外，sel=0011，表示 0～15 位被选中；sel=1100，表示 16～31 位被选中；sel=1111，表示 4 字节同时被选中。
- ld 为载入位，ld=1 时组件右侧的数据输出端口 D 输出当前字中被选择的字节；如果 ld=0，则输出为高阻态。
- clr 为 1 时会清空 RAM 组件的所有内容。

5. 可计数暂停时钟源

本实验电路提供了一个可计数暂停的时钟源，如图 5.37 所示。其默认状态和普通时钟源一样，如将控制位 D 触发器的值利用手形戳工具设置为 1，时钟变成计数暂停模式，运行到（指时钟运行到）指定节拍数会自动暂停。

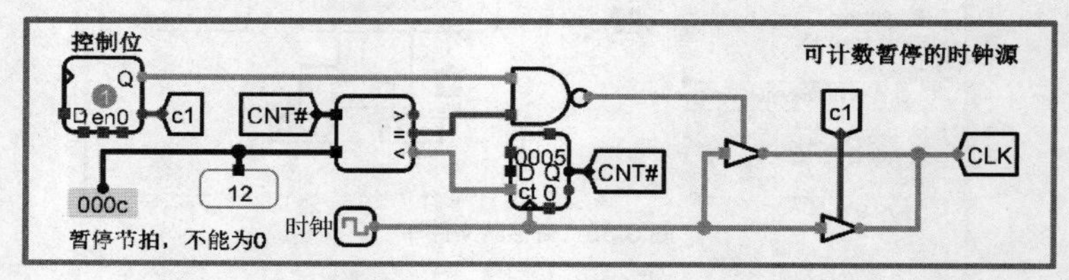

图 5.37 可计数暂停的时钟源

处理器系统联调时可以灵活运用该时钟源，首先通过头歌平台确定出错时钟节拍数，然后将时钟源中的暂停节拍常量设置为出错时钟节拍数-1，设置控制位为 1，时钟自动运行并暂停后，关闭时钟自动运行模式，将控制位清零，单步运行时钟即可快速复现出错现场进行精准调试。

6. 常见故障分析

头歌平台可以提供快速、精准的测试反馈，在线评测单周期 CPU 时会给出程序运行出错的节拍，以及出错节拍对应的 PC、IR、RegWrite、RDin、MemWrite、MDin 等数据的预期输出值和实际输出值。注意：21 条指令的在线测试由于 benchmark 程序运行周期较长，测试采用静默方式，预期输出为空；当实际输出有问题时会在实际输出窗口输出预期输出值和实际输出值，并停止测试。通过分析出错节拍和出错位置，用户很容易发现数据通路和控制信号的逻辑故障。

（1）PC 正确、IR 正确（其他信号不正确）：说明当前指令的控制逻辑有问题。此时可利用可计数暂停时钟执行到对应节拍，仔细检查相关逻辑来排查故障。

（2）PC 正确、IR 错误：说明用户加载的程序不是标准测试程序，请重新加载正确的测试程序再进行测试。

（3）PC 错误、IR 错误：如果出错节拍为 1，表示指令顺序寻址逻辑有问题，否则表示上一个节拍执行的指令是分支指令，分支逻辑存在故障导致程序执行到错误的位置。此时可利用可计数暂停时钟执行到前一个节拍，检查分支指令执行逻辑排查故障。

5.3.5 实验思考

做完本实验后请思考以下问题：

（1）32 位 PC 寄存器与指令存储器如何进行连接？为什么？

（2）如需要实现 sb 指令，数据存储器如何控制？

第 6 章
指令流水线设计实验

6.1 理想流水线 CPU 设计实验

6.1.1 实验目的

了解 RISC-V 五段指令流水线分段的基本概念，能设计流水寄存器部件，能将已经设计完成的单周期 CPU 改造成理想流水 CPU，并能正确运行无冒险冲突的理想流水线标准测试程序，能根据时空图简单分析流水 CPU 的性能。

6.1.2 实验原理

单周期 RISC-V 处理器数据通路细分图如图 6.1 所示。根据图 6.1 中虚线所示，单周期 RISC-V 处理器数据通路从左到右依次分成取指令（IF）段、译码取数（ID）段、指令执行（EX）段、访存（MEM）段、写回（WB）段 5 个阶段。

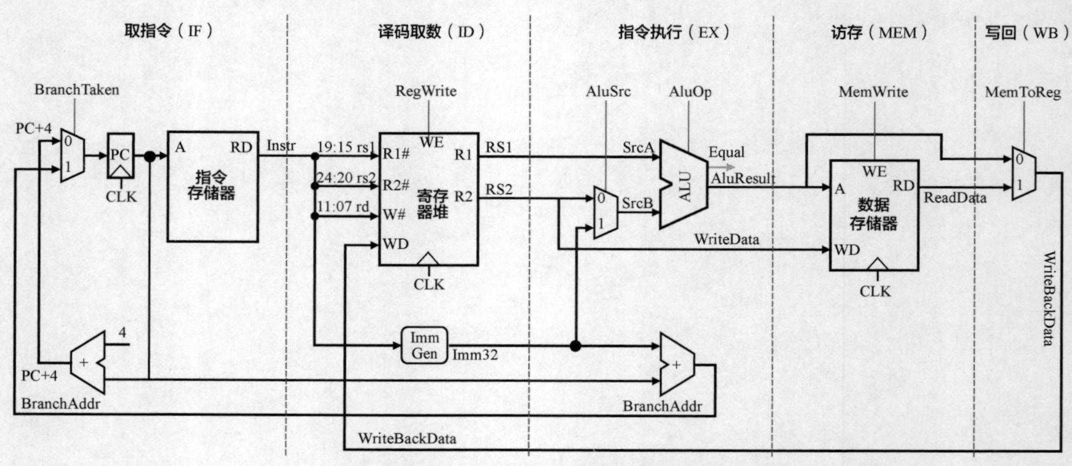

图 6.1 单周期 RISC-V 处理器数据通路细分图

要将单周期数据通路改造成理想流水线，只需在图 6.1 中虚线位置加入流水寄存器部件即可，如图 6.2 所示。这里增加了 IF/ID、ID/EX、EX/MEM、MEM/WB 共 4 个流水寄存器，数据通路被细分为 5 段流水线。流水寄存器用于锁存前段加工处理完成的数据和控制信号，为下一段的功能部件提供数据输入和控制信号。所有流水寄存器、程序计数器 PC、寄存器堆、数据存储器均采用统一时钟进行同步，每来一个时钟就会有一条新的指令进入流水线取指令 IF 段，多个功能段并行执行，同一时刻有多条指令在流水线中执行。

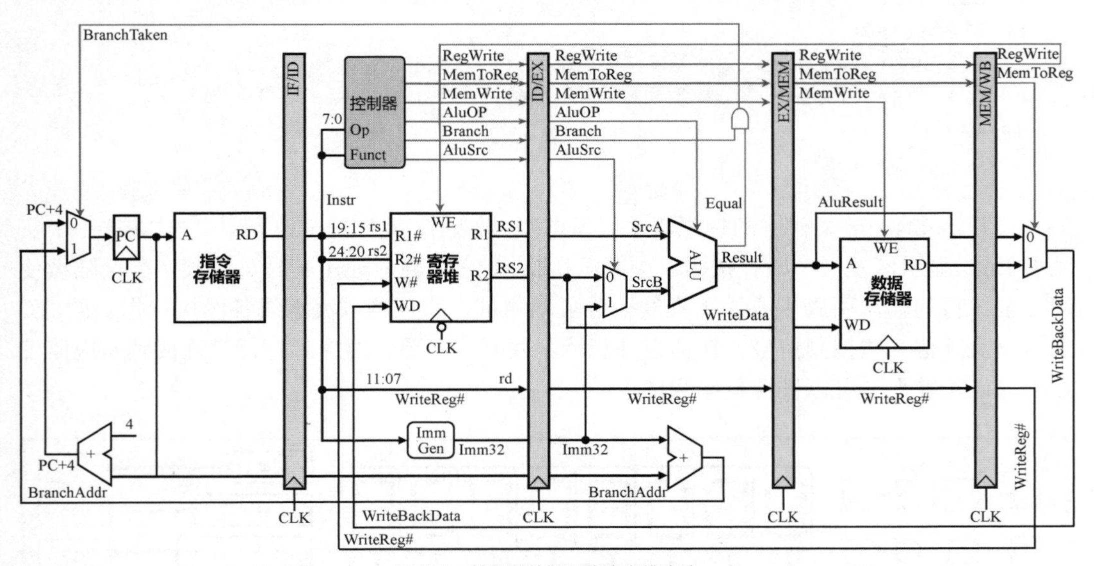

图 6.2 单周期数据通路流水线改造

ID 段译码生成该指令的所有控制信号，控制信号通过流水寄存器逐段向后传递，后段功能部件所需的控制信号不需要单独生成，直接从流水寄存器获取即可。流水线数据通路由单周期数据通路改造而来，操作控制信号相同，因此流水线可以复用单周期处理器中的操作控制器。

不同的流水寄存器锁存的数据和控制信号不同，具体可根据前后段之间的交互信息进行考虑。以较为复杂的 ID/EX 为例，其锁存 ID 段有控制器产生的所有控制信号，同时还需要锁存有取操作数部件取出的寄存器值或立即数。ID/EX 设计完成后，其他各段流水寄存器可以直接复制后进行适当精简。

6.1.3 实验内容

将已经实现支持 24 条指令的单周期 RISC-V 处理器改造成支持无冲突冒险程序运行的理想流水线架构，能运行如下理想流水线测试程序。该程序在数据存储器 0、4、8、12 字节地址处依次按字写入数据 0、1、2、3，程序无任何数据冲突和分支冒险，所以设计流水线时无须考虑任何冲突冒险的处理。

```
# file: 理想流水线测试.asm
# 理想流水线测试中所有指令均无相关性，一共 17 条指令
# 5 段流水线执行周期数应该是 5+(17-1)=21
addi s0,zero, 0
addi s1,zero, 0
addi s2,zero, 0
```

```
addi s3,zero, 0
ori s0,s0, 0
ori s1,s1, 1
ori s2,s2, 2
ori s3,s3, 3
sw s0, 0(s0)
sw s1, 4(s0)
sw s2, 8(s0)
sw s3, 12(s0)
addi a7,zero,10          # 系统调用退出指令
addi s1,zero, 0          # 3 条无用指令消除上一条指令 a7 与 ecall 的相关性
addi s2,zero, 0
addi s3,zero, 0
ecall                    # 停机
```

打开 cpu24.circ 文件中的理想流水线子电路，电路框架如图 6.3 所示，注意在这一个实验中 LED 显示区及“中断”按钮，中断等待指示 LED 暂时还用不到，后续实验会陆续使用；第二行的输出引脚主要用于头歌平台自动测试，监控测试流水线各段执行指令的 PC 值，以及其他一些控制信号，在构建理想流水线时一定要将对应隧道标签连接到对应监控点以保证头歌平台可以进行自动测试。

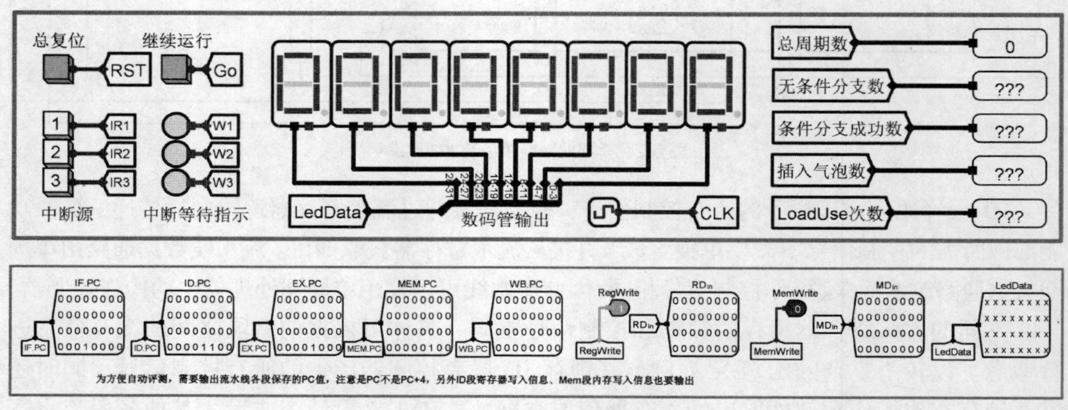

图 6.3　理想流水线电路框架

实验步骤如下。

（1）设计流水寄存器，首先考虑 4 个流水寄存器需要锁存的具体信息，然后设计较为复杂的 ID/EX 流水寄存器，封装设计完成后再复制生成 IF/ID、EX/MEM、MEM/WB 流水寄存器。注意，流水寄存器封装的长度、标签注释及颜色区分。为了方便调试，各段指令字和 PC 值应依次向后传递。

（2）重新封装较大尺寸的功能部件，以方便绘图，具体如运算器、寄存器文件等。

（3）重构数据通路，将单周期 CPU 中的数据通路全部删除，重新进行电路布局，将各段功能部件与流水寄存器进行连接，将各流水功能段重要监控点如 PC 值、指令字、控制信号按需连接到引脚区的隧道标签。

（4）增加流水线时空图监测功能，具体如图 6.4 所示，这部分电路用 RISC-V 反汇编探针组件直接显示每一个流水功能段执行的指令，并用探针给出了每个流水段的 PC 值，方便观察流水线运行的动态。

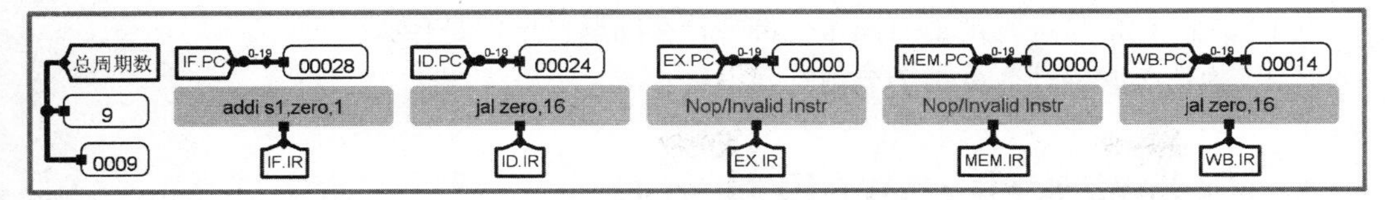

图 6.4　流水线时空图监测

（5）增加统计功能，要求能自动统计总周期数。

（6）系统联调和功能测试，加载“理想流水线测试程序.hex”进行功能调试。注意，最终理想流水线测试程序会在数据存储器中一次写入 4 个数据，总周期数应该是 21，如有差异，请单步跟踪每条指令的执行情况，或直接在头歌平台上测试，根据头歌平台测试用例的反馈信息精准定位故障。理想流水线测试程序数据写入结果如图 6.5 所示。

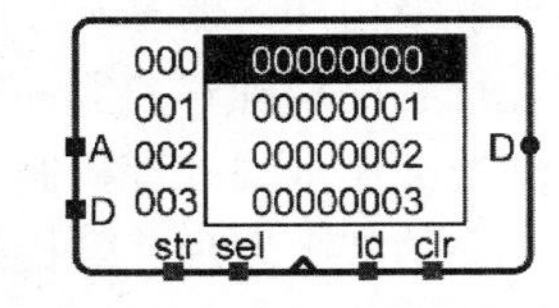

图 6.5　理想流水线测试程序数据写入结果

6.1.4　注意事项

本实验的注意事项如下。

（1）在 Logisim 平台实现时应尽量缩小原单周期 CPU 原理图中的功能部件尺寸，以方便布局绘图。

（2）流水寄存器封装尺寸尽可能大一点，否则连线过多会给布线带来困扰。通过流水寄存器向后传输的控制信号应遵循“越晚用到越靠近顶端”的原则，便于腾出更多的空间进行流水功能段的电路布局；适当使用颜色标记关键功能部件和流水接口部件。

（3）控制信号可以按使用功能段分为 EX 段使用、MEM 段使用、WB 段使用 3 类，ID 段可以将这 3 类信号利用分线器合并成 3 根多位宽总线，这样可以极大地减少控制信号线的根数，绘图更简单，布局更清晰，需要使用的时候再用分线器拆开。

（4）指令存储器 ROM 和数据存储器 RAM 必须在主电路中可见，不能封装在子电路中，以便于调试观察数据。

（5）主要数据通路应直接连接，横向可连接的线缆应尽量直接连接，避免隧道的滥用，以保证原理图的可读性；连线一般不允许穿越其他功能部件的封装。

（6）尽可能使用标签工具注释电路，如控制信号、数据通路、显示模块、总线等，以便于电路调试。注意标签及注释的命名规范，过长的命名会影响电路布局。

（7）可以使用任何 Logisim 内置的组件构建电路，原运算器模块中使用了自定义 32 位加法器的模块，涉及多个子电路的嵌套，实际使用时系统最大频率很低，建议用 Logisim 内置的加法器进行替换。

（8）严禁对时钟信号进行逻辑门操作，停机操作可以通过相关功能部件使能端完成。这是后续实验必须严格遵守的规则，否则一定会引起很多意想不到的故障，极大地增加调试难度。

6.1.5　实验思考

做完本实验后请思考以下问题：

（1）对时钟信号进行逻辑门操作会带来什么问题？原因是什么？

（2）为什么时钟计数少 1 个节拍？

6.2 气泡流水线 CPU 设计实验

6.2.1 实验目的

理解结构冲突的基本原理，能分析五段流水 CPU 中存在的结构冲突，并能运用适当的方案进行解决；理解控制冲突的基本原理，理解其引起的流水线停顿导致的性能下降，掌握控制冲突流水线处理机制，并能够增加相关逻辑使得流水线能正确处理控制冲突；理解数据冲突的基本原理，掌握插入气泡方式消除数据冲突的方法，能够在理想流水线的基础上增加数据冲突检测逻辑，可通过硬件插入气泡的方式消除数据冲突；最终实现的五段流水 CPU 能正确运行存在各种冲突的标准测试程序。

6.2.2 实验原理

1. 结构冲突处理

当多条指令在同一时钟周期都需使用同一操作部件而引起的冲突称为结构冲突。在流水线设计中也会存在各种结构冲突，如计算 PC+4、计算分支目标地址、运算器运算都需要使用运算器，访问指令和访问数据都需要使用存储器。解决方案是增设加法部件避免运算冲突，增设指令存储器避免访存冲突。另外，ID 段读寄存器与 WB 段写寄存器的操作也存在结构冲突，但由于 RISC-V 寄存器堆的读写逻辑是完全独立的逻辑，读写地址和数据均通过不同的端口进入，读写逻辑可以并发操作，因此这种结构冲突并不存在。

2. 控制冲突处理

当流水线遇到分支指令或其他会改变 PC 值的指令时，在分支指令之后载入流水线的相邻指令可能因为分支跳转而不能进入执行阶段，这种冲突称为控制冲突。分支指令是否分支跳转、分支目标地址的计算要等到 EX 段才能确定（也可能是 ID 段，具体与设计有关），而分支指令后续若干条指令已经预取进入流水线，当分支指令成功跳转时，已预取的指令不能继续执行，此时需要清空这些预取指令，同时修改程序计数器 PC 的值，取出分支目标地址处的指令。发生控制冲突时，流水线会清除分支指令后续若干条预取指令，造成若干时钟周期浪费。这部分性能损失为分支延迟，又称为流水线性能损失。

3. 数据冲突处理

当前指令要用到先前指令的操作结果，而这个结果尚未产生或尚未送达指定的位置，会导致当前指令无法继续执行，这称为数据冲突。为了避免程序运行出错，较简单的处理方法就是推后执行与其相关的指令，直至目的操作数写入才开始取源操作数，以保证指令和程序执行的正确性。通常，可以采用“气泡”插入法来解决，当 ID 段从寄存器堆取源操作数时，如果检测到与后续各段存在数据冲突，则 IF、ID 段正在处理的指令暂停一个时钟周期（PC、IF/ID 流水寄存器值保持不变），同时尝试在时钟到来时，在 EX 段插入一个空操作气泡（ID/EX 流水寄存器同步清零），先前进入 EX、MEM、WB 段的指令继续执行。下一个时钟到来时，EX 段是空操作气泡（全零控制信号不会改变处理器的状态），MEM、

WB 段仍然存在指令，如果 ID 段指令仍然存在数据相关，继续重复暂停 IF、ID 段，在 EX 段插入气泡的逻辑，直至数据冲突完全消失。

采用插入气泡的方式进行数据相关的处理后，流水线数据通路如图 6.6 所示。图 6.6 中相关处理逻辑的输入信号除 EX、MEM 段的 RegWrite、WriteReg#信号外，还包括 ID 段的指令字 Instr、EX 段的分支跳转 BranchTaken 信号，输出则为阻塞暂停信号 Stall、流水清空信号 ID/EX.Flush，相关处理逻辑可以参考《计算机组成原理（微课版）》7.3 节的内容。

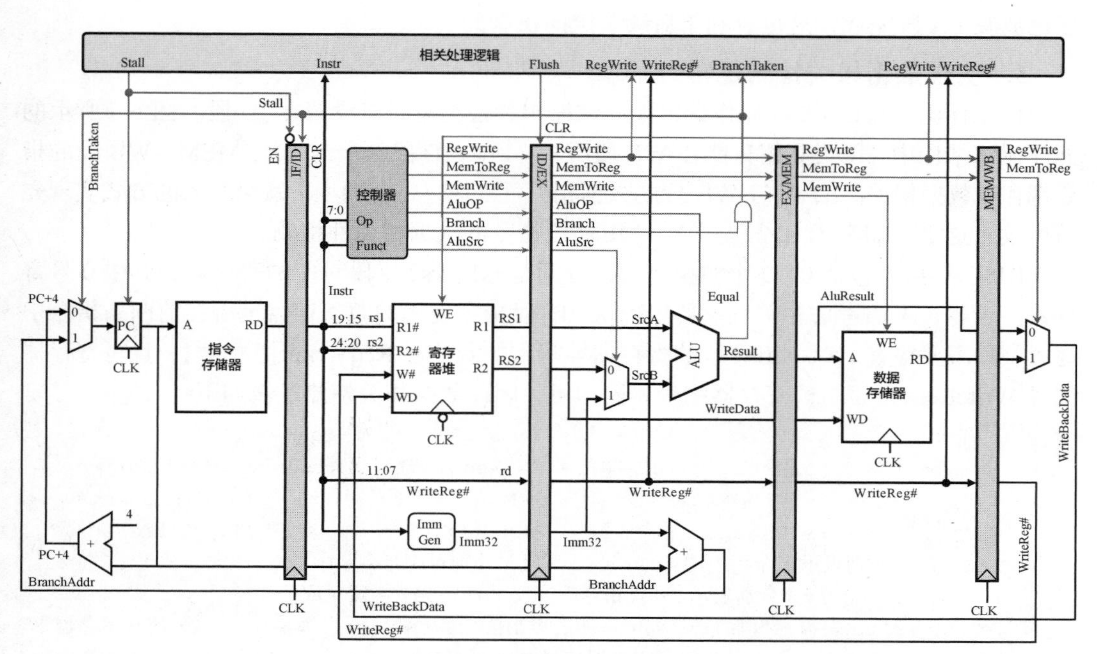

图 6.6　气泡流水线顶层视图

6.2.3　实验内容

进一步改造理想流水线，增加数据相关检测逻辑、插入气泡逻辑、流水暂停逻辑、分支冲突处理逻辑，使得该流水线能处理数据冲突、控制冲突、结构冲突，并能正确运行单周期测试程序 benchmark.hex。

1. 流水寄存器功能改造

根据数据冲突的处理流程，流水寄存器 IF/ID 应该具有暂停功能，流水寄存器 ID/EX 应该具有同步清零（插入气泡）功能；而根据控制相关中清除误取指令的流程，流水寄存器 IF/ID、ID/EX 都应该具有同步清零功能。因此，我们需要给 IF/ID、ID/EX 增加同步清零控制引脚 CLR，IF/ID 则需要增加暂停控制引脚 EN，Logisim 寄存器并不支持同步清零，可以通过将数据零送入寄存器的方式实现同步清零，而暂停控制则可以通过寄存器的使能端实现。

2. 控制冲突处理

出现控制冲突时，需要清除 IF、ID 段误取指令，可以将分支跳转信号 BranchTaken 直接连接 IF/ID、ID/EX 流水寄存器的同步清零控制端 CLR，这样时钟到来后分支指令进入

MEM 段，而 IF 段取分支目标地址处的新指令，同时 IF/ID、ID/EX 流水寄存器中的数据和控制信号全部清零，变成了空操作，误取的两条指令被清除。流水寄存器清零控制信号逻辑表达式如下：

```
IF/ID.CLR=ID/EX.CLR=BranchTaken          # 出现分支跳转时要清空 IF/ID、ID/EX
```

分支指令的执行也可安排在 ID、MEM 段，甚至 WB 段完成。不同段执行预取深度不一样，在执行 EX 段进行分支处理的预取深度为 2，预取深度越大，对流水性能造成的影响也越大。实验时可以酌情考虑在哪个阶段完成分支处理，有条件分支指令由于涉及计算，建议放在 EX 段完成，这也有利于后续重定向机制的实现。

3. 实现数据相关检测逻辑

由于译码 ID 段需要取操作数，因此数据相关检测逻辑应设置在 ID 段。图 6.6 所示的五段流水结构中，因为数据只能在 WB 段写入，所以 ID 段指令与 EX、MEM、WB 段的指令都存在数据相关。ID 段与 WB 段的数据相关可以通过寄存器堆下跳沿写入的方式实现先写后读，这里只需考虑 ID 段与 EX、MEM 段指令的数据相关性检测。

RISC-V 指令包括 0～2 个源操作数，分别是 rs1、rs2 字段对应的寄存器，其中 0 号寄存器恒为零，不需考虑相关性。要想确认 ID 段指令使用的源寄存器是否在前两条指令中写入，只需要检查 EX、MEM 段的寄存器堆写入控制信号 RegWrite 是否为 1，且写寄存器编号 WriteReg#是否与读寄存器编号相同即可，因此数据相关检测逻辑如下：

```
DataHazzard =  rs1Used & (rs1≠0) & EX.RegWrite  & (rs1==EX.WriteReg#)
             + rs2Used & (rs2≠0) & EX.RegWrite  & (rs2==EX.WriteReg#)
             + rs1Used & (rs1≠0) & MEM.RegWrite & (rs1==MEM.WriteReg#)
             + rs2Used & (rs2≠0) & MEM.RegWrite & (rs2==MEM.WriteReg#)
# rs1、rs2 分别表示指令字中的 rs1、rs2 字段，分别对应指令字中的 19～15、20～16 位
# rs1Used、rs2Used 分别表示 ID 段指令需要读 rs1、rs2 字段对应的寄存器
# EX.RegWrite 表示 EX 段的寄存器堆写使能控制信号 RegWrite，锁存在 ID/EX 流水寄存器中
# MEM.WriteReg#表示 MEM 段的写寄存器编号 WriteReg#，锁存在 EX/MEM 流水寄存器中
```

4. 数据相关处理

有了数据相关检测逻辑就可以处理数据相关。首先，ID 段与 WB 段的数据相关可以通过寄存器先写后读的方式解决，具体方式是寄存器文件写入数据时采用下跳沿触发。而 ID 段与 EX、MEM 段的数据冲突则需要插入气泡，发生数据相关时 IF、ID 段指令暂停执行，EX 段插入气泡。IF、ID 段指令暂停执行只需保证程序计数器 PC 的值和 IF/ID 流水寄存器的值不变即可，可以控制对应流水寄存器使能端 EN，当使能端为 1 时，流水寄存器正常工作；当使能端为 0 时，忽略时钟输入，寄存器的值保持不变。EX 段插入气泡只需将 ID/EX 寄存器同步清零即可，进一步综合控制冲突处理逻辑可知，流水线阻塞暂停信号 Stall、流水线寄存器使能、清零控制信号的逻辑表达式如下：

```
Stall=DataHazzard                               # 数据相关时要阻塞暂停 IF、ID 段
PC.EN=～Stall                                   # 程序计数器 PC 使能端输入
IF/ID.EN=～Stall                                # IF/ID 使能端输入
IF/ID.CLR=BranchTaken                           # 出现分支跳转时要清空 IF/ID
ID/EX.CLR=Flush=BranchTaken+DataHazzard         # 出现分支或数据相关时要清空 ID/EX
```

5. 增加统计功能

为了方便最后的调试，需要增加无条件分支数、有条件分支成功分支次数、插入气泡数等参数的统计功能。

6.2.4 实验测试

完成气泡流水线数据通路后，即可进行程序测试。为了方便尽快定位错误，针对不同的功能实现实验资料包中提供了专门的测试程序，主要包括分支相关测试程序、数据相关测试程序和单周期 RISC-V 实验中的标准 benchmark 测试程序。

1. 分支相关测试

在 IF 段指令存储器中加载“分支相关测试.hex”文件，其源代码如下：

```
# file: 分支相关测试.asm
# 测试流水线的分支指令 j、jal、jr、beq、bne，无数据冲突程序
# LED 数码管会倒计数直至零，然后停机
.text
    addi s1,zero,32
    addi a7,zero,34          # 设置 ecall 功能为显示十六进制
    j jmp_next1
    addi s1,zero, 4
    addi s2,zero, 5
    addi s3,zero, 6
jmp_next1:
    beq  zero,zero jmp_next2
    addi s1,zero, 7
    addi s2,zero, 8
    addi s3,zero, 9
jmp_next2:
    bne  zero,s1,jmp_next3
    addi s1,zero, 10
    addi s2,zero, 11
    addi s3,zero, 12
jmp_next3:
    jal jmp_func             # 子程序调用
    addi a7,zero,10          # 设置 ecall 功能为退出
    nop
    nop
    nop
    ecall                    # 程序暂停
 jmp_func:                   # 子程序入口
    addi s1,s1,-1
    nop
    nop
    nop
    add a0,zero,s1
    nop
    nop
    nop
    ecall                    # 显示输出
    bne s1,zero,jmp_func
    ret                      # 子程序返回
```

观察程序自动运行的结果是否与程序注释中的期望一致。如不一致，则可驱动时钟单

步运行，结合程序实际功能，观察图 6.4 所示时空图监测区的实际运行情况，监测分支指令清空流水线误取指令的功能是否正确实现，查找发现问题。

2．数据相关逻辑测试

在 IF 段指令存储器中加载“数据相关测试.hex”文件，其源代码如下：

```
# file: 数据相关测试.asm
# 用于数据相关性测试，程序无冲突相关，程序最终完成等差数列求和运算
# 计算 0+1+2+3+4+5+6+7，将运算中间结果存入内存 4、8、c、10、14、1c
# 程序一共包含 38 条指令
.text
addi s1,0,4
sw s1,0(s1)
lw s2,0(s1)
addi s2,s2,-4              # s2 Load-Use 相关
addi s0,0,0                # 数列初值
addi s1,s0,1               # 计算下一个数，等差值为 1；s0 与上条指令相关
add s0,s0,s1               # 求累加和；s0 与上上条指令相关，s1 与上条相关
add s2,s2,4                # 地址累加
sw s0,0(s2)                # 存累加和；s2 与上条指令相关

addi s1,s1,1
add s0,s0,s1               # 求累加和
add s2,s2,4                # 地址累加
sw s0,0(s2)                # 存累加和
…
addi v0,zero,10            # 设置 ecall 功能为退出
addi s0,zero, 0            # 消除相关性
addi s0,zero, 0            # ecall 隐含操作数 a7 也可能引起相关，需要注意
addi s0,zero, 0
ecall                      # 程序暂停
```

观察程序自动运行的结果是否与程序注释中的期望一致。如不一致，则可驱动时钟单步运行，结合程序实际功能，观察图 6.4 所示时空图监测区的实际运行情况，监测发生数据相关时流水线插入气泡的功能是否正确实现，查找发现的问题。

3．benchmark 综合测试

通过数据相关和数据相关测试后，即可在 IF 段指令存储器中加载标准测试程序“benchmark.hex”进行功能测试。用户可以通过观察显示区的显示功能及数据存储器中的数据排序情况进行功能正确性的简单判断，另外执行该程序所需的周期数也是重要的观测点。

尝试结合自己的实际设计方案，分析流水线执行总周期数与单周期执行程序周期数之间的关系，通常应符合如下公式：气泡流水线周期数=单周期执行周期数+（流水冲满时间-1）+J 指令×预取深度+条件分支成功次数×预取深度+气泡数。注意，由于数据相关检测逻辑实现的误差，可能少插或多插气泡，导致气泡数不一致，请准确核对自己的数据相关检测逻辑。

最精确的测试是通过头歌平台进行测试，平台将检测 benchmark 程序每一个时钟周期在流水线中的执行情况，如出现差异，会反馈对应的监控点数据，读者可以根据反馈错误信息快速定位问题、排除故障。

6.2.5 实验思考

做完本实验后请思考以下问题：

（1）插入气泡能否直接使用寄存器的异步清零信号？为什么？

（2）插入气泡的个数是否需要用电路进行控制？为什么？

（3）尝试分析分支指令在 IF 段执行的优点和缺点。

（4）采用气泡方式解决数据相关问题后，测试标准测试程序 benchmark 的时钟周期为什么反而比单周期 CPU 多了很多，难道流水线还不如单周期 CPU 吗？

6.3 重定向流水线 CPU 设计实验

6.3.1 实验目的

理解数据重定向的基本原理，理解 Load-Use 相关的处理机制，能够在气泡流水线 CPU 的基础上增加相应的逻辑功能部件，使得除了 Load-Use 相关的所有数据冲突都可以采用重定向的方式进行冲突处理，从而提升流水线性能，最终实现的 CPU 应能正确运行标准测试程序。

6.3.2 实验原理

气泡流水线通过延缓 ID 段取操作数动作的方式解决数据冲突问题，但大量气泡的插入会严重影响指令流水线性能，重定向流水线先不考虑 ID 段所取的寄存器操作数是否正确，而是等到指令实际使用这些操作数时再考虑正确性问题，重定向流水线如图 6.7 所示。

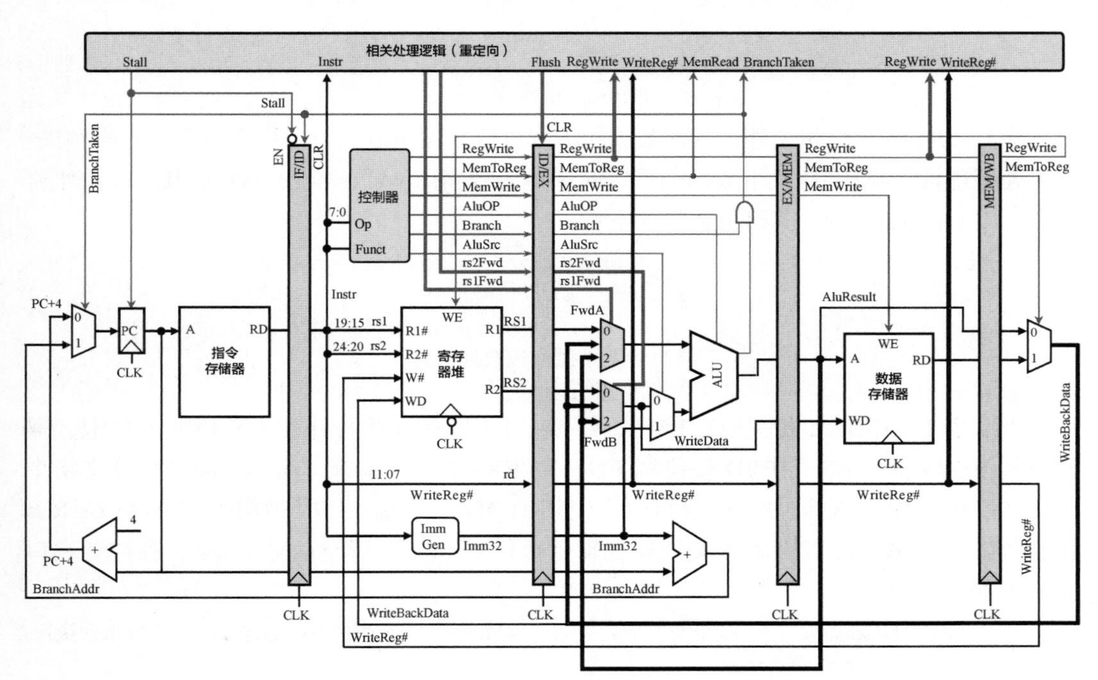

图 6.7 重定向流水线

如果 EX 段的指令和 MEM、WB 段均存在数据相关，ID/EX 中的操作数 RS、RT 就是错误数据，正确数据应来自 MEM、WB 段指令的目的操作数，而这些指令已经通过了 EX 段完成了运算，除 Load 类访存指令外，目的操作数都已实际存放在 EX/MEM、MEM/WB 流水寄存器中，可以直接将正确的操作数从其所在位置重定向（Forwarding）到 EX 段合适的位置。具体可以将 EX/MEM 流水寄存器中的 AluResult 或 WB 段的 WriteBackData 直接送到 EX 段的 RS1、RS2 处，通过多路选择器选择正确的值送 ALU 参与运算，重定向方式无须插入气泡，可以解决大部分的数据相关问题，避免插入气泡引起的流水线性能下降，极大地优化流水线的性能。

以 ID/EX.RS1 为例，此输出会送到 ALU 的第一个操作数端 SrcA，但可能不是最新的值，所以应在 ID/EX.RS1 的输出端增加一个多路选择器 FwdA，此多路选择器的默认输入来源为 ID/EX.RS1。另外，也可能来自 EX/MEM.AluResult 的重定向，也可能是来自 MEM/WB.WriteBackData。为了简化实现，直接将 WB 段多路选择器的输出 WriteBackData 重定向到 FwdA，多路选择器 FwdA 的选择控制信号为 rs1Fwd。

同样，ID/EX.RS2 输出端也可以再增加一个多路选择器 FwdB 进行同样的重定向处理，FwdB 选择控制信号为 rs2Fwd。数据重定向的详细通路如图 6.7 中加粗线缆所示。这里两个多路选择器的选择控制可以根据数据相关检测情况自动生成，既可以直接在 EX 段生成，也可以在 ID 段进行数据相关检测时自动生成，然后经过 ID/EX 流水寄存器传递而来。为了与气泡流水线数据相关检测机制一致，这里将采用第二种方法实现。

注意，如果相邻两条指令存在数据相关，且前一条指令是访存指令时（称为 Load-Use 相关），这种数据相关由于重定向会增加关键路径延迟，因此不能采用重定向方式进行处理，仍然必须通过插入气泡的方式解决其相关性。实验还需要增加 Load-Use 数据相关检测逻辑，其逻辑表达式如下：

```
LoadUse= rs1Used & (rs1≠0) & EX.MemRead & (rs1==EX.WriteReg#)
        + rs2Used & (rs2≠0) & EX.MemRead & (rs2==EX.WriteReg#)
# 注意单周期 CPU 实现中为了简化电路，只实现了 MemWrite 写信号，没有实现 MemRead 信号
# 但由于该信号和 MemToReg 信号是同步的，因此可以用 MemToReg 信号代替 MemRead 信号
```

除 Load-Use 数据相关外，其他数据相关都可以采用重定向方式以无阻塞的方式解决，相关处理逻辑需要在 ID 段生成两个重定向选择信号 rs1Fwd、rs2Fwd 传输给 ID/EX 流水寄存器。以 rs1Fwd 为例，其赋值逻辑如下：

```
if (rs1Used & (rs1≠0) & EX.RegWrite & (rs1==EX.WriteReg#))
   rs1Fwd=2                  # ID 段与 EX 段数据相关
else if (rs1Used & (rs1≠0) & MEM.RegWrite & (rs1==MEM.WriteReg#))
   rs1Fwd=1                  # ID 段与 MEM 段数据相关
else rs1Fwd =0               # 无数据相关
```

当发生 Load-Used 相关时，需要暂停 IF、ID 段指令执行并在 EX 段插入气泡，需要控制 PC 使能端 EN、IF/ID 使能端 EN、ID/EX 清零端 CLR，而 EX 段执行分支指令时会清空 ID 段、EX 段中的误取指令会使用 IF/ID 清零端 CLR、ID/EX 清零端 CLR。综合两部分逻辑，可以得到相关处理逻辑阻塞信号 Stall、清空信号 Flush，各控制端口的逻辑如下：

```
Stall=LoadUse                              # Load-Use 相关时要暂停 IF、ID 段指令执行
IF/ID.CLR=BranchTaken                      # 出现分支跳转时要清空 IF/ID
ID/EX.CLR=Flush=BranchTaken + LoadUse
```

```
                                    # 分支跳转或 Load-Use 相关时要清空 ID/EX
PC.EN=~Stall                        # 程序计数器 PC 使能端输入
```

采用插入重定向方式进行数据相关的处理后，流水线完整数据通路如图 6.7 所示。图 6.7 中相关处理逻辑输入除 EX、MEM 段的 RegWrite、WriteReg#信号外，还包括 ID 段的指令字 Instr、EX 段的分支跳转 BranchTaken 信号，输出为暂停信号 Stall、ID/EX.Flush、RsForward、RtForward，整体逻辑为组合逻辑电路。

6.3.3 实验内容

进一步改造气泡式流水线，增加重定向机制，增加 Load-Use 数据相关检测机制，使得流水线能在不插入气泡的情况下处理大部分数据相关问题，最终能正确运行单周期测试程序 benchmark.hex。

（1）增加重定向数据通路。将 EX/MEM 中锁存的运算器运算结果、MEM/WB 中锁存的运算结果、访存数据等重定向到 EX 段，在合适的位置增加多路选择器，增加选择控制信号。

（2）在相关处理逻辑增加重定向逻辑。首先改造数据相关检测逻辑，增加 Load-Use 数据相关检测逻辑，如出现 Load-Use 相关执行原有插入气泡的逻辑进行处理。如出现非 Load-Use 数据相关，则由重定向逻辑直接生成操作数来源选择信号，对进入运算器或存储器的操作数正确来源进行选择。这里重定向逻辑可以放置在 ID 段，也可以放置在 EX 段，二者各有利弊，读者可自行权衡。

（3）流水测试与分析。首先加载数据相关测试程序进行简单数据相关功能验证测试，测试验证无误后再加载标准测试程序进行功能调试，注意统计时钟周期数、Load-Use 冲突数等运行参数。尝试结合实际方案，分析流水线执行总周期数与单周期执行程序周期数之间的关系，通常应符合如下公式：重定向周期数=指令条数+（流水冲满时间-1）+分支冲突次数×预取深度+Load-Use 数。由于程序中 Load-Use 部分是固定的，因此重定向周期数的答案应该是标准的，如果出现偏差，请分析原因。

最精确的测试是通过头歌平台进行测试，平台将检测 benchmark 程序每一个时钟周期在流水线中的执行情况，如出现差异，会反馈对应的监控点数据，读者可以根据反馈错误信息快速定位问题、排除故障。

6.3.4 实验思考

重定向逻辑放在流水线哪个阶段更好？为什么？

6.4 动态分支预测机制设计实验

6.4.1 实验目的

研究动态分支预测相关原理，掌握相联存储器设计机理，并最终应用相关机制为已经实现的重定向流水线添加动态分支预测机制，最终方案应比原有方案性能有较大提升。

6.4.2 实验原理

采用重定向机制后，只有少数 Load-Use 相关才需要插入气泡，流水线性能得到极大的提升。此时，流水线中的控制冲突对性能影响最大，如何减少分支指令引起的分支延迟损失成为关键。为减少分支延迟损失，应尽可能提前执行分支指令，比如将分支指令放在 ID 段完成。另外，还可以通过分支预测的方式来降低分支延迟损失，常见的动态分支预测技术依据分支指令的分支跳转历史，不断地动态调整预测策略，提升预测准确率，在 ID 段提前预取正确的指令来避免分支指令后续指令被清空，提升流水线性能。

最简单的动态分支预测策略是分支预测缓冲器（Branch Prediction Buffer，BPB），用于存放分支指令的分支跳转历史统计信息。每一条分支指令在 EX 段执行时，会将分支指令地址、分支目标地址、是否发生跳转等信息送 BPB 表，BPB 以分支指令地址为关键字，在 BPB 表内进行全相联并发比较。如果数据缺失，表示当前分支指令不在 BPB 表中，需要将该分支指令的相关信息载入，并设置合适的分支预测历史位初值，以方便后续预测，注意载入过程中可能涉及淘汰。如果数据命中，表明当前分支指令历史分支信息已存放在 BPB 表中，此时需要根据本次分支是否发生跳转的信息调整对应表项中的分支预测历史位，以提升预测准确率，并且处理与淘汰相关的置换标记信息即可。

BPB 表会放在 IF 段，利用 PC 的值作为关键字进行全相联比较，此过程应与指令存储器取指令操作并发，无须取出指令即可进行分支预测。BPB 表命中表示当前指令是分支指令，可以根据 BPB 表中当前指令的历史预测位决定下条指令的地址是 PC+4 还是 BPB 表中的分支目标地址，注意这个分支目标地址不能在 IF 段取指令后计算，而是由 BPB 表中的 BPB 表项提供的。如果 BPB 表缺失，表明当前指令可能不是分支指令或者是不经常使用的分支指令，则按照 PC+4 取下条指令。

支持动态分支预测的五段 RISC-V 流水线如图 6.8 所示。注意，新的流水线数据通路中 IF 段增加了一个预测跳转 PredictJump 信号（为 1 表示预测跳转），该信号需要通过流水线寄存器逐级传递到 EX 段，并最终与分支跳转信号 BranchTaken（为 1 表示发生分支跳转）进行比较，不相等时表示预测失败。由于 EX 段只有检测到分支预测错误才会清空流水线中的误取指令，因此这里将预测失败信号 PredictErr 接入相关处理逻辑中原 BranchTaken 引脚即可复用原电路，其他逻辑并没有任何变化。

相关处理逻辑各输出信号及各流水线寄存器使能信号和清空信号逻辑如下：

```
Stall=LoadUse                                  # 数据相关时要暂停 IF、ID 段指令执行
IF/ID.CLR=PredictErr                           # 预测失败时要清空 IF/ID
ID/EX.CLR=Flush=PredictErr + LoadUse           # 预测失败或 Load-Use 相关时要清空 ID/EX
PC.EN=~Stall                                   # 程序计数器 PC 使能端输入
IF/ID.EN=~Stall                                # IF/ID 寄存器使能端输入
```

采用动态分支预测后，分支指令在 IF 段进行预测，并根据预测情况取下条指令，同时将预测跳转信息 PredictJump 向后段传送。当分支指令进入 EX 段时，将预测跳转信息与实际跳转情况进行比较判断预测是否成功，BPB 表会根据预测是否成功更新表中对应指令的历史预测位。如果成功预测，流水线无须停顿，继续运行；如果预测失败，需要清空流水线中的误取指令，流水线停顿两个时钟周期。

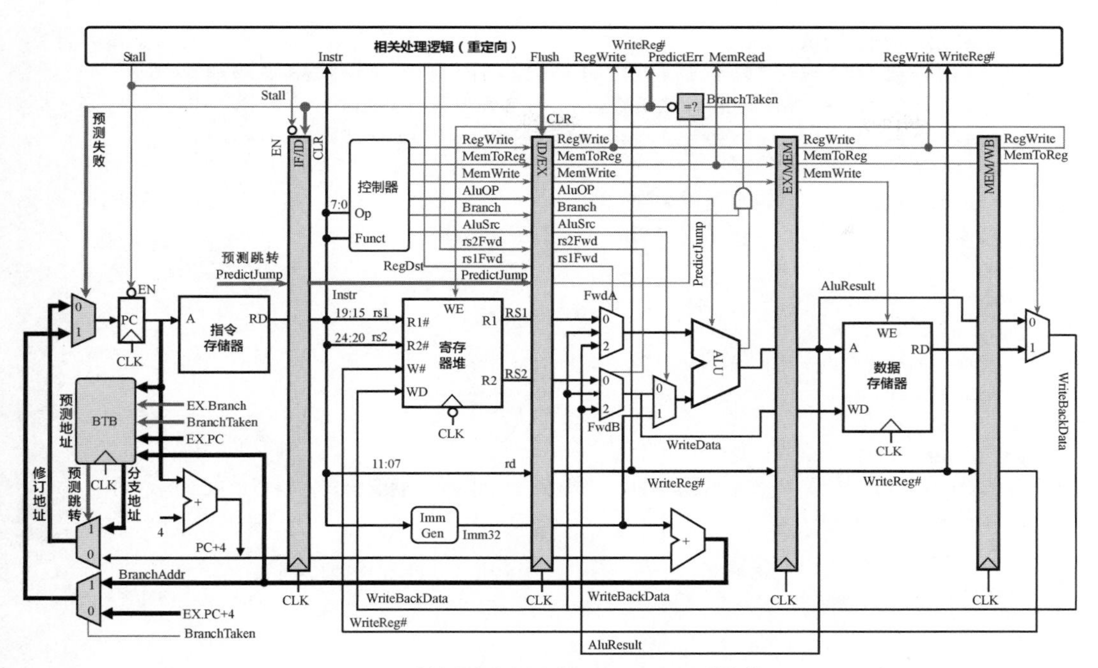

图 6.8 支持动态分支预测的 RISC-V 五段流水线

6.4.3 实验内容

为重定向流水线增加动态分支预测逻辑，取指令阶段可以以 PC 的值为关键字查询 BPB 表，根据历史统计信息直接预测下条指令的正确地址；通过提升预测准确率，尽量避免分支指令引起的流水线清空暂停现象，从而优化指令流水线性能。实验主要步骤如下：

（1）设计双位预测状态机组合逻辑电路。BPB 表中会使用该模块。输入为原预测状态位，实际跳转情况，输出为新的状态位，具体原理参考《计算机组成原理（微课版）》7.3.6 节。不同的状态机可能会对性能有影响，实验时可动态调整。

（2）设计 BPB 全相联并发查找机制。也就是增加多路并发比较机制，根据比较的结果获取分支地址及分支预测位。

（3）实现 BPB 表写入逻辑与 LRU 置换算法。该操作能够将一条新的分支指令信息加入 BPB 表，当有空位时能将表项内容添加到空位中，如果 BPB 表项已满则需要通过 LRU 替换算法进行淘汰，注意 BPB 的写入是在分支指令执行时实施的。

（4）增加分支预测功能。修改 IF 段的取指令逻辑，利用 BPB 预测取指令地址，预测跳转信息 PredictJump 应经流水寄存器向后传递，方便分支指令执行时进行判断；修改分支指令执行逻辑，根据预测是否成功决定是否需要清空预取指令。

（5）修改分支指令执行逻辑。预测成功，流水线无须暂停；预测失败仍需清空误取指令，IF 段取正确指令地址。另外，分支指令执行阶段还需要更新 BPB 表，如当前分支指令不在 BPB 表中，需要将当前指令相关信息载入 BPB 表，并设置合适的预测位初始值，载入过程可能涉及淘汰；如当前分支指令已在 BPB 表中，则根据跳转成功与否更新预测位及 LRU 置换信息。

（6）分支预测功能测试。先加载“分支预测测试.hex”程序，其源代码如下：

```
#file: 分支预测测试.asm
###############################################################
#用于 BPB 表载入过程测试、LRU 淘汰策略测试、BPB 表预测功能测试
###############################################################
.text
 addi s1,zero,5   # 设置循环次数
 j jmp_next1          # 载入 BPB，BPB 有 1 个表项
 addi s1,zero,1
 addi s2,zero,2
jmp_next1:
 j jmp_next2          # 载入 BPB，BPB 有 2 个表项
 addi s1,zero,1
 addi s2,zero,2
jmp_next2:
 j jmp_next3          # 载入 BPB，BPB 有 3 个表项。后续会多次执行，应预测成功
 addi s1,zero,1
 addi s2,zero,2
jmp_next3:
…
jmp_next7:
 j jmp_next8          # 载入 BPB，BPB 有 8 个表项。后续会多次执行，应预测成功
 addi s1,zero,1
 addi s2,zero,2
jmp_next8:
 addi s1,s1,-1
 bne s1,zero,jmp_next2    # 载入 BPB、BPB 已满，应淘汰 jjmp_next1，后续多次执行
 addi s0,zero,1
 addi s2,zero,255
 addi s1,zero,1
 addi s3,zero,3
 beq s0,s2,jmp_next9      # 载入 BPB、BPB 已满，淘汰 jjmp_next2
 beq s0,s0,jmp_next9      # 载入 BPB、BPB 已满，淘汰 jjmp_next3
 addi s1,zero, 1
 addi s2,zero, 2
jmp_next9:
 bne s1,s1,jmp_next10     # 载入 BPB、BPB 已满，淘汰 jjmp_next4
 bne s1,s2,jmp_next10     # 载入 BPB、BPB 已满，淘汰 jjmp_next5
 addi s1,zero,1           # 不会执行
 addi s2,zero,2           # 不会执行
jmp_next10:
 jal func                 # 载入 BPB、BPB 已满，淘汰 jjmp_next6
addi a7,zero,10
 ecall                    # 程序暂停
func:                     # 子函数
addi s0,zero,0
 addi s0,s0,1
 add  a0,zero,s0
 addi a7,zero,34          #输出整数
 ecall
 ret                      # 载入 BPB、BPB 已满，淘汰 jjmp_next7
```

时钟单步运行分支预测测试程序检查 BPB 表的载入过程是否与注释中说明的一致，检查淘汰策略是否正确，验证对应分支指令在执行时是否正确载入、初始预测位是否设置合理。

（7）系统综合测试。加载 benchmark 程序进行功能测试，注意由于动态分支预测实现方法的差异，动态分支预测无法利用头歌平台进行测试。

6.4.4 实验思考

做完本实验后请思考以下问题：

（1）无条件分支指令能否进入 BPB 表？为什么？

（2）双位预测状态机初始值如何设置才能使得实验中的 benchmark 程序性能更优？

第7章 输入/输出系统实验

7.1 程序查询控制方式编程实验

7.1.1 实验目的

掌握程序查询控制方式基本原理，能编写采用以轮询的方式与外部设备进行数据交互的 RISC-V 汇编程序，理解程序查询控制方式中 CPU 占用率的问题。

7.1.2 实验原理

RISC-V 仿真器 RARS 提供了键盘和显示内存映射 I/O 仿真插件（Keyboard and Display MMIO Simulator），该插件提供键盘和字符显示两个仿真设备，具体如图 7.1 所示。

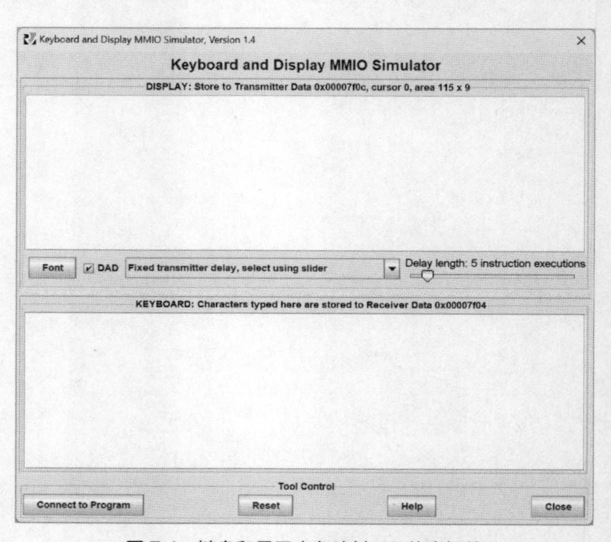

图 7.1 键盘和显示内存映射 I/O 仿真插件

单击“Connect to Program”按钮，RISC-V 程序可以采用内存映射的方式访问该插件。仿真键盘和字符显示设备内部 I/O 端口的默认内存映射情况如表 7.1 所示。注意，不同内存地址模式下内存映射地址有变化，具体可查看 RARS 对应插件的帮助。

表 7.1　　虚拟设备内存映射地址

设备	寄存器（8 位）	内存映射地址	备注
键盘设备	数据缓冲寄存器（DBR）	0xffff0004	—
键盘设备	设备状态寄存器（DSR）	0xffff0000	最低位为 Ready（就绪）位；次低位为中断使能位
字符显示设备	数据缓冲寄存器（DBR）	0xffff000c	—
字符显示设备	设备状态寄存器（DSR）	0xffff0008	最低位为 Ready 位；次低位为中断使能位

7.1.3　实验内容

编写 RISC-V 汇编程序，利用程序查询方式接收 RARS 仿真器中键盘和显示内存映射 I/O 仿真插件中的键盘按键动作，并自动将按键对应的 ASCII 编码回显输出到字符显示设备，实验效果如图 7.2 所示。

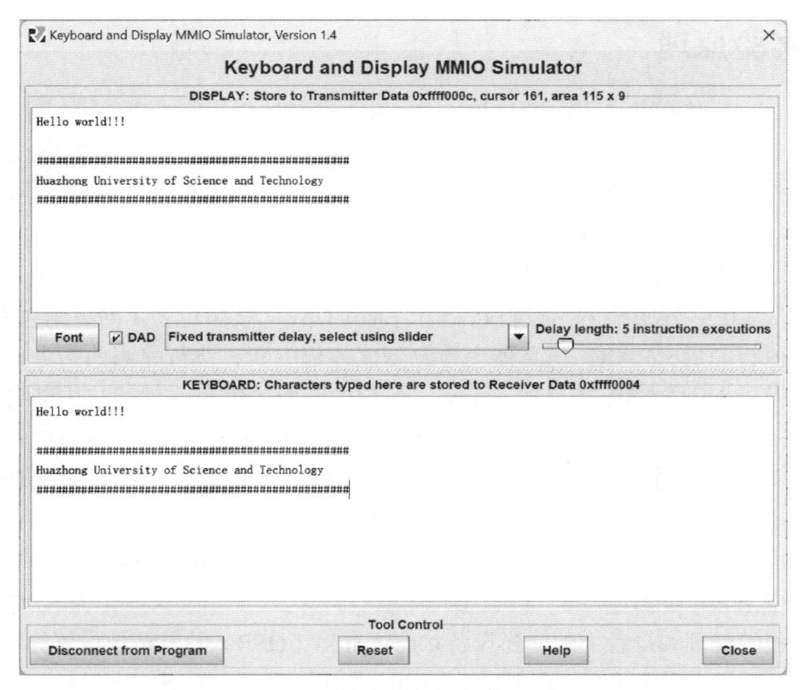

图 7.2　轮询键盘并回显按键动作

注意，键盘插件有按键动作时，按键对应的字符会直接回显在插件窗口下方的键盘文本区，同时对应按键的键值会存放在数据缓冲寄存器（DBR），并将设备状态寄存器（DSR）的 Ready 位置 1，表示按键就绪。当 RISC-V 程序使用 lw 指令读取数据缓冲寄存器（DBR）中的按键数据时，设备状态寄存器（DSR）的 Ready 位自动清 0。

当字符显示设备状态寄存器（DSR）的 Ready 位为 1 时，RISC-V 程序才可以对字符显示设备进行写操作,此时 RISC-V 程序可以利用 sw 指令将待显示的 ASCII 字符写入数据缓冲寄存器，相应字符就会在插件字符显示区显示，该动作会触发显示设备状态寄存器（DSR）的 Ready 位清 0，并延迟一段时间以仿真慢速显示字符的处理过程，数据显示完后再将 DSR 的 Ready 位置 1，具体延迟时间可以通过显示区的滑动条进行配置。需要注意的是，只有在仿真插件中单击“Connect to Program”按钮（见图 7.1）或“Reset”按钮才能将字符显示设备状态寄存器（DSR）的 Ready 位置 1。

在程序查询控制方式中，RISC-V 程序只能不停地循环测试设备的就绪位，直到其就绪位为 1 才能进行后续操作。这种方式中 CPU 除了轮询设备状态外，无法完成其他有意义的功能，CPU 被完全占用。

7.2　中断服务程序编程实验

7.2.1　实验目的

掌握中断处理机制基本原理，能编写利用中断处理方式与外部设备进行数据交互的 RISC-V 汇编程序，理解中断处理机制中 CPU 占用率的问题。

7.2.2　实验原理

RISC-V 程序也可以采用中断机制与 RARS 仿真外设进行交互，该方法需要编写中断处理程序，RISC-V 主程序可以执行其他有意义的工作而不是反复轮询设备状态。当设备准备就绪时会发出中断信号，RARS 暂停当前 RISC-V 程序的执行，转而执行中断处理程序。

开启中断处理机制的方式是利用 RISC-V 程序将设备状态寄存器（DSR）中中断使能位置 1（默认为 0），开中断后当设备状态寄存器（DSR）就绪位为 1 时，则触发外部中断。在一条指令执行完后，RARS 仿真器会检测到该外部中断，执行完当前指令后，转入中断响应，首先设置 66 号 CSR 寄存器 ucause，标识中断源为键盘，然后将中断异常返回地址存入 uepc 寄存器，方便中断返回，同时检查 5 号 CSR 寄存器 utvec 对应的内存地址处是否存在中断/异常处理程序（需要通过程序实现设置 utvec 寄存器为中断/异常处理程序入口地址）。如果存在，则将程序计数器 PC 设置为该地址，否则程序执行将终止，并向“RUN I/O”选项卡发送消息。中断处理机制允许 RISC-V 主程序执行有用的任务，而不是在轮询设备状态的循环中空转。

显示过程的处理和键盘类似，当设备状态寄存器（DSR）的就绪位设置为 1 时，也会触发外部中断。这允许用户编写中断驱动的输出操作，使程序在慢速输出设备处理数据时还可以执行其他有用的任务，使 CPU 与输出设备处理过程并行，极大地提升 CPU 的利用率。

7.2.3　实验内容

改写 RISC-V 汇编程序 midi.asm，该程序可以实现循环播放 MIDI 音乐的功能，改写后的程序可以在播放音乐的同时还可以利用中断处理方式接收RARS仿真器中键盘和显示内存映射I/O仿真插件中的键盘按键动作，并自动将按键对应的ASCII编码输出到字符显示设备，此时主程序播放音乐过程正常进行，主程序执行的是有意义的工作，而不是无意义的设备状态轮询。实验步骤如下。

（1）设置中断使能位，RARS的中断使能控制包括3级，分别是ustatus寄存器中的全局中断使能，uie寄存器中的不同类型中断使能，具体设备状态寄存器中的中断使能位。打开实验包中的midi.asm程序，找到程序入口位置main标签。利用csr寄存器访问指令设置0号CSR寄存器ustatus为0xb，同时将4号CSR寄存器uie寄存器设置为0xbbb，利用访存指令设置键盘虚拟设备的设备状态寄存器（DSR）为2，这样当键盘设备状态寄存器（DSR）中的Ready位为1时，如果中断使能位为1，则触发外部中断。

（2）设置栈指针寄存器sp，中断处理程序中需要使用堆栈保存现场恢复，主程序中开始应该对栈指针寄存器sp进行初始化，查看RARS中default内存配置模式的虚拟地址空间示意图，思考：sp初值应该设置为多少？如果设置为零，会有什么后果？为什么？

（3）utvec寄存器初始化，利用csrrw指令将中断处理程序入口地址写入csr寄存器utvec中，方便中断处理时能正确执行中断处理程序。

（4）编写中断处理程序，应包括保护现场、中断服务、恢复现场、开中断、中断返回5个部分，由于RARS只支持简单的中断机制，开中断部分可以忽略，中断服务部分要求将键盘键值直接回显在该插件的字符显示设备中。在midi.asm的尾部找到中断处理程序入口位置interrupt_service标签，根据注释撰写中断处理程序。需要注意的是midi.asm程序几乎使用了所有的寄存器，保护现场的时候需要考虑哪些寄存器需要压栈，另外中断返回时应该使用用户级中断返回指令uret。

（5）程序功能测试。在RARS仿真器中汇编并运行midi.asm程序（内存模式为default模式），检查主程序是否正常播放midi音乐、打开键盘和显示内存映射I/O仿真插件，单击“Connect to Program”按钮，如果功能正常，在键盘仿真区域输入英文字母，系统应能正常响应按键中断并在显示区域进行回显，主程序音乐仍然可以持续播放音乐。

7.3 三级时序中断机制设计实验

7.3.1 实验目的

理解三级时序系统中断处理机制的实现原理，能为单总线结构的RISC-V CPU增加中断处理机制，可实现多个外部按键中断事件的随机处理。

7.3.2 实验内容

本实验需要在变长指令周期的三级时序处理器基础上完成，根据需要增加数据通路，升级控制器，编写中断服务程序，以实现简单的单级中断处理机制。实验电路文件为RiscVOnBusCpu-3.circ，最终要求能运行sort-5-int-riscv.hex程序。带中断的三级时序RISC-V数据通路框架如图7.3所示。

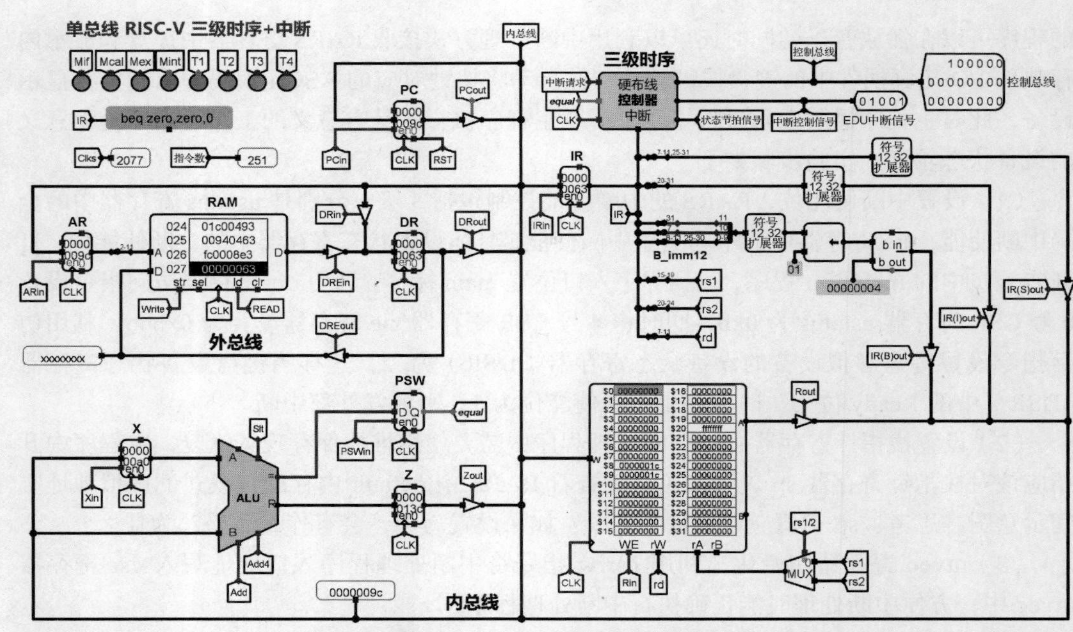

图 7.3　支持中断的单总线 RISC-V 数据通路（三级时序）框架

支持中断的单总线 RISC-V 数据通路框架与图 5.1 相比，控制器电路增加了中断请求信号输入，增加了 5 位中断控制信号输出总线，状态节拍信号也增加了一个中断响应状态周期电位 Mint。

1. 升级数据通路

在单总线数据通路中增加与中断相关的硬件模块，这些模块主要包括异常程序地址计数器 EPC、中断使能寄存器 IE、中断控制器等，如图 7.4 所示。将这些模块与主电路中的内总线、控制器等模块进行有效连接，使单总线数据通路能支持 3 个中断源的单级中断。

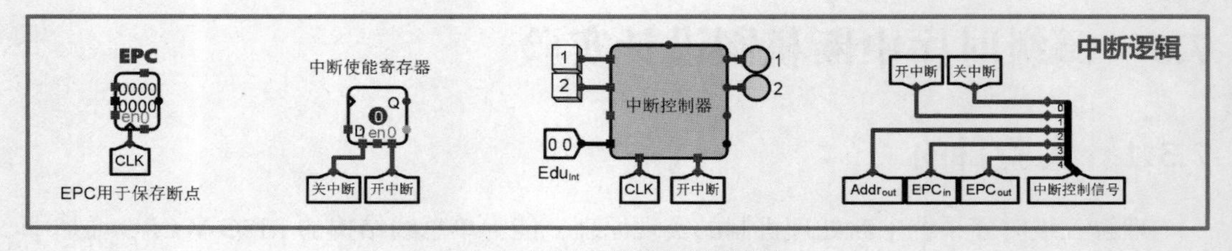

图 7.4　三级时序中断相关数据通路

2. 升级三级时序发生器

要实现中断机制，需要对图 5.8 中的三级时序状态机进行修改，具体如图 7.5 所示。当状态机运行到 M_{ex} 机器周期的最后一个节拍 T_3，也就是 S_8 时，进入公操作，操作控制器判断是否存在中断请求。如不存在中断请求，时钟到来时直接进入 S_0 状态开始取指令周期；如果存在中断请求，则进入 S_9 状态，也就是中断响应周期 M_{int} 的第一个时钟节拍，开始关中断和保存断点的工作。S_9 状态结束后进入 S_{10} 状态，进行中断识别的操作，将中断服务程序入口地址送 PC，时钟到来后进入 S_0 状态开始取指令执行中断服务程序。

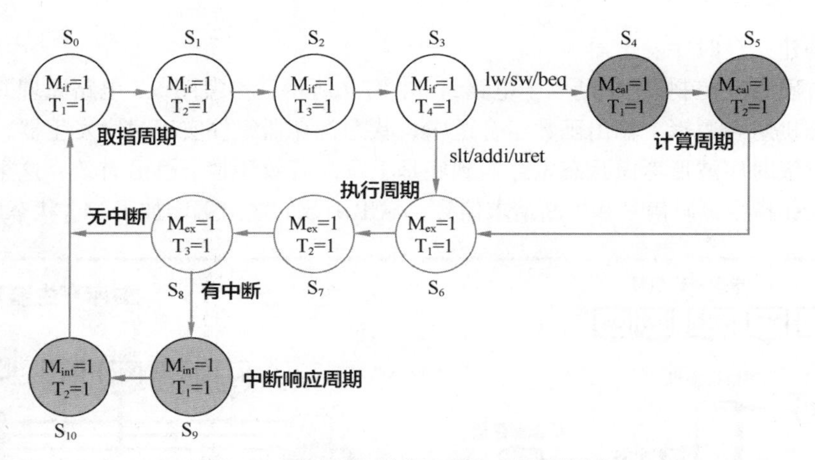

图 7.5 支持中断的变长指令周期三级时序状态机

有了时序发生器的有限状态机，可以给每一个状态分配一个状态字。图 7.5 中 11 个状态需要一个 4 位的状态寄存器表示所有状态，将图中 S 的编号用对应的 4 位二进制编码表示，填写时序发生器状态转换表。为了方便实验，我们设计了一个能自动生成 FSM 状态机组合逻辑、输出函数逻辑表达式的 Excel 表，详见实验包中的“单总线 RISC-V 三级时序发生器逻辑自动生成.xlsx”文件，如图 7.6 所示。

当前状态（现态）					输入信号							下一状态（次态）				
S_3	S_2	S_1	S_0	现态（十进制）	LW	SW	BEQ	SLT	ADDI	URET	IntR	次态（十进制）	N_3	N_2	N_1	N_0
0	0	0	0	0								1	0	0	0	1
0	0	0	1	1												
0	0	1	0	2												
0	0	1	1	3												
0	1	0	0	4												

状态转换表 | 触发器输入函数自动生成 | 输出函数真值表 | 输出函数自动生成

图 7.6 支持中断的时序发生器状态转换 Excel 表

（1）填写状态转换表

根据实验状态机填写状态转换表，注意只需填写现态和次态十进制值及输入信号即可，状态的二进制值会自动生成。完成表格填写后，在“触发器输入函数自动生成表”中就可以得到 FSM 状态机组合逻辑所有输出的逻辑表达式。

同理，也可以在该 Excel 文件中的“输出函数真值表”中填写各状态周期电位输出 M_{if}、M_{cal}、M_{ex}、M_{int}，节拍电位输出 T_1、T_2、T_3、T_4 与现态十进制的对应关系，在“输出函数自动生成表”中会自动生成对应输出的逻辑表达式。

（2）自动生成状态机与输出函数电路

填写完成 Excel 表格后，根据实验要求打开 RiscVOnBusCpu-3.circ 电路中对应的“时序发生器状态机+中断”子电路，打开 Logisim 工程菜单组合逻辑电路分析功能，在“表达式”选项卡中选择不同的输出，依次将 Excel 自动生成的逻辑表达式复制到编辑框中，并单击“输入”按钮，完成所有表达式的输入后单击“生成电路”按钮，替换原有电路即可生成 FSM 状态机组合逻辑电路。按相同的方法自动生成“时序发生器输出函数+中断”子电路。

（3）构建三级时序发生器

打开“硬布线控制器+中断”子电路，如图 7.7 所示，参考图 5.5 电路原理并利用已经实现的状态机组合逻辑、输出函数组合逻辑、状态寄存器组件实现时序发生器，实现时应注意结合三级时序波形考虑状态寄存器到底是上跳沿有效还是下跳沿有效。这里状态机输入增加了 uret 指令译码信号和中断请求信号，输出函数的输出端增加了 M_{int} 状态周期电位。

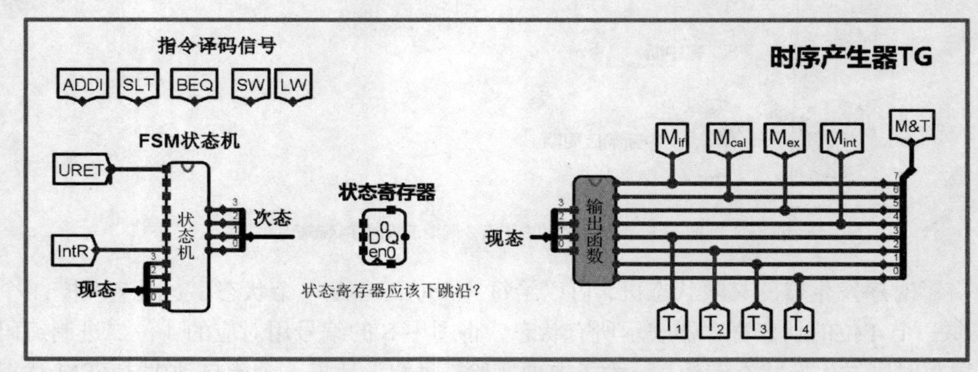

图 7.7　支持中断的时序发生器电路框架

3. 实现硬布线控制器组合逻辑

为了复用原有硬布线控制器组合逻辑，实验电路框架中单独设置了一个中断信号控制器，用于生成与中断相关的 5 个新增控制信号，其电路封装与引脚功能描述如表 7.2 所示。需要注明的是，PC_{out} 和 PC_{in} 信号与原有硬布线控制器组合逻辑生成的信号有重复，对应信号应与硬布线控制器组合逻辑输出的信号进行逻辑或，然后送各功能部件控点。

表 7.2　　中断信号控制器的电路封装与引脚功能描述

引脚	类型	位宽	功能说明
URET	输入	1	为 1 表示 uret 指令
M_{ex}	输入	1	为 1 表示 M_{ex} 状态周期
M_{int}	输入	1	为 1 表示 M_{int} 状态周期
T_1、T_2	输入	1	节拍电位信号
PC_{out}	输出	1	PC 数据送内总线
PC_{in}	输出	1	PC 写使能控制信号
EPC_{out}	输出	1	EPC 数据送内总线
EPC_{in}	输出	1	EPC 写使能控制信号
$Addr_{out}$	输出	1	中断程序入口地址送内总线
开中断	输出	1	开中断控制信号
关中断	输出	1	关中断控制信号

中断信号控制器逻辑相对比较简单，读者可以直接写出各控制信号的逻辑表达式生成对应电路。完成中断信号控制器设置后，复用原有硬布线控制器组合逻辑即可实现硬布线控制器全部逻辑。

4. 系统联调

以上所有模块的设计均可以在头歌平台上进行模块测试，用户可根据平台反馈问题进行快速、精准的调试；完成所有模块的测试后，即可进行系统联调。在单总线 CPU（三级时序）子电路中的 RAM 存储器中加载 sort-5-int-riscv.hex 程序，利用时钟自动运行来测试程序运行情况。在程序运行过程中按下中断按键观察 CPU 的响应情况，正常逻辑如按下按键 1，程序将在 090 开始的 8 个字单元全部加 1；如按下按键 2，程序将在 0a0 开始的 8 个字单元全部减 1，如图 7.8 所示。

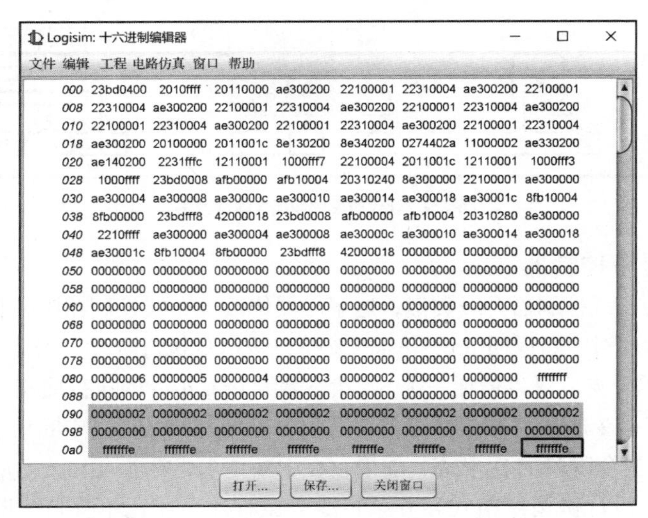

图 7.8 中断程序运行结果

7.3.3 实验思考

做完本实验后请思考以下问题：

（1）uret 指令在本实验中需要实现哪些功能？

（2）3 个中断服务程序入口地址如何获取？

（3）如果需要支持多重中断，需要增加哪些软/硬件逻辑？

7.4 现代时序中断机制设计实验

7.4.1 实验目的

理解现代时序系统中断处理机制的实现原理，能为单总线结构的现代时序处理器增加中断处理机制，可实现多个外部按键中断事件的随机处理。

7.4.2 实验内容

本实验需要在现代时序单总线 CPU 基础上完成，请参考《计算机组成原理（微课版）》6.7.3 节的原理，根据需要增加数据通路，升级控制器，编写中断服务程序，以实现简单的单级中断处理机制。实验电路文件为 RiscVOnBusCpu-1.circ，最终要求能运行 sort-5-int-riscv.hex 程序。带中断的现代时序 RISC-V 数据通路中控制器电路同样增加了中断请求信号输入，增加了 5 位中断控制信号输出总线。

1. 升级数据通路

在单总线数据通路中增加与中断相关的硬件模块，这些模块主要包括异常程序地址计数器 EPC、中断使能寄存器 IE、中断控制器等，如图 7.9 所示。将这些模块与主电路中的内总线、控制器等模块进行有效连接，使单总线数据通路能支持 3 个中断源的单级中断。

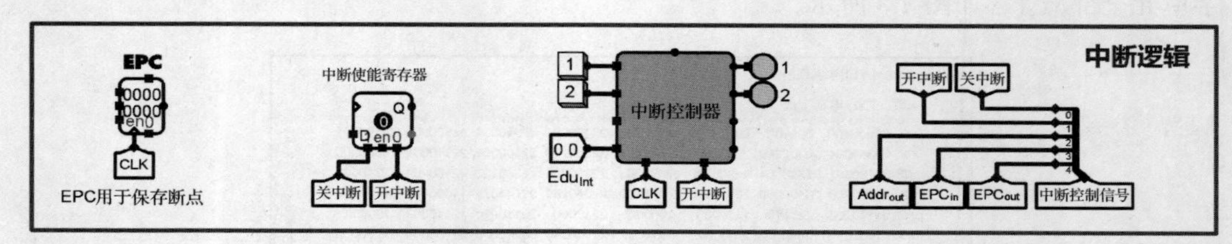

图 7.9　现代时序中断相关数据通路

2. 设计微程序控制器

与三级时序硬布线控制器升级类似，这里也要修改硬布线控制器中的状态机，如图 7.10 所示。首先需要增加对中断返回 uret 指令的支持，该指令执行阶段只需要一个时钟周期，所以在 S_3 的指令译码分支后可以增加一个 S_{25} 状态表示 uret 指令的执行周期，S_{25} 状态执行完后进入公操作。所有指令的最后一个状态都会进入公操作判断是否有中断请求，如不存在中断请求，直接进入取指令阶段的 S_0 状态。如果存在中断请求，要进入 S_{26}～S_{27} 的中断响应周期。

结合图 7.10，设计微指令格式和 6 条指令的微程序。相比不支持中断的微指令，这里微指令操作控制字段需要增加 5 个中断控制相关的信号，另外判别测试字段还需要增加一个 Pend 用于进行中断请求判断。

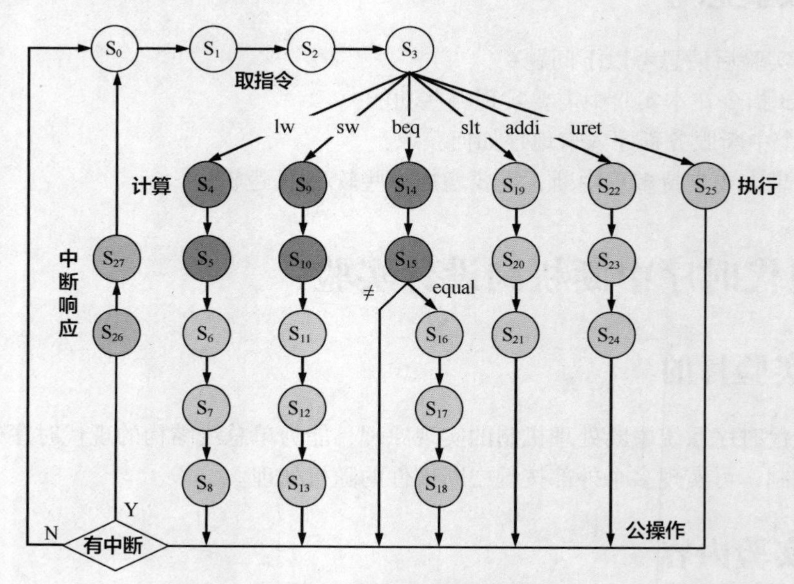

图 7.10　支持中断的现代时序状态机

（1）实现微程序入口查找逻辑

图 5.18 中取指令最后一个状态 S_3 要根据指令译码信号生成不同的微程序入口地址，

需要构建图 5.17 中的微程序入口查找组合逻辑电路。该电路的封装与引脚功能描述如表 7.3 所示。

表 7.3　　支持中断的微程序入口查找逻辑电路的封装与引脚功能描述

引脚	类型	位宽	功能说明
LW	输入	1	为 1 表示 lw 指令
SW	输入	1	为 1 表示 sw 指令
BEQ	输入	1	为 1 表示 beq 指令
SLT	输入	1	为 1 表示 slt 指令
ADDI	输入	1	为 1 表示 addi 指令
URET	输入	1	为 1 表示 uret 指令
S_4～S_0	输出	1	5 位微程序入口地址

为方便大家实现相应的逻辑，实验框架中提供了“单总线 RISC-V 微程序地址转移逻辑自动生成.xlsx”电子表格文件。用 Excel 打开后，在图 7.11 所示的“微程序入口地址表”中完整填写不同指令译码信号对应的微程序“入口地址十进制”栏，即可在“微程序入口查找逻辑自动生成表”中自动生成微程序入口地址 S_4～S_0 的逻辑表达式，利用逻辑表达式可自动生成微程序入口查找逻辑电路。

机器指令译码信号						微程序入口地址					
LW	SW	BEQ	SLT	ADDI	URET	入口地址（十进制）	S_4	S_3	S_2	S_1	S_0
1						4	0	0	1	0	0

微程序地址入口表　微程序入口查找逻辑自动生成　微程序自动生成

图 7.11　支持中断的微程序入口地址表

（2）实现条件判别测试组合逻辑

参考《计算机组成原理（微课版）》6.7.3 节的图 6.68 支持中断微程序控制器原理图，结合具体条件判别测试位的定义，设计条件判别测试组合逻辑，该电路的封装与引脚功能描述如表 7.4 所示。利用实验包中提供的万能真值表（Excel 表）生成逻辑表达式可以自动生成电路。

表 7.4　　支持中断的条件判别测试组合逻辑电路的封装与引脚功能描述

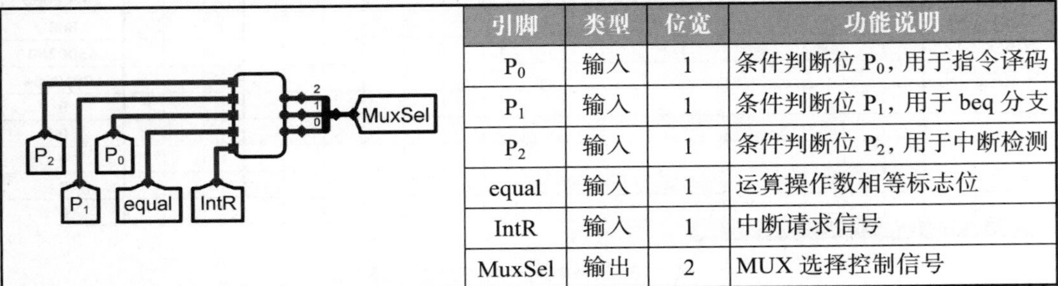

引脚	类型	位宽	功能说明
P_0	输入	1	条件判断位 P_0，用于指令译码
P_1	输入	1	条件判断位 P_1，用于 beq 分支
P_2	输入	1	条件判断位 P_2，用于中断检测
equal	输入	1	运算操作数相等标志位
IntR	输入	1	中断请求信号
MuxSel	输出	2	MUX 选择控制信号

（3）实现微程序控制器电路

打开微程序控制器子电路，其电路的封装与引脚功能描述如表 7.5 所示。

表 7.5　　　　支持中断的微程序控制器电路的封装与引脚功能描述

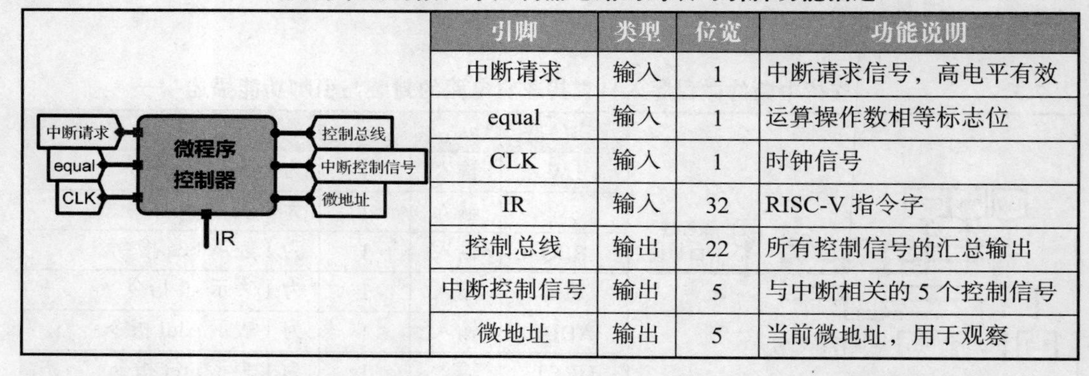

引脚	类型	位宽	功能说明
中断请求	输入	1	中断请求信号，高电平有效
equal	输入	1	运算操作数相等标志位
CLK	输入	1	时钟信号
IR	输入	32	RISC-V 指令字
控制总线	输出	22	所有控制信号的汇总输出
中断控制信号	输出	5	与中断相关的 5 个控制信号
微地址	输出	5	当前微地址，用于观察

参考《计算机组成原理（微课版）》6.7.3 节的图 6.68 支持中断微程序控制器原理图，利用前两步已实现的微程序入口查找逻辑、条件判别测试组合逻辑和其他已给出的 Logisim 电路组件实现微程序控制器电路（见图 7.12）。

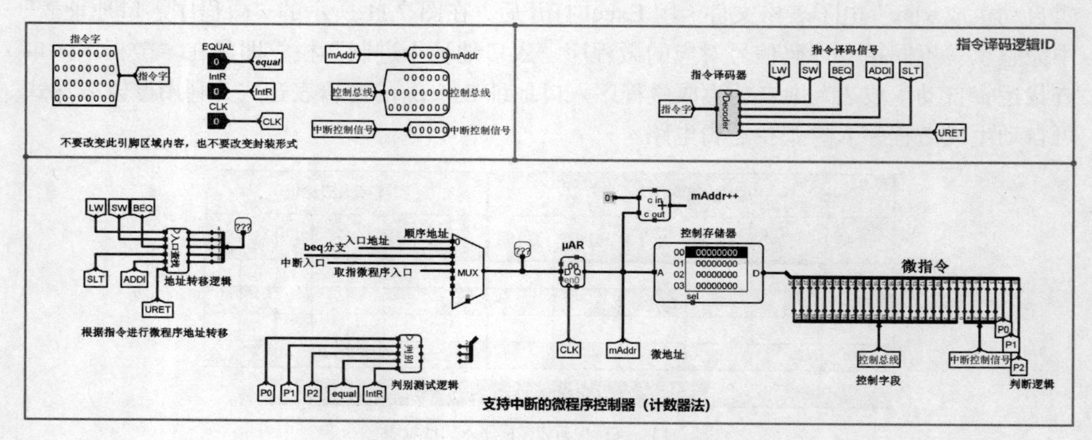

图 7.12　支持中断的微程序控制器电路框架

（4）设计微程序

根据前面已经设计好的微指令格式和 5 条指令对应的微程序，填写"单总线 RISC-V 支持中断微程序逻辑自动生成.xlsx"文件中的"微程序自动生成表"，如图 7.13 所示。

微指令功能	状态/微地址	PC_{out}	DR_{out}	Z_{out}	R_{out}	DRE_{in}	DR_{in}	X_{in}	…	Add4	Slt	READ	WRITE	EPC_{out}	EPC_{in}	$Addr_{out}$	STI	CLI	P_0	P_1	P_2	微指令十六进制
取指令	0	1						1														20240000
取指令	1									1												800
取指令	2			1		1						1										8500200
取指令	3		1																1			10010004
																						0
																						0
																						0
																						0
																						0

微程序入口地址表　微程序入口查找逻辑自动生成表　微程序自动生成表

图 7.13　支持中断的微程序自动生成表

请严格按状态字的顺序依次填写 S_0～S_{27} 状态对应的微指令，微指令字中只需填写为 1 的字段，下址字段应该填写十进制值。图 7.13 中已经给出取指令微程序的前 4 条微指令，请参考填写其他微指令。完成 27 条微指令的填写后，最右侧列会自动生成所有微指令的十六进制代码，直接复制所有微指令到控制存储器中即可。

（5）系统联调

以上所有模块的设计均可以在头歌平台上进行模块测试，用户可根据平台反馈问题进行快速、精准的调试；完成所有模块的测试后，即可进行系统联调。在“单总线 CPU+中断（微程序）”子电路中加载 sort-5-int-riscv.hex 程序，利用时钟自动运行来测试程序运行情况。在程序运行过程中按下中断按键观察 CPU 的响应情况，正常逻辑如按下按键 1，程序将在 090 开始的 8 个字单元全部加 1；如按下按键 2，程序将在 0a0 开始的 8 个字单元全部减 1。

3．设计硬布线控制器

（1）实现硬布线状态机

打开“硬布线状态机+中断”子电路，其电路的封装与引脚功能描述如表 7.6 所示。

表 7.6　　支持中断的硬布线状态机电路的封装与引脚功能描述

引脚	类型	位宽	功能说明
LW	输入	1	为 1 表示 lw 指令
SW	输入	1	为 1 表示 sw 指令
BEQ	输入	1	为 1 表示 beq 指令
SLT	输入	1	为 1 表示 slt 指令
ADDI	输入	1	为 1 表示 addi 指令
URET	输出	1	为 1 表示 uret 指令
IntR	输入	1	中断请求信号
equal	输入	1	运算操作数相等标志位
现态 S_4～S_0	输入	5	FSM 状态机现态
次态 N_4～N_0	输出	5	FSM 状态机次态

根据图 7.10 所示的状态机填写状态转换表，具体见“单总线 RISC-V 硬布线控制器状态机逻辑自动生成.xlsx”文件，如图 7.14 所示。图 7.14 中状态 0 的次态一定是 1，因此所有指令译码信号列都不填，而状态 3 会根据指令功能进入不同的状态，所以状态 3 需要填写多行，请参考图中已经填写部分完成状态转换表。“表达式自动生成表”将自动生成次态输出 N_4～N_0 的逻辑表达式，根据表达式可自动生成硬布线状态机电路。

当前状态（现态）						输入信号							下一状态（次态）					
S_4	S_3	S_2	S_1	S_0	现态（十进制）	LW	SW	BEQ	SLT	ADDI	URET	EQUAL	次态（十进制）	N_4	N_3	N_2	N_1	N_0
0	0	0	0	0	0								1	0	0	0	0	1
0	0	0	0	1	1								2	0	0	0	1	0
0	0	0	1	0	2								3	0	0	0	1	1
0	0	0	1	1	3	1							4	0	0	1	0	0
0	0	0	1	1	3		1						9	0	1	0	0	1

状态转换表　表达式自动生成

图 7.14　支持中断的状态转换表

（2）实现硬布线控制器电路

打开“硬布线控制器+中断”子电路，其电路封装及引脚功能描述与微程序控制器的类似。参考图 5.15 所示的硬布线控制器组合逻辑单元电路封装，利用已实现的硬布线状态机和其他已给出的 Logisim 电路组件实现硬布线控制器电路（见图 7.15）。注意由于输出函数组合逻辑与控制存储器输入/输出功能完全一样，所以这里无须单独设计输出函数组合逻辑，仍然复用原有微程序控制器中的控制存储器和微程序，取出微指令并利用分线器解析出控制字段的控制信号即可。

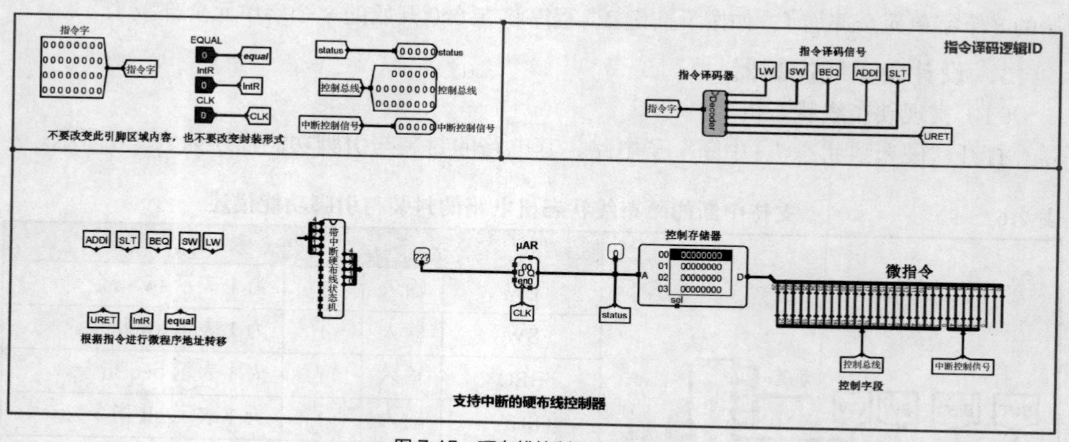

图 7.15　硬布线控制器电路框架

以上所有模块的设计均可以在头歌平台上进行模块测试，用户可根据平台反馈的问题进行快速、精准的调试；完成所有模块的测试后，即可进行系统联调。在“单总线 CPU+中断（硬布线）”子电路中加载 sort-5-int-riscv.hex 程序，利用时钟自动运行来测试程序运行情况。在程序运行过程中按下中断按键观察 CPU 的响应情况，正常逻辑如按下按键 1，程序将在 090 开始的 8 个字单元全部加 1；如按下按键 2，程序将在 0a0 开始的 8 个字单元全部减 1。

7.4.3　实验思考

做完本实验后请思考以下问题：

（1）uret 指令在本实验中需要实现哪些功能？

（2）3 个中断服务程序入口地址如何获取？

（3）如果需要支持多重中断，需要增加哪些软/硬件逻辑？

7.5　单周期 RISC-V 单级中断机制设计实验

7.5.1　实验目的

掌握单级中断处理机制，能在单周期 CPU 中设计单级中断处理机制、能处理多个外部中断事件，并能正确地暂停主程序的执行，转为执行按钮事件服务的中断服务程序，中断服务程序执行完后应返回主程序继续运行，不同的按钮会进入不同的中断服务程序。

7.5.2 实验内容

参考《计算机组成原理（微课版）》9.5 节的内容，为已实现的支持 21 条指令的单周期 RISC-V CPU 增加单级中断处理机制，要求支持 3 个外部按键中断源，如图 7.16 左下角所示。

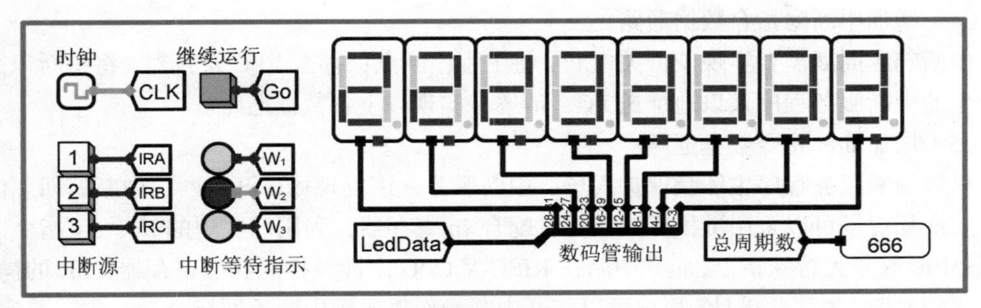

图 7.16 支持单级中断的单周期 RISC-V CPU 电路框架

该 CPU 支持 3 个 Logisim 按钮触发的中断源，分别对应编号为 1、2、3 的 3 个按钮；3 个 LED 指示灯 W_1、W_2、W_3 分别表示对应中断源的中断请求，中断处理完成时 LED 熄灭；中断优先级为 1 < 2 < 3，CPU 执行中断服务程序时不能被其他中断请求中断。

实验提供了一个标准的单级中断测试程序，主程序的功能是实现一个 0～F 的往复循环走马灯 LED。当用户按下某个按键后，对应按键的数字也会在 LED 上循环显示 3 次，表示主程序被中断并进入了对应的中断服务程序；LED 最右侧数字为循环计数值，方便观察中断服务程序执行进度。中断服务程序具体功能可仔细阅读实验包中的“riscv 单级中断测试程序.asm”文件。

实验步骤如下。

（1）增加中断按键信号采样电路

具体电路可参考图 7.17，这里的 IR 是中断请求寄存器，输出与中断屏蔽位进行逻辑与后送中断优先编码器；同步清零信号用于清除中断请求信号，注意中断请求信号必须等待中断服务程序执行到中断返回时才能清除；中断等待指示 LED 用于指示当前中断请求，中断服务程序返回时应熄灭。

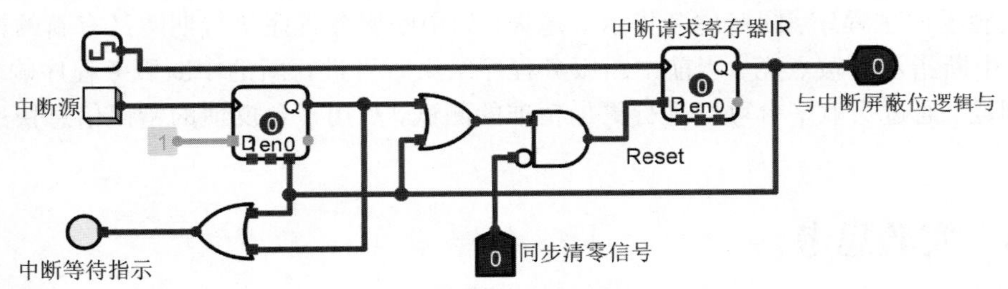

图 7.17 中断按键信号采样电路

（2）实现与中断相关的寄存器

如中断使能寄存器 IE、异常程序计数器 EPC。IE 用于开关中断，1 表示开中断，0 表示关中断，开关中断建议采用同步置位和复位方式。EPC 用于存放中断程序返回地址，在中断响应阶段硬件会自动将主程序 PC 值送 EPC 保存。

（3）设计中断识别逻辑

设计中断识别逻辑能实现实验要求的中断响应优先级，能正确识别1～3号中断源，并设计向量中断机制，可由中断号寻找中断程序入口地址。为简化实现，中断向量表可以直接用硬逻辑实现（中断入口地址固定）。中断识别部分设计可以采用优先编码器实现，由于不需要动态调整中断处理优先级，因此中断屏蔽寄存器部分电路可以省略。

（4）增加中断隐指令数据通路

中断响应周期需要实现硬件关中断、将主程序断点保存至EPC寄存器、将中断识别逻辑产生的中断服务程序入口地址送PC，请逐一实现以上各数据通路。

（5）增加uret指令数据通路

单级中断服务程序主体是保护现场、中断服务、恢复现场、开中断、中断返回。保护现场、恢复现场可以采用堆栈方式实现，配合sp寄存器，利用已实现的lw、sw指令即可实现；中断服务无特殊指令，而开中断在RISC-V CPU中涉及控制状态寄存器CSR的操作，相对比较复杂，为简化设计，用户可以将开中断操作集成到中断返回指令uret中一并实现，所以本实验只需增加uret的数据通路。这里uret指令的主要功能是将EPC寄存器送PC，开中断，发送中断结束信号，熄灭当前中断请求的指示灯。

（6）存储区间规划

考虑数据存储器存储区间如何划分、数据区和堆栈区如何分配。其中，堆栈区主要用于中断服务程序中的保护现场和恢复现场的堆栈操作，需要考虑堆栈指针sp如何进行初始化、堆栈放在哪个地址合适。另外，需要考虑指令存储器的区间规划，中断服务子程序存放在哪里比较合适，堆栈指针在哪里进行初始化。

（7）编写中断服务程序

实验资料包中已经提供了标准的单级中断测试程序，仔细阅读代码，了解主程序功能和堆栈初始化逻辑，掌握中断服务程序的功能，了解初始化堆栈，以及保护现场、恢复现场、中断返回的对应指令和代码。

（8）系统联调和功能测试

完成所有设计后，在指令存储器中加载“riscv单级中断测试程序.hex”，启动时钟自动运行，观察主程序走马灯运行状态，在主程序运行时按1、2、3号按键中的任何一个，对应中断指示灯应该点亮，CPU应正常进入中断演示程序执行，中断演示程序执行能正确返回主程序，同时中断指示灯熄灭。如中断服务程序执行期间又有新的按键被按下，中断指示灯被点亮，当前中断服务程序结束时可进行新的中断服务程序响应。如存在问题，通过头歌平台可以进行更加精准的测试，利用平台反馈的错误信息快速定位故障。

7.5.3 实验思考

做完本实验后请思考以下问题：

（1）不同的中断请求存储在哪里？何时消失？

不同的中断请求通常保存在中断请求寄存器IR中，其寄存器的每1位对应一个中断请求。对应中断请求应在中断服务程序结束时清除，这里应该由硬件完成这一清零动作，可以在uret指令中一并实现。

（2）硬件响应优先级用什么电路实现？为什么要有处理优先级？

硬件响应优先级一般采用优先编码器实现，同一时刻优先级最高的中断请求被 CPU 响应。只有没有更高优先级的中断请求时，电路才会把较低优先级的中断请求送给 CPU，优先编码器在 Logisim 中有现成的组件。

（3）中断使能寄存器 IE 的用途是什么？

中断使能寄存器就像一个开关，用来打开或关闭 CPU 的中断请求，外部设备的中断请求信号会与这个开关进行逻辑与操作。只有中断使能有效时，CPU 才能接收到中断请求；中断使能无效时，CPU 无法接收到任何中断请求，也就无法响应中断。

（4）开中断、关中断如何实现？

x86 指令集中的 sti（开中断）、cli（关中断）指令就是用于控制中断使能寄存器的；RISC-V 处理器中没有专门的开中断、关中断指令，实际实现时是利用控制状态寄存器 CSR 访问指令实现的，可以通过设置或清除 uie 和 ustatus 寄存器中中断使能位实现。在单级中断中可以不实现开关中断指令，在中断响应时硬件关中断，在中断返回时硬件开中断。

（5）CPU 如何判断当前有中断需要响应？

CPU 判断当前有中断响应的依据是连接 CPU 的中断请求信号 IR，当该信号为高电平时，CPU 必须进行中断响应。对具体外部设备而言，其中断请求要被 CPU 响应必须在该中断请求没有被屏蔽、无更高优先级的中断请求，且中断使能寄存器 IE 有效，CPU 才能收到最终的中断请求信号，当 CPU 正在执行的指令执行完毕进入公操作阶段时，CPU 才会响应该设备的中断请求。

（6）CPU 检测到中断请求需要进行什么操作？哪些是由硬件完成的，哪些是由软件完成的？中断响应周期需要多少个时钟周期？

对于单级中断系统，CPU 会进行如下一系列动作：①中断响应（包括关中断、保存断点、中断识别）；②保护现场；③中断服务；④恢复现场；⑤开中断；⑥中断返回。中断响应操作由硬件完成，也就是由中断隐指令完成的任务；其他任务由软件实现。中断响应周期在单周期实现中不占用时间，在多周期实现中与具体实现有关。

（7）单级中断中的断点保存在哪里？

通常，单级中断中的断点保存在一个专用的寄存器中，就本实验而言，是保存在 CSR 中的 EPC 寄存器中。

（8）中断服务程序入口地址如何查找？

本实验中只有 3 个中断源，可以采用独立式中断请求方式进行中断仲裁，利用优先编码器电路即可实现中断源的识别，再增加中断向量表逻辑实现中断号到中断入口地址的转换。真实的中断向量表涉及内存数据访问，逻辑较为复杂，为简化实验设计，这里可以将中断服务程序入口地址固化到电路中。

（9）中断处理程序中的现场有哪些？

中断响应时 CPU 要转去执行中断服务程序，执行完后再返回被暂停的程序，因此在改变 CPU 状态的任何操作之前，会被修改的状态都需要保存起来，中断返回时再恢复。CPU 的状态都是通过寄存器实现的，所以保护现场就是要备份所有即将修改的寄存器的值，这里主要有 EPC、中断屏蔽字及其他需要改写的通用寄存器。

（10）单级中断测试程序的 3 个中断服务程序入口地址如何查找？

中断服务程序与主程序一起编译，然后统一导出为存储器镜像文件，加载到指令存储器中，用户可以利用 RARS 对源程序进行汇编后，在 Settings 菜单中打开“Show labels Window”查看对应中断服务程序标签的具体地址。

（11）数据堆栈放在哪里？RISC-V 如何访问堆栈？

通常，数据堆栈放在数据存储器中。RISC-V 中并不存在类似 x86 中的 PUSH、POP 堆栈指令，RISC-V 通常利用内存访问指令配合堆栈指针寄存器 SP 控制实现访问堆栈。RISC-V 处理器的堆栈是向下生长的，每压栈保存一个值，SP 要减 4，出栈时则 SP 需要加 4，具体例子如下：

```
# 设置 SP 指针
li sp, STACK_BASE_ADDR    # 堆栈指针初始化
addi sp, sp, -4           # 入栈
sw ra, 0(sp)
lw ra, 0(sp)              # 出栈
addi sp, sp, 4
```

（12）按键中断是电平触发还是跳变触发？连续按键如何处理？实际系统中是如何处理的？

按键一般是边沿触发，但是处理边沿中断触发通常较为困难，因此常用锁存器将边沿触发转换为电平信号，然后用电平中断触发。连续按键最简单的处理是在第一次按键没有处理完之前，忽视后续的按键动作，也就是发生按键事件时锁存器被锁存，不再接收新的按键信息，只有当 CPU 将对应按键中断处理完后，再开放这个锁存器。实际系统中这个锁存器是一个缓存，它可以保存按键的队列信息，这样 CPU 就可以逐个地处理，直至保存的按键缓存队列全部被处理。实际系统运行时中断处理响应非常快，操作系统也规定中断服务程序不能太长，连续按键都可以得到及时响应。

（13）实验中的中断机制为什么要使用控制状态寄存器 CSR？在我们的实验中如何简化？

不使用 CSR 也可以满足实验要求，但使用 CSR 寄存器组实现中断机制的目的是方便程序的汇编。实验中我们采用 RARS 汇编器来汇编程序，因此符合 RISC-V 规范的实现更加方便。但 RISC-V 处理器中 CSR 寄存器的定义较为复杂，具体实现时可以根据需要尽量进行简化，只要能实现中断相关机制即可。

7.6 单周期 RISC-V 多重中断机制设计实验

7.6.1 实验目的

掌握多级嵌套中断处理机制，能在单周期 CPU 中设计多级嵌套中断处理机制，能处理多个外部中断事件；高优先级中断可以中断低优先级中断，高优先级中断服务程序执行完后应能返回被中断的中断服务程序，直至主程序。

7.6.2 实验内容

参考《计算机组成原理（微课版）》9.5 节的内容，在实现单级中断的基础上，为单周期 RISC-V CPU 增加多重中断处理机制，要求支持 3 个外部按键中断源，如图 7.16 左下角

所示。该 CPU 支持 3 个 Logisim 按钮触发的中断源，分别对应编号为 1、2、3 的 3 个按钮；3 个 LED 指示灯 W_1、W_2、W_3 分别表示对应中断源的中断请求，中断处理完成时 LED 熄灭；中断优先级为 $1 < 2 < 3$，高优先级中断应该正确中断低优先级中断服务子程序。

根据 EPC 寄存器是采用硬件堆栈还是内存堆栈保护，本实验提供了两个标准的多重中断测试程序，这两个程序的主程序功能都是实现一个 0～F 的往复循环走马灯 LED，按下某个按键后，对应按键的数字也会在 LED 上循环显示 3 次，表示主程序被中断并进入了对应的中断服务程序；LED 最右侧数字为循环计数值，方便观察中断服务程序执行进度。中断服务程序具体功能可仔细阅读实验包中的“多重中断测试（EPC 内存堆栈保护）.asm”“多重中断测试（EPC 硬件堆栈保护）.asm”文件，注意对比二者在中断服务程序保护现场、开关中断的代码差异。

实验的步骤如下。

（1）增加 csrrw、csrrsi、csrrci 指令数据通路

需要使用这 3 条 CSR 访问指令进行中断控制，实现开中断、关中断、upec 寄存器读写的功能。关于这些 CSR 寄存器的使用规范具体可以参考 RISC-V 指令手册。但真实实现较为复杂，为简化实验，可以根据实验的需求进行最简化，能实现中断机制即可。如采用硬件堆栈保护 EPC 寄存器，则只需要将 csrrsi、csrrci 两条指令分别对应开关中断指令即可；如采用内存堆栈保护 EPC 寄存器，则需要完全实现 csrrsi、csrrci、csrrw 三条指令对 CSR 寄存器的读写访问功能。

```
# 中断相关指令
csrrsi zero,0x4,1     #开中断，设置 0 号 CSR 寄存器 ustatus.MIE=1
csrrci zero,0x4,1     #关中断，设置 0 号 CSR 寄存器 ustatus.MIE=0
csrrsi s6,0x41,0      #s6=uepc，读 65 号 CSR 寄存器 uepc 寄存器
csrrw zero,0x41,s6    #mepc=s6，写 65 号 CSR 寄存器 uepc 寄存器
```

（2）修改中断服务程序

相对单级中断，多重中断中 EPC 寄存器也必须作为现场进行保护，如采用内存堆栈方式保护 EPC 寄存器，则必须通过 csrrsi 指令读取 EPC 寄存器的值到通用寄存器后压栈，恢复现场时从堆栈弹出EPC寄存器的值，然后利用 csrrw 指令写入 EPC 寄存器；另外，多重中断保护现场结束后应开中断，恢复现场之前也需要关中断。

（3）系统联调和功能测试

完成所有设计后，根据实际设计加载“多重中断测试程序（EPC 内存堆栈保护）.hex”或“多重中断测试程序（EPC 硬件堆栈保护）.hex”，启动时钟自动运行，观察主程序走马灯运行状态，在主程序运行时任意按 1、2、3 号按键中的任何一个，对应中断指示灯应该点亮，CPU 应正常进入中断演示程序执行，中断演示程序执行后能正确返回主程序，同时中断指示灯熄灭。如中断服务程序执行期间又有新的按键被按下，中断指示灯点亮，高优先级中断服务程序能打断低优先级中断服务程序，中断后应返回低优先中断服务程序直至主程序。如存在问题，通过头歌平台可以进行更精准的测试，利用平台反馈的错误信息快速定位故障。

7.6.3 实验思考

做完本实验后请思考以下问题。

（1）多级嵌套中断的断点如何处理？

单级中断中的断点保存在 EPC 寄存器中。因为进行多重中断嵌套时，EPC 的值会被后面的中断破坏，所以在中断服务程序中应将 EPC 作为现场保存起来。EPC 实际上也是一个被调用者保存的寄存器，类似 JAL 嵌套调用需要保护 ra 寄存器一样。

（2）高优先级中断服务程序执行过程中有新的按键事件发生，如何处理？

如新的按键中断比当前中断服务程序的优先级更高，就暂停当前正在执行的中断服务程序，转而执行更高优先级中断服务程序，否则需要等待当前中断服务程序执行完毕并返回后，才能够进行中断响应；注意 CPU 响应与否取决于能否收到中断请求信号，如果收不到就不响应。

（3）中断屏蔽寄存器有什么作用？本实验是否需要中断屏蔽寄存器？

中断屏蔽寄存器用于存放中断屏蔽字，中断屏蔽字用于动态调整中断处理优先级；中断屏蔽字是在中断处理过程中设置的，在真实计算机环境下，通常是由中断服务程序进行设置。由于本实验中并不需要动态调整中断处理优先级，因此可以不设置中断屏蔽寄存器。

7.7 流水中断机制设计实验

7.7.1 实验目的

理解单周期中断和流水中断的差异，能应用指令流水线、中断机制相关知识为五段流水 CPU 增加中断处理机制，最终能正常运行标准测试程序。

7.7.2 实验内容

参考《计算机组成原理（微课版）》9.5 节的内容，为五段流水 CPU 增加中断处理机制（单级中断、多重中断任选），要求支持 3 个外部按键中断源，如图 7.16 左下角所示。该 CPU 支持 3 个 Logisim 按钮触发的中断源，分别对应编号为 1、2、3 的 3 个按钮；3 个 LED 指示灯 W_1、W_2、W_3 分别表示对应中断源的中断请求，中断处理完成时 LED 熄灭；中断优先级为 $1 < 2 < 3$。

实验测试程序参考单级中断和多级中断实验，主程序的功能是实现一个 0～F 的往复循环走马灯 LED，按下某个按键后，对应按键的数字也会在 LED 上循环显示 3 次，表示主程序被中断并进入了对应的中断服务程序；LED 最右侧数字为循环计数值，方便观察中断服务程序执行进度。由于流水中断实现方案差异性较大，因此头歌平台并未提供标准测试，需要耐心地进行调测。

7.7.3 实验思考

单周期 CPU 中断处理和流水中断处理有何区别？

在单周期 CPU 中每条指令执行完后，如果有中断请求，就进行中断响应，被中断的指令是确切的。但指令流水线中同时有 5 条指令在不同阶段被执行，可能有多条指令都进入了结束阶段，比如无条件分支指令可能安排在 ID 段，有条件分支指令可能安排在 EX 段执行，中断时到底中断哪条指令的执行，同时执行的其他指令怎么办等都需要考虑。

理论上，任意一个流水段上都可以处理中断。为了实现方便，通常会选择一个段来处理中断，可供选择的段常常是 EX 或者是 WB。不管选择哪个流水段来处理，都要做下面的事情。以在 EX 段处理中断为例：①MEM、WB 段的两条指令要继续执行完；②IF、ID 段的两条指令要取消；③EX 段指令如果继续执行完，断点地址应该是该顺序指令地址或分支跳转地址；如果不允许继续执行，断点就是 EX 段指令的 PC（通常做法是不允许这条指令继续执行）；另外，如有指令在 EX 段之前完成，比如无条件分支指令在 ID 段完成，此时逻辑又有区别；④暂停流水线进行中断响应（根据具体的实现方法也可以不暂停）；⑤重新启动流水线，从中断入口地址处取指令，进入中断服务阶段。

第 8 章 实验平台与常见问题

8.1 Logisim 软件介绍

Logisim 是一款用于设计和仿真数字逻辑电路的教学仿真工具，其界面简单、电路仿真直观，通过简单的鼠标拖曳连线即可完成数字电路设计，其子电路封装功能方便用户构建更大规模的数字电路。例如，Logisim 可以在教学中用来设计和仿真完整的 CPU。Logisim 数字电路设计界面如图 8.1 所示。由于 Logisim 简单易学，功能强大，目前它已被广泛应用于数字逻辑、计算机组成原理、计算机体系结构等课程的实践教学中，加州伯克利大学 CS61C 课程、康奈尔大学 CS3410 课程也均使用了该平台进行实验。本书大多数实验均在 Logisim 平台下进行。

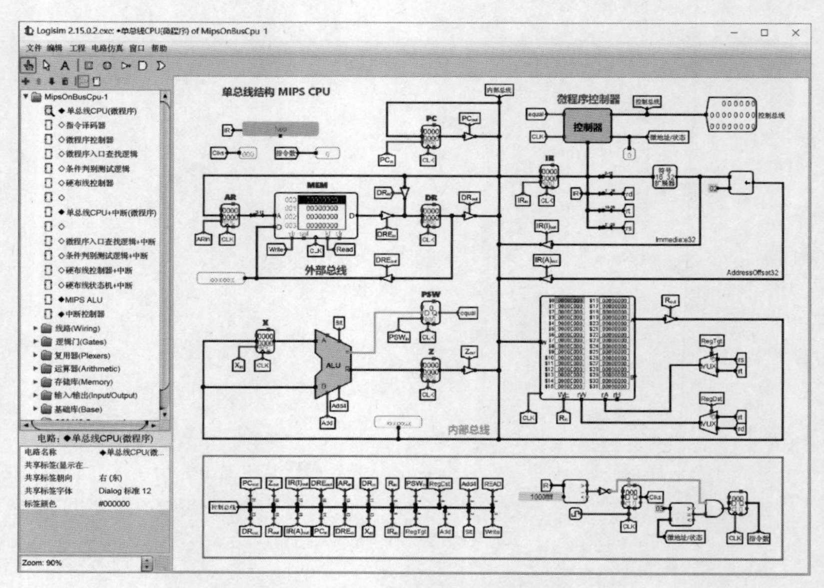

图 8.1 Logisim 数字电路设计界面

8.2 Logisim 常见问题

1. Logisim 版本及运行环境

本书推荐使用 Logisim 意大利版华科改良版，头歌平台后台测试也采用该版本。截至撰稿时，Logisim 最新版本为 20200118 版本，该版本主要特色如下：

（1）支持高分辨率屏幕，支持滚轮缩放功能，滚轮双击画布自动缩放，滚轮单击为手形戳工具。

（2）手形戳工具单击线缆呈紫色高亮显示，方便寻找标签，查看连接。

（3）修改了触发器布局和属性，增加了异步置位引脚。

（4）增加了彩色标签，鼠标双击标签自动修改标签文本。

（5）分析电路输出引脚数最多为 32，输入引脚数最多为 18。

（6）兼容 logisim 2.7.2，程序更加稳定。

（7）增加 TTL 组件，方便开展分离原件的数字逻辑实验，另外还新增可编程时钟发生器、数字示波器、开关、双列拨码开关、滑动条、RGB LED、7 段数码管驱动、PLA ROM 等组件。

该程序提供 EXE 和 JAR 两个版本，Windows 平台请使用 EXE 文件，macOS 或 Linux 平台请使用 JAR 文件。注意，macOS 平台下电路缩放采用 Ctrl/Alt+两指缩放，运行 Logisim 需要安装 Java 10.0 以上运行环境，否则无法正常运行。

2. Logisim 中常用组合/快捷键

Logisim 提供了一些比较常用且方便的组合/快捷键（见表 8.1），记住这些组合/快捷键会极大地提升绘制电路和调试电路的工作效率。注意，macOS 下需要将 Ctrl 键换成⌘键。

表 8.1　　Logisim 中常用组合/快捷键

序号	组合/快捷键	功能描述
1	Ctrl+S	存盘
2	Ctrl+C、Ctrl+V、Ctrl+X	复制、粘贴、剪切
3	Ctrl+Z	撤销刚才的修改
4	Ctrl+D	创建当前选中组件的副本
5	Ctrl+1	切换为手形戳工具模式
6	Ctrl+2	切换为绘图编辑模式
7	方向键	调整组件朝向
8	数字键	调整输入引脚、逻辑门引脚、多路选择器选择端数据位宽
9	Alt+数字键	调整组件数据位宽
10	Ctrl+R	电路复位，所有输入引脚清零、RAM 清空数据、寄存器清零
11	Ctrl+T	时序电路中时钟单步运行一次
12	Ctrl+K	时序电路中开启时钟自动运行
13	Ctrl+E	开启或关闭实时仿真
14	Ctrl+I	单步仿真一步

续表

序号	组合/快捷键	功能描述
15	滚轮	画布缩放，macOS 平台用 Ctrl/Alt+两指缩放
16	滚轮双击	画布自适应缩放
17	Shift+鼠标拖曳	编辑子电路外观时有效，如绘制 45° 直线、正方形和圆形等
18	Ctrl+鼠标拖曳	编辑子电路外观时有效，可以将连线与点阵对齐

3．如何设置中文界面

选择菜单中 File→Preference 选项，打开对话框，在 International 选项卡中选择“CN 语言”即可。如果没有中文语言包，可以选择本书推荐的 Logisim 版本。

4．Logisim 新手入门

关于 Logisim 的使用方法和功能说明，读者可以查阅本书配套资源。

5．如何复制 Logisim 电路

Logisim 没有利用操作系统的剪贴板，不同 Logisim 文件之间不能任意复制电路。以下几种方法可以实现复制功能。

方法 1：打开一个.circ 电路文件，单击 Logisim 文件菜单的 open 选项，打开另外一个电路，两个电路之间就可以互相复制。

方法 2：将另外一个电路以加载 Logisim 库的形式加载到本电路中，也可以进行电路复制。

方法 3：直接编辑.circ 文件，该文件是.xml 文件，所有子电路都是以<circuit name="test"></circuit>这样的标记出现的，找到对应的子电路，直接复制整段文本即可。这种方式还可以连电路封装一起复制，文本级复制也适合修复损坏的.circ 文件。

6．如何查找同名隧道标签

利用手形戳工具单击标签连接的线路，所有连通在一起的线路都会用彩色粗线标识出来，同名隧道标签都连接在粗线缆上。如图 8.2 所示，利用手形戳工具单击左侧第 2 根横线，右侧相同隧道标签 M_{cal} 连接的线缆也会以粗线显示。该功能在调试较为复杂电路时非常实用，在调试时应多加使用。

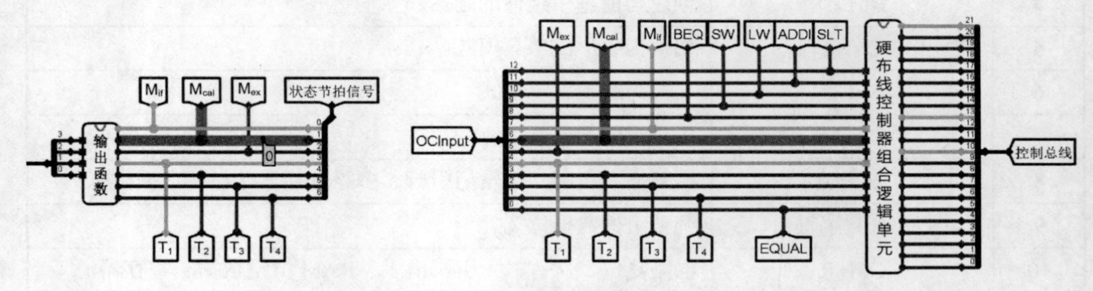

图 8.2　用手形戳工具单击线路时的显示效果

7．电路蓝线问题

电路出现蓝线一般是没有连接具体的值，而成为不确定值或悬浮态，但有时候 Logisim 会莫名其妙地呈现大面积蓝线，这主要是其内部仿真算法紊乱的原因，此时可以尝试用如下方法进行修复。

方法 1：尝试用 Ctrl+R 或⌘+R 组合键复位电路。

方法 2：在电路仿真菜单中关闭启用自动仿真，再重新启用自动仿真，一般可以解决。

方法 3：重新启动 Logisim。

8. 电路红线问题

电路出现红线主要有以下两种情况。

（1）输入悬空

逻辑部件的输入悬空，显示为蓝线，则输出为错误状态，此时红线是正常情况，将输入引脚连接上具体信号即可消除；另外，也可能是逻辑功能部件内部逻辑未实现导致蓝线，然后对蓝线进行处理造成的红线。

（2）短路故障

通常有两种可能，一种是在输出引脚的位置选用了输入引脚，二者外观太相似；另一种可能是因为不小心的连接错误造成的，而且往往在电路初始状态下并不会出现红线，动态运行中才会出现红线。造成这种动态红线的原因是因为初始状态下短路位置连接的多个数据来源的值是相同的，所以没有信号冲突，而动态运行时可能出现短接的两个部件的数据是不同的，就造成了信号冲突，显示红色。如果连接探针，会显示 E 字样。在头歌平台上测试如果出现 E 信号，则一定是短路，找到短路位置就可以解决这个问题。

9. 快速定位短路位置

要定位短路位置，需要复现短路故障。如果是在头歌平台测试出现 E 值，只需要将错误测试用例的输入利用手形戳工具加载在待测电路输入引脚上即可复现短路故障。

首先需要排除输出引脚误用成输入引脚的问题，在老版 Logisim 中输入、输出引脚形状区分度不大，新手容易误用，如排除该问题后可以尝试以下 3 种方法定位短路位置。

（1）顺藤摸瓜法

红色线缆沿线都可能是短路位置，出现短路一定是存在不该有的连接，短路位置会形成圆形连接点，这种圆形连接点会比功能部件的输入、输出引脚的小方格和小圆点略大，沿着红色线缆仔细检查是否存在不恰当的连接，尤其关注功能组件边框周围的输入、输出引脚是否存在形状异常的引脚。

图 8.3（a）中译码器第 3、第 4 输出引脚的圆点形状明显大于第 1、第 2 引脚，两点之间存在暗线连接，重新绘制两点之间的连线即可消除短路故障。图 8.3（b）所示与门电路的中间 3 个输入引脚变成了圆形，与正常的方形输入引脚明显不同，3 个引脚之间也存在隐藏的暗线。

（2）揭盖找虫法

为了让图 8.3（b）中的短路看得更清楚，可以直接删除与门电路，就会发现图 8.3（c）方框中的短路连接。

（3）透视法

如果以上方法还不能准确判断短路位置，可以用鼠标框选电路的方式对电路模块下面的暗线进行反选透视，往往可以很清晰地观察器件下面的暗线。观察图 8.3（d）中的反选图可以发现 3 个圆点之间的连线比正常的边框要粗，这种方法简单易行，推荐使用。

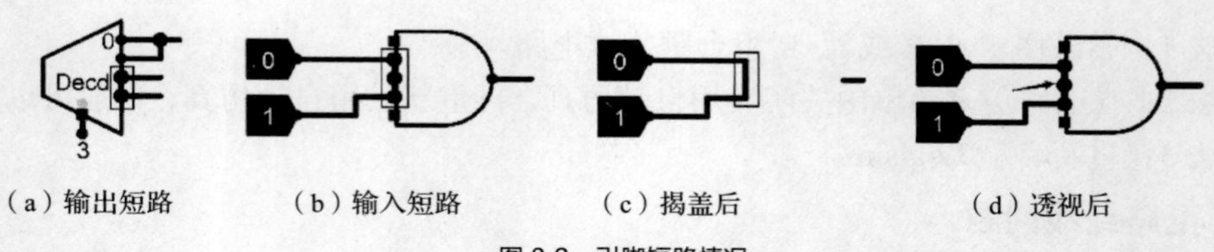

（a）输出短路　（b）输入短路　（c）揭盖后　（d）透视后

图 8.3　引脚短路情况

图 8.4（a）中 ALU 两个输出为灰色（实际电路中为橙色），提示线宽不匹配，虽然没有红色线路，但实际也是由于引脚短路引起的。用鼠标框选电路进行透视，ALU 组件下面的暗线马上显现，如图 8.4（b）所示。显然，电路设计完成后，用鼠标框选全部电路进行逐一透视是避免线路短路的好方法。

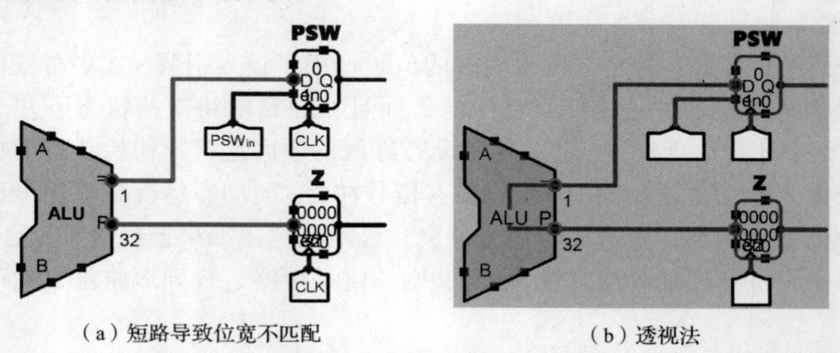

（a）短路导致位宽不匹配　（b）透视法

图 8.4　短路引起的位宽不匹配

10. 电路振荡问题

电路出现振荡多半是由于不恰当的回路造成的，因此要排除电路振荡只能想办法消除回路。发生振荡的位置会提示红色圆圈，可以尝试删掉一些回路，重启 Logisim 看能否消除这个振荡；也可以尝试关闭系统自动仿真，然后利用信号单步传递的方式逐步检查电路，直到发现振荡回路。注意，因为数据通路过长的无反馈回路电路也可能被 Logisim 判断为振荡回路，所以设计组合逻辑电路时应避免这种情况的发生。

11. .circ 文件损坏修复方法

Logisim 保存的工程文件是以.circ 为后缀的 XML 文本文件，极少数情况下这个文件会被意外损坏，此时将同目录中工程文件的备份文件——以.bak 为后缀的同名文件（隐藏文件）修改为.circ 为后缀后打开，可以挽救大部分数据。另外，也可以使用文本编辑器编辑.circ 文件，将核心电路代码复制到原始实验框架电路中进行修复。

12. 如何删除画布中无法删除的电路模块

有时候电路画布区域会出现无法删除的电路模块，可以通过使用文本编辑器编辑.circ 文件解决。首先搜索当前电路名，找到如下代码段。

```
<circuit name="当前电路名">
    <a name="circuit" val="当前电路名"/>
    …
    <comp loc="(80,40)" name="待删除电路名">       # 删除
        <a name="facing" val="east"/>              # 删除
    …
    </comp>                                         # 删除
</circuit>
```

再搜索“待删除电路名”，找到代码行中加粗的部分，也就是<comp>…</comp>包含的文本内容，删除即可。如果有多个无法删除的电路封装，可能需要删除多段代码。

13. 如何复制子电路的封装

Logisim 中复制电路时只能复制电路布局，无法复制封装。如需要实现复制封装功能，可以使用文本编辑器编辑.circ 文件。首先搜索“待复制电路名”，找到如下代码段。

```
<circuit name="待复制电路名">
    <a name="circuit" val="待复制电路名"/>
    …
    <appear>                    # 子电路外观（封装）描述开始
    …
    </appear>                   # 子电路外观（封装）描述结束
    …
</circuit>
```

代码段中<appear>…</appear>部分为子电路外观描述代码，将<circuit>…</circuit>代码全部复制到对应电路文件中即可实现电路带封装整体复制。

14. Logisim 不足之处

Logisim 的值传递算法足以满足教学需要，但无法满足工业级电路设计需要，Logisim 值传递算法还存在以下不足。

（1）除了逻辑门延迟的问题之外，Logisim 没有额外考虑时间问题，它是很理想化的。RS 锁存器中的一对或非门可以无限紧密地前后不断发生跳变，而不是在最终达到一个稳定状态，所以无法在 Logisim 中用基本逻辑门构成 RS 锁存器。

（2）Logisim 不能仿真既能输入，又能输出的引脚，使用 Java 构建的组件可以拥有这种引脚，如内置存储库中的 RAM 组件包含一个 D 引脚就可以同时作为输入、输出引脚。

（3）Logisim 在电路循环次数达到一个定值后就会认为当前电路存在振荡错误而停止仿真过程，大型电路没有振荡错误也可能会导致这个问题，因此不建议构建数据通路过长的组合逻辑电路，比如级联的 32 位除法器。

（4）Logisim 对电压级别的差异没有做任何工作。Logisim 中的值只有开启、关闭、不确定和错误。

8.3 头歌平台介绍

头歌是一个支撑信息技术实践教学服务的云平台与开发社区，针对 IT 教育面临的实践体系难构建、实践案例难共享、实践过程难评估等问题，提出了面向计算机综合能力培养的大规模开放在线实践（Massive Open Online Practice）模型，以网构化实践教学平台为依托，将大规模教师、学生、高校、企业等群体联接起来，以实践项目为核心，在持续快速迭代演化过程中全面提升工程素养，实现实践能力的培养。

目前，头歌在线实训平台已经为计算机实践教学提供了全系列的课程资源、全链条的教学工具及生态化的教学服务，支持院校和企业以在线实践的形式开展智能化教学、实验实训、在线课程建设、案例共享共建和技术培训等活动，构建了强大的实训生态系统，如图 8.5 所示。

头歌在线实训平台主要特色如下。

（1）实训案例丰富

覆盖计算机专业所有核心课程，目前提供了 2000 多个课程、7 万多个实践案例，支持数万开发者在平台中持续开发和创新。

（2）技术方向齐全

支持基础编程、系统能力、计算机网络、云计算、大数据、人工智能、区块链等数百种技术方向的在线实验和在线 DevOps 开发。

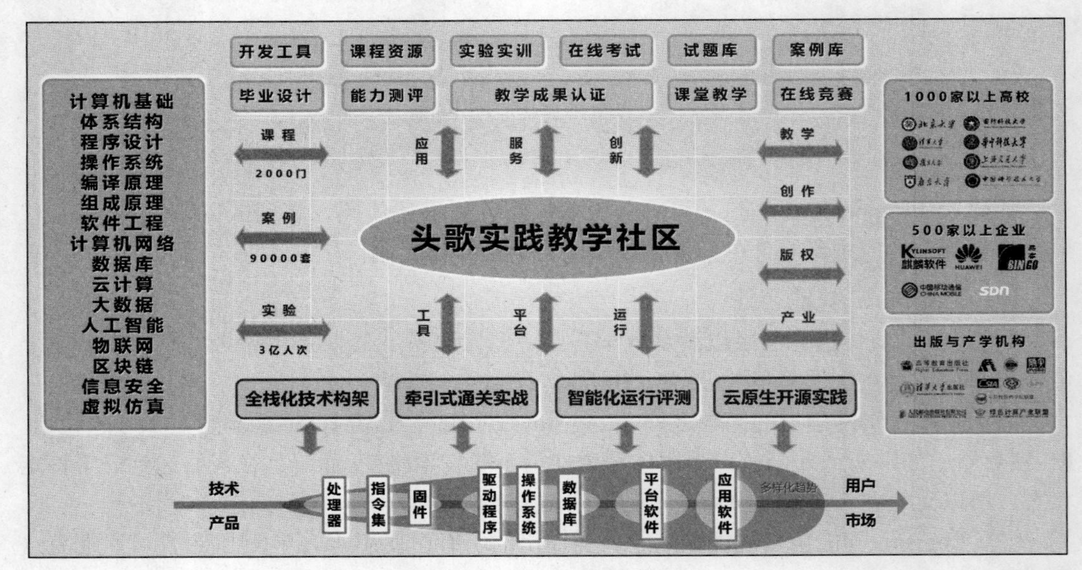

图 8.5　头歌平台生态系统

（3）实践形态多样

提供编程模式、桌面模式、命令行模式、虚拟仿真模式、Jupyter Notebook 模式、DevOps 模式、OJ 模式等各种实验和开发模式。

（4）实践评测智能化

为在线实验、在线开发提供测试驱动的智能化工具集，自动化的闭环式流程体验极大地提升了教学和开发效率。

教师可以在头歌平台上快速创建在线课堂，组织在线理论与实践教学，也可以构建专属的实践项目和课程，开展在线实践。

8.4　头歌平台常见问题

做完本实验后请思考以下问题：

1. 头歌平台开展实践教学的步骤

基于头歌平台开展实践教学的简明步骤如下。

（1）注册和登录。在浏览器中输入头歌网址，完成注册和登录。

（2）创建课堂、发送邀请码邀请学生加入课堂：单击页面右上角的“+”，选择“新建教学课堂”。

（3）发布学习和实验任务。在“实践课程”板块选择适合自己班级学习的课程发布。

（4）学生开展在线学习和实战。加入课堂的学生可立即开展自主学习、练习、实验、实训等各种学习活动。

（5）教师查看点评学生实践情况。教师可在其创建的课堂查看每名学生的学习评测情况，并可根据实际需要进行点评。

2. 在线实训网址和实验资源下载

本书大部分实验全部上线头歌平台，实验资源可以访问 Gitee 下载，实验采用 Logisim 离线设计电路，本地测试无误后提交头歌平台进行在线评测。

3. 如何在头歌平台进行 Logisim 电路测试

实验电路.circ 文件是一个 XML 文本文件，只需要将对应的.circ 文件用文本编辑器（如记事本、UltraEdit、Sublime Text、VS Code 等）全选复制并粘贴到平台代码区域即可，注意一定用纯文本的方式复制并粘贴。完成代码粘贴后即可进行测评，测评通过会提示通关，否则会在右下角测试用例部分显示红色。单击可以展开，查看实际电路测试情况，左侧为预期输出，右侧为实际输出，不相同的行会用棕色标记出来，找出不同的列，将错误测试用例通过手形戳工具单击加载在待测电路的输入引脚上，检查自己的逻辑为什么与预期输出不一致，直至发现问题。

4. 头歌平台提示找不到测试子电路

如果头歌平台提示如下信息，多数原因是上传了错误的电路文件，对应文件中并没有待测模块，请重新上传正确的文件。

```
Test sub-circuit not found in your circ file.
Have you changed the sub-circuit's name
```

5. 头歌平台提示找不到 cs3410.jar 或其他文件

如果头歌平台评测时提示“Cannot find Jar library”，说明该文件被待测文件调用。如果该文件在实验包中不存在，请在待测电路中卸载该电路后再进行测试。如果该文件在实验包中存在，出现上述提示则是由于读者将文件指向了新的路径，导致待测文件中的文件路径与头歌平台不一致造成的。注意，本地实验包及头歌平台中文件调用都应该与待测文件在相同的目录。

可以采用以下两种方法解决这个问题。

（1）本地修改

将待测文件和 cs3410.jar 剪切并移动到一个新目录中，注意一定是剪切，要保证再次打开待测文件时 Logisim 提示找不到 cs3410.jar，此时根据提示将对应文件指向当前目录的 cs3410.jar，然后存盘退出，再次提交测试。

（2）头歌平台修改

直接在代码框搜索该文件名，得到如下信息。

```
<lib desc="file#C:\Users\tiger\Desktop\…\cs3410.jar" name="7">
```

去掉绝对路径，改成如下形式即可。

```
<lib desc="file#cs3410.jar" name="7">
```

远程修改后，可以将代码直接复制到本地保存，也可以直接在本地进行文本级修改。

6. 头歌平台提示 XML formatting error

如果头歌平台提示如下信息，主要原因应该是代码复制不完全，或文本编辑器增加了额外的格式导致代码有问题。

```
[Fatal Error] :15:17: ……
[Fatal Error] :15:17: ……
data: XML formatting error: org.xml.sax.SAXParseException; ……
```

可以尝试用以下方法解决。

（1）采用全覆盖的方式进行代码粘贴，先按 Ctrl+A 组合键全选，再粘贴。

（2）更换代码编辑器重新上传测试。

7. 头歌平台提示四输入门电路有问题

如果头歌平台提示如下信息，表明读者使用的是老版本 Logisim 设计的电路。

```
You could have to edit the position of all the gates that have 4 inputs and
wide attribute due to a bug in the input positions of the original Logism
```

头歌平台使用的 Logisim 是新意大利改进版，修正了传统的 2.7.1 版本在四输入大尺寸逻辑门引脚上的一个 bug，所以会出现引脚位置不兼容。建议用新版本进行实验，重新连接对应的四输入逻辑门即可。

8. 头歌平台实际输出为××××是什么原因

如果本地测试正确，首先确认上传的代码是否正确，有可能上传的是其他未实现的电路，所以没有任何电路输出，要判断是否为这种情况只需将平台代码复制保存到本地计算机的.circ 文件中，并利用 Logisim 查看电路即可；另外，也可能是电路封装时引脚发生了变化，系统测试时对应的输出引脚没有正确连接，需要仔细检查待测电路的封装，目前所有实验框架文件均提供了待测电路的子电路外观测试电路，请仔细检查各引脚是否与连线错位。

9. 头歌平台实际输出中出现 E 是什么原因

可能的原因如下。

（1）待测电路存在短路故障

可以将出错测试用例的输入加载在电路中复现短路情况，然后查找短路位置，排除短路故障即可。

（2）待测电路封装被修改

导致引脚位置偏离引起测试电路短路，此时可仔细检查子电路外观是否正常。

10. 预期输出与实际输出一致却无法通过测试

通常是因为显示信息列宽较大，预期输出与实际输出只是在可视区域信息一致而已，移动横向滚动条将信息显示完整就可以看到二者的区别。

11. 利用头歌平台进行快速、精准的调试

通过头歌平台进行电路评测，平台会反馈测试用例的预期输出和实际输出，这些信息对快速、精准调试电路非常有用，一定要读懂所有输出的含义。

（1）组合逻辑电路的调试

对于组合逻辑电路，如未能通过评测，首先找到第一个未通过的测试用例，将对应的输入利用手形戳工具加载到待测电路的输入引脚上。根据实验要求，仔细检查电路逻辑，分析实际输出与预期输出不一致的原因，排除错误后继续在线评测，依次循环直至评测通过。

（2）时序逻辑电路的调试

对于时序逻辑电路，电路的输出不仅与输入有关，还与电路存储的状态相关，所以其测试用例是有时序关系的，读者需要认真分析每一个时钟节拍测试用例的状态，了解其详细测试逻辑。调试时应复现出错节拍前一节拍的电路状态，首先将对应输入加载在待测电路的引脚上，还要利用手形戳工具强制修改内部状态寄存器的值，然后利用时钟单步查看电路状态的变化，根据实验要求，仔细检查电路逻辑，分析实际输出与预期输出不一致的原因，排除错误后继续在线评测，依次循环直至评测通过。

8.5 RARS 仿真器介绍

RARS 一款优秀的开源 RISC-V 程序汇编器和仿真器，可汇编和仿真 RISC-V 汇编语言程序的执行，其界面与功能基本复刻 MIPS32 仿真器 MARS。它支持命令行和集成开发环境（Integrated Development Environment，IDE）两种方式。RARS 采用 Java 语言编写，可以在 Windows、Linux、macOS 平台上运行。RARS 主界面如图 8.6 所示。

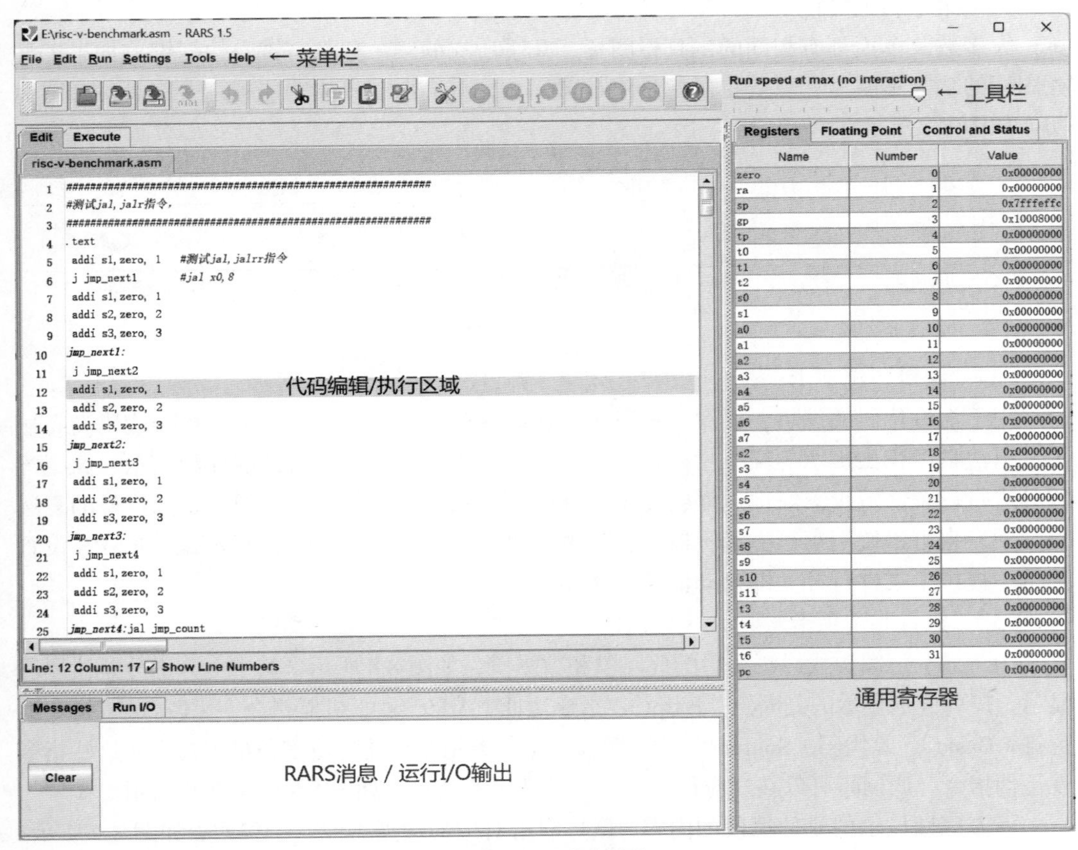

图 8.6 RARS 主界面

RARS 仿真器支持 102 条 RISC-V 32 指令，还支持系列伪指令和系统调用，它支持加载（Load）和存储（Store）指令的 7 种汇编语言寻址模式：label（标签寻址）、imm（立即数寻址）、label+imm（标签+立即数寻址）、(reg)（寄存器间接寻址）、label(reg)（寄存器+

标签的变址寻址）、imm(reg)（寄存器加立即数的变址寻址）和 label+imm(reg)（寄存器+标签+立即数），其中 imm 是一个 32 位立即数。注意，汇编语言寻址方式和 RISC-V 寻址方式是不一样的，其寻址方式更灵活，编程更方便。

RARS 提供方便的集成开发环境，如图 8.6 所示。RARS 拥有强大的汇编及 RISC-V 仿真功能，简单易用，方便调试，程序员可以随时查看和直接编辑寄存器、存储器内容，轻松设置断点或单步执行汇编程序，甚至回滚执行。

受篇幅所限，这里不再赘述其使用说明。关于 RARS 的详细使用说明详见本书配套资料中的文档。

8.5.1 RARS 集成开发环境

无参数的 RARS 命令行运行将会启动 IDE 集成开发环境，例如，java -jar RARS.jar。也可以双击 RARS.jar 图标启动图形界面，IDE 集成开发环境提供基本的编辑、汇编和执行功能，集成开发环境图形界面主要包括菜单栏、工具栏、代码编辑/执行区域、RARS 消息/运行 I/O 输出和通用寄存器等，如图 8.6 所示。

（1）菜单和工具栏

大多数菜单项都有相同的工具栏图标，几乎所有的菜单项都有键盘快捷键，如果工具栏图标的功能不明显，只要将鼠标悬停在图标上，将会出现具体功能提示，工具栏各图标功能如图 8.7 所示。

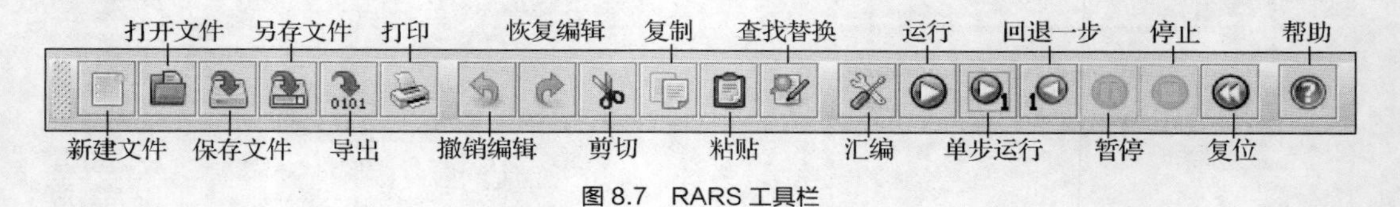

图 8.7 RARS 工具栏

（2）“编辑”选项卡

用于汇编代码的编辑，如图 8.6 所示，代码编辑器支持 RISC-V 汇编指令代码高亮显示，语法自动弹出提示等高级功能，用户可以在设置菜单中对编辑器的详细信息、高亮配置等进行设置。编辑器底部边框会显示光标的行和列，并且包含一个用于显示行号的复选框。用户也可以使用第三方编辑器编辑汇编代码，然后利用 RARS 进行汇编，RARS 设置菜单中提供了文件打开立即自动汇编的选项。

（3）“执行”选项卡

用于显示汇编源代码汇编后的代码段和数据段，如图 8.8 所示，其中上方部分是代码段显示，按列分别显示的是断点（Bktpt）、指令地址（Address）、机器指令字（Code）、指令助记符（Basic），源代码（Source），注意源代码中一条指令可能对应多条机器指令，这些指令就是伪指令。调试时可以在对应行的第一列勾选设置断点，如图 8.8 中第 2 行所示。

下方区域显示的是数据段的内容，鼠标双击对应的数据可以直接修改，如图 8.9 所示，用户可以在底部的工具栏切换数据段显示的虚存区域，也可以配置数值的显示方式。存储器地址和值及寄存器值可以用十进制或十六进制格式查看，所有的数据都以小端字节顺序存储（每个字包含字节 3，其后是字节 2，然后是字节 1，最后是字节 0）。请注意，每个 word 可以包含 4 个字符组成的 string，这 4 个字符将以与 string 相反的顺序出现。

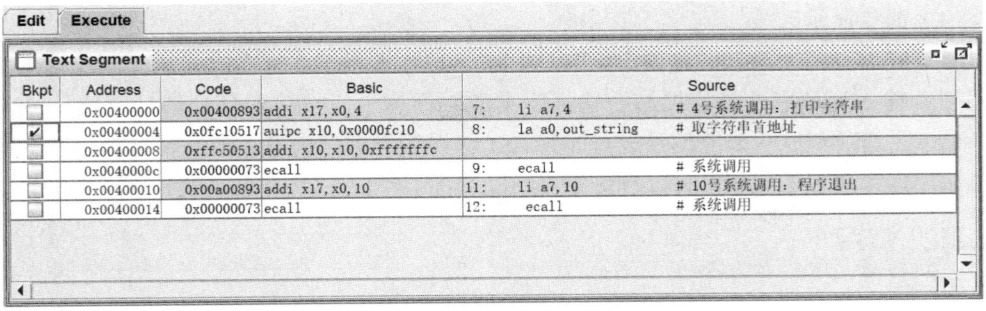

Edit Execute

Text Segment

Bkpt	Address	Code	Basic	Source		
☐	0x00400000	0x00400893	addi x17, x0, 4	7:	li a7, 4	# 4号系统调用：打印字符串
☑	0x00400004	0x0fc10517	auipc x10, 0x0000fc10	8:	la a0, out_string	# 取字符串首地址
☐	0x00400008	0xffc50513	addi x10, x10, 0xfffffffc			
☐	0x0040000c	0x00000073	ecall	9:	ecall	# 系统调用
☐	0x00400010	0x00a00893	addi x17, x0, 10	11:	li a7, 10	# 10号系统调用：程序退出
☐	0x00400014	0x00000073	ecall	12:	ecall	# 系统调用

图 8.8　执行区域代码段

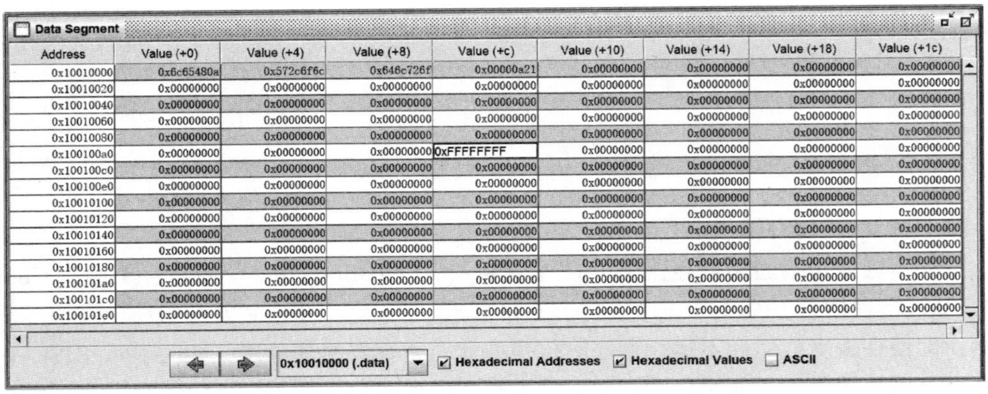

Data Segment

Address	Value (+0)	Value (+4)	Value (+8)	Value (+c)	Value (+10)	Value (+14)	Value (+18)	Value (+1c)
0x10010000	0x6c65480a	0x572c6f6c	0x646c726f	0x00000a21	0x00000000	0x00000000	0x00000000	0x00000000
0x10010020	0x00000000	0x00000000	0x00000000	0x00000000	0x00000000	0x00000000	0x00000000	0x00000000
0x10010040	0x00000000	0x00000000	0x00000000	0x00000000	0x00000000	0x00000000	0x00000000	0x00000000
0x10010060	0x00000000	0x00000000	0x00000000	0x00000000	0x00000000	0x00000000	0x00000000	0x00000000
0x10010080	0x00000000	0x00000000	0x00000000	0x00000000	0x00000000	0x00000000	0x00000000	0x00000000
0x100100a0	0x00000000	0x00000000	0x00000000	0xFFFFFFFF	0x00000000	0x00000000	0x00000000	0x00000000
0x100100c0	0x00000000	0x00000000	0x00000000	0x00000000	0x00000000	0x00000000	0x00000000	0x00000000
0x100100e0	0x00000000	0x00000000	0x00000000	0x00000000	0x00000000	0x00000000	0x00000000	0x00000000
0x10010100	0x00000000	0x00000000	0x00000000	0x00000000	0x00000000	0x00000000	0x00000000	0x00000000
0x10010120	0x00000000	0x00000000	0x00000000	0x00000000	0x00000000	0x00000000	0x00000000	0x00000000
0x10010140	0x00000000	0x00000000	0x00000000	0x00000000	0x00000000	0x00000000	0x00000000	0x00000000
0x10010160	0x00000000	0x00000000	0x00000000	0x00000000	0x00000000	0x00000000	0x00000000	0x00000000
0x10010180	0x00000000	0x00000000	0x00000000	0x00000000	0x00000000	0x00000000	0x00000000	0x00000000
0x100101a0	0x00000000	0x00000000	0x00000000	0x00000000	0x00000000	0x00000000	0x00000000	0x00000000
0x100101c0	0x00000000	0x00000000	0x00000000	0x00000000	0x00000000	0x00000000	0x00000000	0x00000000
0x100101e0	0x00000000	0x00000000	0x00000000	0x00000000	0x00000000	0x00000000	0x00000000	0x00000000

0x10010000 (.data) ☑ Hexadecimal Addresses ☑ Hexadecimal Values ☐ ASCII

图 8.9　执行区域数据段

数据段内容从数据段基地址（0x10010000）开始，一次显示 512 个字节（支持滚动）。导航按钮可将数据段内容切换到一个内存区域或前一个内存区域。用户还可以选择查看一些特殊的内存区域，如栈区（sp 寄存器的内容），静态数据区（gp 寄存器的内容），堆区址（0x10040000），.extern 全局变量区域（0x10000000），内核数据段（0x90000000）或内存映射 I/O 区域（MMIO，0xFFFF0000）。

如果“设置”菜单中勾选了“标签”窗口（符号表）的显示，“执行”选项卡还会显示标签窗口，如图 8.10 所示，可以单击任何标签或其相关地址，以适当的方式在代码段 Text Segment 窗口或数据段窗口中居中并突出显示该地址的内容。

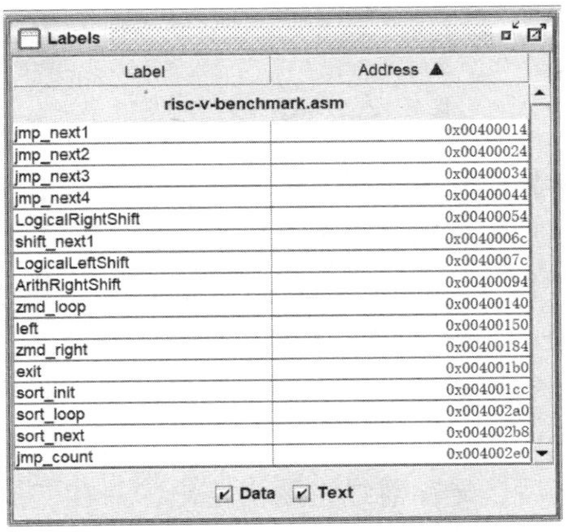

Labels

Label	Address ▲
risc-v-benchmark.asm	
jmp_next1	0x00400014
jmp_next2	0x00400024
jmp_next3	0x00400034
jmp_next4	0x00400044
LogicalRightShift	0x00400054
shift_next1	0x0040006c
LogicalLeftShift	0x0040007c
ArithRightShift	0x00400094
zmd_loop	0x00400140
left	0x00400150
zmd_right	0x00400184
exit	0x004001b0
sort_init	0x004001cc
sort_loop	0x004002a0
sort_next	0x004002b8
jmp_count	0x004002e0

☑ Data ☑ Text

图 8.10　标签窗口

（4）消息显示区域

屏幕底部有两个消息区选项卡。“RUN I/O”选项卡用于在运行时显示控制台输出、接受控制台输入。可以选择将控制台输入弹出的对话框中，然后回显到消息区域。“RARS Messages”选项卡显示如汇编及运行时警告、错误等提示性信息。单击错误提示消息可在编辑器中选择对应的代码行，如图 8.11 所示。

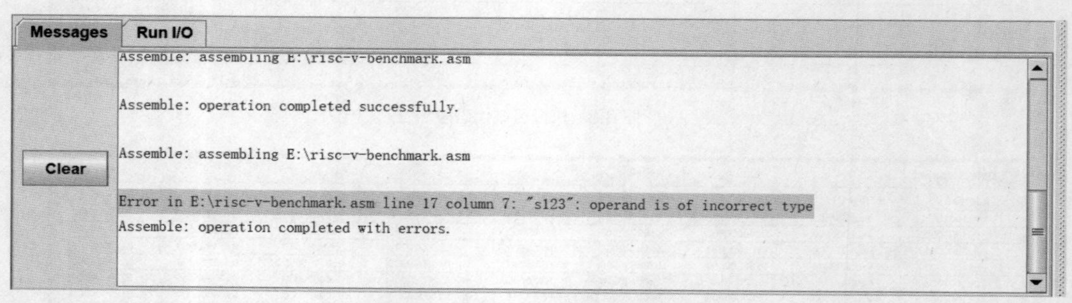

图 8.11 “RARS Messages”选项卡

（5）RISC-V 寄存器组

寄存器区域包括通用寄存器组（32 个寄存器）、Floating Point 浮点寄存器组和 Control and Status 寄存器组（CSRs）三个选项卡，如图 8.12 所示。RISC-V 寄存器组始终在界面中显示，即使在编辑代码和不运行程序时也是如此，寄存器组部分用于实时显示 RISC-V 仿真器寄存器组的值，方便用户调试和监控寄存器的值。鼠标悬停在对应寄存器名上时可以提示寄存器的具体用途，方便用户编写汇编指令，双击寄存器值可以实时修改寄存器的值。

Registers | Floating Point | Control and Status

Name	Number	Value
zero	0	0x00000000
ra	1	0x00000000
sp	2	0x7fffeffc
gp	3	0x10008000
tp	4	0x00000000
t0	5	0x00000000
t1	6	0x00000000
t2	7	0x00000000
s0	8	0x00000000
s1	9	0x00000000
a0	10	0x00000000
a1	11	0x00000000
a2	12	0x00000000
a3	13	0x00000000
a4	14	0x00000000

pointer to global area

图 8.12 RARS 寄存器组窗口

从“运行”菜单或工具栏图标中选择“汇编”，将汇编正在编辑的代码。RARS 提供了一次汇编多个文件的功能，具体可以在设置菜单中勾选“汇编当前目录下所有文件”选项。随后，汇编程序将当前文件作为“main 主程序”进行汇编，并将同一目录下其他所有汇编文件（* .asm; * .s）一起进行汇编，多个汇编文件最终被链接在一起，如果所有这些操作都成功了，程序就可以被执行了。使用了“.globl”进行了声明的全局标签可以在项目中的任何其他文件中引用。

RISC-V 程序成功汇编后，寄存器组将被初始化，并在“执行”选项卡中填充代码段 Text Segment、数据段和程序标签三个窗口。当从“运行”菜单或其相应的工具栏图标或键盘快捷键中选择“Assemble 汇编”“Go 执行”或“Step 单步”操作时，RARS 将在 RISC-V 仿真器中执行汇编程序，运行时控制台输入和输出在“RUN I/O”选项卡中处理。

8.5.2 交互式调试功能

RARS 调试相关工具栏如图 8.13 所示。

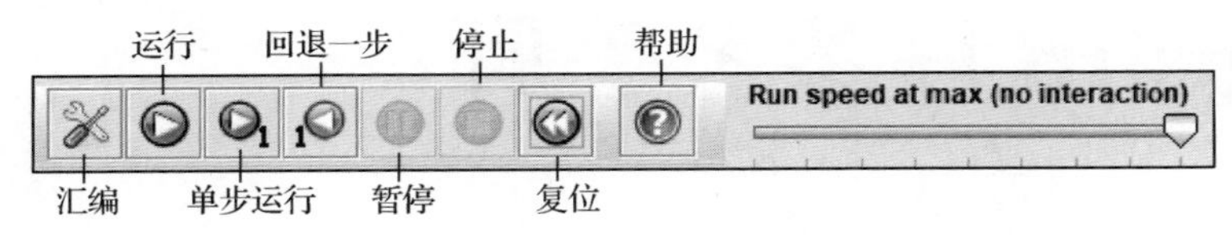

图 8.13 RARS 调试相关工具栏

（1）单步运行

在“单步运行”（Step）模式下，RARS 将在代码段高亮显示下一条要执行的指令，并更新存储器内容显示，被更新的寄存器也会立即高亮显示。

（2）回退运行

RARS 提供的一个非常方便的辅助调试功能，可以选择“回退一步”（BackStep）撤销刚才的单步运行操作，RARS 最多可缓冲 2000 个最近的执行步骤，回退操作将撤销对 RISC-V 内存，寄存器或条件标志的更改，但不包括控制台及文件 I/O。这是一个很好的调试辅助功能，任何时候执行暂停和终止都可使用（即使由于异常而终止）。

（3）连续运行

如果要连续运行程序指令，请选择“运行”（Go）选项。可以使用暂停或停止功能随时暂停或停止仿真。前者将暂停执行并更新显示，就好像正在进行单步或处于断点。后者将终止执行并显示最终的内存和寄存器值。如果以“不限速”方式运行，则系统可能不会立即作出响应，但最终还是会作出响应。

（4）设置断点

勾选“执行”选项卡代码段窗口中第一列的复选框可轻松设置和重置断点。可以使用“运行”菜单中的“切换断点”（Toggle all breakpoints）或通过单击“代码段”（Text Segment）窗口中的“Bkpt”列标题暂时挂起所有断点。再次单击则重新激活断点。

（5）运行速度

程序运行时，可以随时使用 Run Speed 滑块选择仿真速度。速度范围从每秒 0.05 条指令（每个步骤之间 20 秒）到每秒 30 条指令，然后在此之上提供“不限速”模式。当使用“不限速”模式时，代码高亮显示和内存显示等消耗系统资源的功能暂时被关闭，当程序执行到达断点时，高亮显示和数据更新才会发生。

（6）系统复位

当程序暂停或终止时，选择复位 Reset 将所有存储器和寄存器复位到初值。

（7）数据动态修改

数据段、寄存器，甚至代码段的内容都可以在程序运行过程中直接用鼠标双击单元格进行编辑修改，一旦修改完成，新值将在执行下一条指令时生效。如果输入无效值，单元格会显示 INVALID，但原值并不受影响。输入值可以是十进制数，也可以是 0x 开头的十六进制数。负数的十六进制值可以用二进制补码或有符号格式输入。注意，zero、pc、ra 三个寄存器不能编辑。

第 9 章 Logisim 库参考手册

Logisim 为用户提供了丰富的组件库。其主要包括线路库、逻辑门库、复用器库、运算器库、存储库、输入/输出库、基本库几大类。不同库中的组件拥有不同的属性，但很多组件也拥有一些公共的属性。为避免重复说明，这里先列举一些组件的公共属性，如表 9.1 所示。

表 9.1　Logisim 组件公共属性

序号	属性	功能描述	修改快捷键
1	朝向	组件在画布放置的方向	键盘光标键快速修改
2	数据位宽	引脚对应的数据宽度	通过 Alt+数字键修改
3	引脚数	逻辑门电路输入引脚数	键盘数字键直接修改
4	外观	可以调整组件外观属性	—
5	尺寸	逻辑门电路可以设置组件的尺寸大小	—
6	标签	与组件相关联的标签文字，用于注释	—
7	标签位置	标签在组件上的显示位置	—
8	标签字体	组件标签文字的字体	—

9.1 线路库

线路库主要包含与线路相关的基本组件。

9.1.1 分线器

分线器（Splitter）可以将一个多位线路拆分成几个位宽更小的线路，也可以将多个线路合并成一个更大位宽的多位线路。通过灵活配置分线器的输出数量、位 x 属性可以实现各种分线形式，如图 9.1 所示。

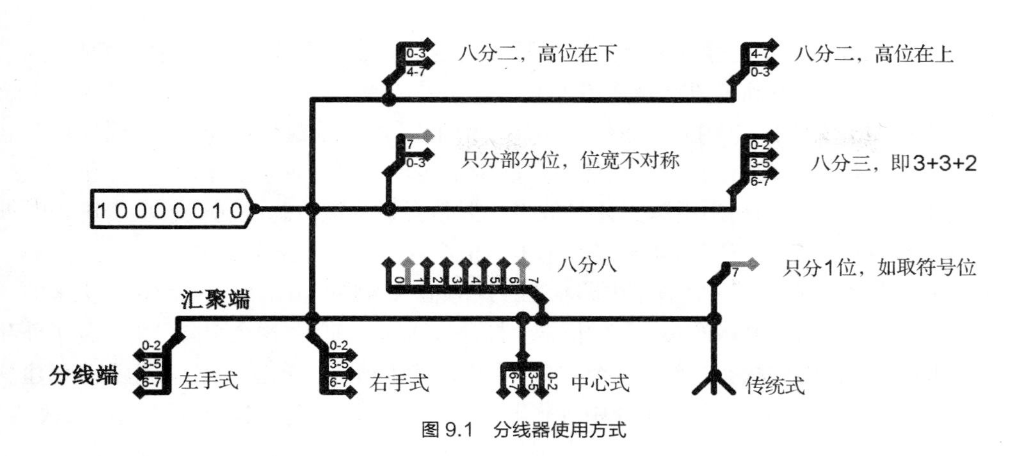

图 9.1　分线器使用方式

分线器单个连接点端称为汇聚端，其位宽与属性中的位宽相同；另一侧的多个连接点端称为分线端。分线端数量可以通过属性定义，可以在属性窗口灵活定义汇聚端线缆每一位对应的分线端端口，从而实现图中不同形式的分线器结构。

当分线器被选择或添加时，按数字键可以改变其分线端端口的数量（分线器输出属性）；按 Alt+数字键可以修改汇聚端位宽属性；按方向键可以改变朝向属性。分线器除包括朝向、外观等公共属性外，还包括如下属性。

（1）输出：分线端端口数量。

（2）第 x 位对应分线端口：汇聚端第 x 位与分线端端口之间的索引关系。分线端端口的索引自上而下从 0 开始（分线器朝向为东/西），或者自下而上从 0 开始（分线器朝向为南/北）。汇聚端的一个比特位可以不与分线端的任意端口相连，但一个比特位不能同时与分线端的多个端口相连。用户也可以通过分线器的弹出式菜单（单击鼠标右键或 Ctrl+鼠标单击）选择升序分布或降序分布。升序分布将会从 0 开始依次为每个比特位分配索引值，分配时尽可能做到每个分线端端口位宽一致；降序分布从最高位开始向下分配。

9.1.2　引脚

引脚（Pin）可以是多位的，具体由数据位宽属性决定。引脚是输入引脚，还是输出引脚可在属性中选择，输入引脚是直角形状，输出引脚则是圆角形状。引脚值的各比特位会显示在组件内。

构建电路的时候，将使用引脚指定电路和子电路之间的接口。当电路要作为子电路使用时，电路布局中引脚的位置决定了该电路在其他电路中的引脚位置。主电路与子电路相连的引脚值将传递到子电路内部引脚中。

当引脚组件被选择或添加时，按 Alt+数字键可以修改引脚数据位宽属性；按方向键可以修改其朝向。引脚除包括朝向、标签、标签位置、标签字体等公共属性外，还包括如下属性。

（1）输出：指定该组件是否为输出引脚，选择“NO”则是代表输入引脚。

（2）三态：对于输入引脚，该值决定了用户是否可以利用该引脚发送不确定值（浮动值）。当电路作为子电路使用时，该属性不对引脚功能产生影响。对于输出引脚，该属性没有意义。

（3）未定义处理：指定输入引脚如何处理不确定值。当电路作为子电路使用时，如果选择“不变”，系统将不确定值 x 直接传入电路；如果选择“上拉”，系统将不确定值上拉为 1 再传入电路；当选择“下拉”，系统将不确定值下拉为 0 再传入电路，这个属性对于电路中存在不确定值时非常有用。（该功能部分版本未实现，可通过增加上/下拉电阻实现。）

利用手形戳工具单击输出引脚无任何效果，但是会显示该引脚的属性；单击输入引脚会修改对应比特位的值；三态引脚被多次单击时值会在 0、1、x 之间循环。

注意，如果用户当前处于查看子电路状态，所有输入引脚的值都是主电路传输进来的。此时，如果试图去修改子电路输入引脚的值，会打开对话框，询问：这个引脚已绑定到了外部电路，是否创建一个新的状态？单击“否”按钮，取消输入请求；单击“是”按钮则会创建一个查看子电路状态的副本，并从主电路中分离出来，输入引脚的值会按用户要求进行修改。

9.1.3 探针

探针（Probe）是用于动态监控线路值的组件，对电路调试非常有帮助。探针组件和输出引脚功能基本相同，不同的是当电路作为子电路使用时，输出引脚会成为子电路接口引脚，而探针不会；探针没有“数据位宽”属性，其位宽与探测点位宽一致；引脚组件线型是黑色、加粗，探针线型是灰色。

探针组件只有一个引脚，它将作为探针的输入引脚。当组件被选择或添加时，按方向键可以改变其朝向。探针除包括标签、标签位置、标签字体等公共属性外，还包括如下属性。

基数：显示基数，这里包括二进制、八进制、有符号十进制、无符号十进制或十六进制等的基数。一个 8 位输入引脚的值可以被不同的探针用不同进制形式显示，结果如图 9.2 所示。

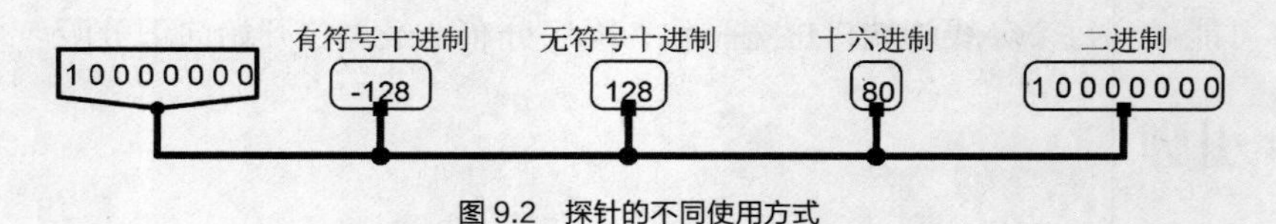

图 9.2 探针的不同使用方式

9.1.4 隧道

隧道（Tunnel）类似多层印制电路板中的过孔，可以将无线路连接的两个或多个点逻辑连通。在电路中进行远距离连接时隧道组件非常有用，如果没有隧道组件，线路连接可能会非常难看。图 9.3 中标记为“a”的隧道组件都是连接在一起的。

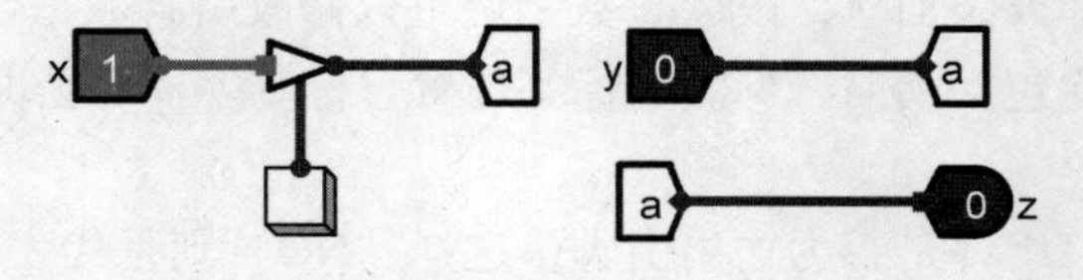

图 9.3 隧道组件

隧道组件只有一个引脚，该引脚的位宽和数据位宽属性相同。该引脚既不是输入引脚，也不是输出引脚，标签文字相同的隧道组件都是逻辑连通的，如图 9.3 所示。图 9.3 中三态门控制端按钮如果被按下，则输入引脚 x、y 短路，1 和 0 冲突，线缆变成红色，输出引脚 z 显示为“E”。

当隧道组件被选择或添加时，按 Alt+数字键可以修改数据位宽；按方向键可以修改其朝向。注意，隧道组件不能滥用，如果过度使用可能会使得电路的可读性变差。

9.1.5 上/下拉电阻

上/下拉电阻（Pull Resistor）用于处理连接点的不确定值（浮动值）。当连接点的值是不确定值（*x*）时，该组件才有效。该电阻将连接点的不确定值上拉到 1 或下拉到 0。如果它被连接到多个位值，则该值中的所有不确定值都将按指定的方向上拉或下拉，而确定值则保持不变。当电路调试时出现蓝线，用户可以尝试使用上拉或下拉电阻解决问题。

上/下拉电阻组件只有一个引脚，该引脚是一个输出引脚，并且其位宽与其相连组件的位宽相同。该组件除朝向属性外，还包括如下属性。

方向：指定一个要被上拉或下拉的目标值，如 0、1、错误值。

9.1.6 时钟

时钟（Clock）信号源，在“电路仿真”菜单中选择“时钟连续”（ticks enabled）后，时钟组件会以一个固定的频率修改其输出值。滴答（tick）是 Logisim 中的时间单位，时钟滴答信号产生的速度可通过“电路仿真”菜单中的“时钟滴答频率”指定。

注意，Logisim的时钟仿真是不真实的，在实际电路中多个时钟之间会相互影响，不可能做到完全一致，但 Logisim 中所有时钟都以相同的频率产生滴答信号。

时钟组件只有一个位宽为 1 的输出引脚，代表当前时钟的值；引脚的方向由朝向属性指定。只要开启了时钟自动运行之后，时钟的输出值将会随着其周期变化而翻转。

时钟组件除包括朝向、标签、标签位置、标签字体等公共属性外，还包括如下属性。

（1）高电平时长：一个周期中，输出值为 1 的时长。

（2）低电平时长：一个周期中，输出值为 0 的时长。

利用手形戳工具单击时钟组件会立即翻转当前的输出值。

9.1.7 常量

常量（Constant）用来发送其数值属性所指定的值。常量组件只有一个引脚，一旦常量的数值属性被指定了，常量组件将固定输出数值属性的值。常量组件除包括朝向、数据位宽等公共属性外，还包括数值属性。该属性表示常量的值，该值的位宽不能超过组件的位宽。注意，输入数值属性时默认为十进制，要想输入十六进制，必须以 0x 开头。

9.1.8 电源/接地

电源/接地（Power）可以看作特殊的常量，三角形表示电源，值为 1（如果位宽大于 1，那么所有位都是 1）；逐渐减短的平行横线表示接地，值为 0（如果位宽大于 1，那么所有的位都是 0）。电源/接地的功能也可以用常量组件实现，单独提供这个组件的原因是电源/接地是标准的电气符号。电源/接地组件只有一个引脚，该引脚的位宽与数据位宽的属性相同。该组件持续地输出由数值属性指定的数值：电源输出全为 1 的数值，接地输出全为 0 的数值。该组件包括朝向和数据位宽两个属性。

9.1.9 位扩展器

位扩展器（Bit Extender）可以改变数值的位宽。如果是大位宽转小位宽，位扩展器会直接截断原数值的高位而保留低位数值；如果是小位宽转大位宽，那么转换后数值的最低位与原来的一样。高位的数值可以由用户选择：既可以全为 1，也可以全为 0，还可以与额外的输入信号一致。另外，系统还提供有符号数扩展的选项，根据原数据的最高符号位进行扩展。

位扩展器引脚分布及功能如图 9.4 所示。图 9.4 中位扩展器左侧是输入，右侧是输出，当扩展方式为输入扩展时顶部会有一个 1 位输入引脚。位扩展器包括输入位宽、输出位宽、扩展方式 3 个属性。其中，扩展方式决定输出位宽，且输出位宽大于输入位宽时，高位部分取值方式：0 扩展时，输出值高位部分全为 0；1 扩展时，输出值高位部分全为 1；符号扩展时，高位值与输入值最高位相同；输入扩展时，输出值的高位与额外的输入位相同。

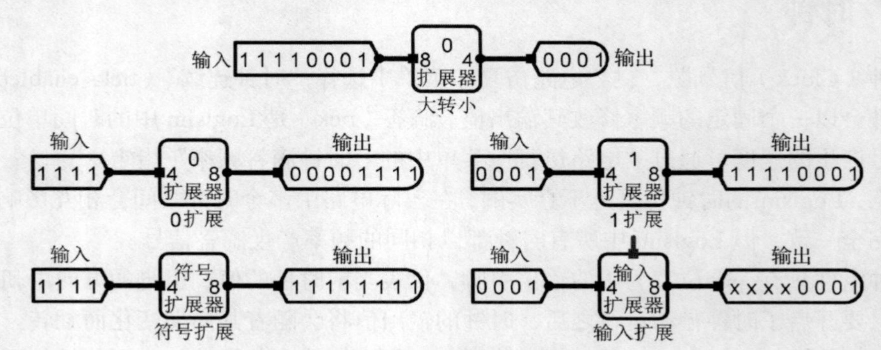

图 9.4　位扩展器引脚分布及功能

9.2 逻辑门库

逻辑门库包含一系列简单的逻辑门组件。

9.2.1 非门

非门（Not Gate）将一切输入都进行反转输出，如果输入是不确定值（x），那么输出也是不确定值，但如果在 Logisim 选项中的“未连接的逻辑门输出”是“未连接输入，输出错误”，那么非门也会输出错误值。如果输入是错误值，那么输出也会是错误值。

非门除包括朝向、尺寸、数据位宽、标签、标签字体等公共属性外，还包括如下属性。

输出值：输出值规格，指示如何将逻辑假和逻辑真值转换为输出值。

9.2.2 缓冲器

缓冲器（Buffer）只是简单地将左侧输入的值传递到右侧输出。如果输入是不确定值，那么输出也会是不确定值。注意，如果在 Logisim 选项中的“未连接的逻辑门输出”是“未指定输入，输出错误”，那么缓冲器也会输出错误值。如果输入是错误值，那么输出也会是错误值。

缓冲器是逻辑门中最无用的组件，其之所以存在仅仅是为了保持逻辑门库的整体性。但缓冲器仍然有其作用，它可以确保值仅在一个方向传播，类似二极管的功能；另外，缓冲器可以在组合电路出现毛刺时使用，即通过在线路中增加一个或多个缓冲器使得信号传播时延相等，从而解决毛刺问题。

缓冲器除包括朝向、尺寸、数据位宽、标签、标签字体等公共属性外，还包括如下属性。

输出值：输出值规格，指示如何将逻辑假和逻辑真值转换为输出值。

9.2.3 与/或/与非/或非门

与/或/与非/或非门（AND/OR/NAND/NOR Gate）（见图 9.5）都是根据各自的逻辑关系对输入值进行计算并输出的。默认情况下，所有未连接的输入端值会被忽略（蓝色连接点），所以用户可以用 5 输入逻辑门去处理只有两个输入的情况，方便用户新建逻辑门的时候不用关心输入数（如果所有输入引脚都没有连接，那么输出值将是红色的错误值）。如果用户坚持希望像真实电路那样要求每个逻辑门的输入引脚都必须被连上，可以开启菜单中“工程”选项→“仿真配置”选项卡中的“当有输入未定义，输出错误信号”选项。

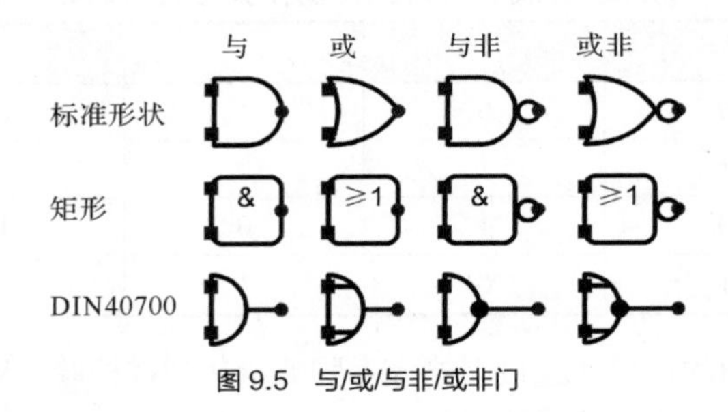

图 9.5 与/或/与非/或非门

这些逻辑门的真值表如表 9.2 所示（X 代表错误值，Z 代表浮动值）。

表 9.2 与/或/与非/或非逻辑门的真值表

与（AND）				或（OR）				与非（NAND）				或非（NOR）			
	0	**1**	**X/Z**		**0**	**1**	**X/Z**		**0**	**1**	**X/Z**		**0**	**1**	**X/Z**
0	0	0	0	**0**	0	1	X	**0**	1	1	**1**	**0**	1	0	X
1	0	1	X	**1**	1	1	1	**1**	1	0	**X**	**1**	0	0	0
X/Z	0	X	X	**X/Z**	X	1	X	**X/Z**	1	X	**X**	**X/Z**	X	0	X

这些逻辑门除包括朝向、位宽、尺寸、标签、标签字体等公共属性外，还包括如下属性。

（1）输入引脚个数：输入引脚个数决定了左侧可使用的输入个数，利用数字键可直接快速修改。

（2）输出值：输出值规格，指示如何将逻辑假和逻辑真值转换为输出值。

（3）负逻辑 x：如果选中，对应编号 x 的引脚会增加一个圆圈表示负逻辑。如果朝向为东或西，输入引脚顺序是自上而下的；如果朝向是北或南，顺序则是从左到右。

9.2.4 异或/异或非/奇校验/偶校验门

异或/异或非/奇校验/偶校验门（见图 9.6）电路均根据各自功能定义计算输出值。未连接的输入引脚被忽略，所以用户可以用 5 输入的逻辑门去处理只有两个输入的情况，且该 5 输入的功能与 2 输入的门完全一样，用户每次新建逻辑门时不用考虑引脚数量（如果所有的输入引脚都没有连接，输出值是一个红色的错误值）。如果用户坚持希望像真实电路那样要求每个逻辑门的输入引脚都必须被连上，可以开启菜单中“工程”选项→“仿真配置”选项卡中的“当有输入未定义，输出错误信号”选项。

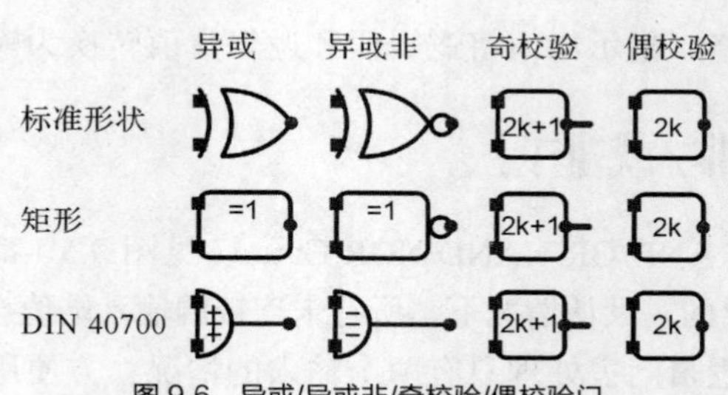

图 9.6 异或/异或非/奇校验/偶校验门

这些逻辑门的两输入真值表如表 9.3 所示。

表 9.3 异或/异或非/奇校验/偶校验逻辑门的真值表

x	y	异或	异或非	奇校验	偶校验
0	0	0	1	0	1
0	1	1	0	1	0
1	0	1	0	1	0
1	1	0	1	0	1

异或门和异或非门均可以通过设置输入引脚数量达到奇校验电路的作用，如果任何一个输入是一个错误值，输出也将是错误值。

这些组件除包括朝向、位宽、尺寸、标签、标签字体等公共属性外，还包括如下属性。

（1）输入引脚个数：输入引脚个数决定了左侧可使用输入个数，利用数字键可以快速改变输入引脚数。

（2）输出值：输出值规格，指示如何将逻辑假和逻辑真值转换为输出值。

（3）多输入行为（异或门和异或非门）：当输入引脚数超过 3 个时，异或门/异或非门输出 1 行为有两种选择，即只有一个输入的值为 1（Logisim 2.7.2 版本默认），或者奇数位的输入为 1。

9.2.5 三态缓冲器/三态非门

三态缓冲器底部有一个位宽为 1 的控制端。控制端为 1，则组件的行为是缓冲器；控制端为 0，输出也是不确定值；控制端为错误值或不确定值，输出为错误值。三态缓冲器/三态非门引脚分布及功能如图 9.7 所示。

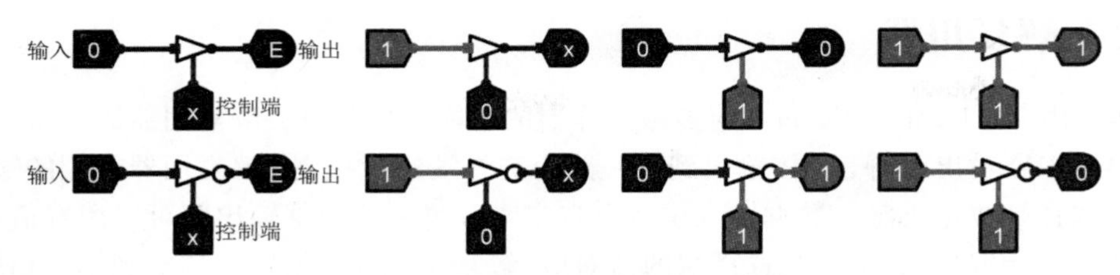

图 9.7　三态缓冲器/三态非门引脚分布及功能

当线路的值取决于几个不同组件中的某一个输出时，三态缓冲器很有用。在每个组件的输出和总线之间增加一个三态缓冲器，可以控制该组件的输出是否要汇入总线中，三态缓冲器也可以用于总线的方向控制。

该组件除包括朝向、位宽、尺寸、标签、标签字体等公共属性外，还可以设置控制端位置。

9.3　复用器库

复用器库包含一系列比基本门电路更复杂的组合逻辑电路，通常用作数据路由。

9.3.1　多路选择器

多路选择器（Multiplexer）功能类似于铁路进站道岔，从多个输入中选择一路值进行输出，具体选择哪一路由选择控制端确定。多路选择器左侧的输入引脚数由选择端的位宽决定，多路输入的位宽可自定义，每一路数据都可以用数值编号，自顶端从 0 开始编号，这个值与选择端的值对应。多路选择器的输出与多路输入中的第 n 路相同，n 由选择端的值确定。如果选择端包含未知的值或使能端为 0，那么输出为不确定值 x；使能端为 1 或悬空时，多路选择器正常输出。多路选择器引脚分布及功能如图 9.8 所示。

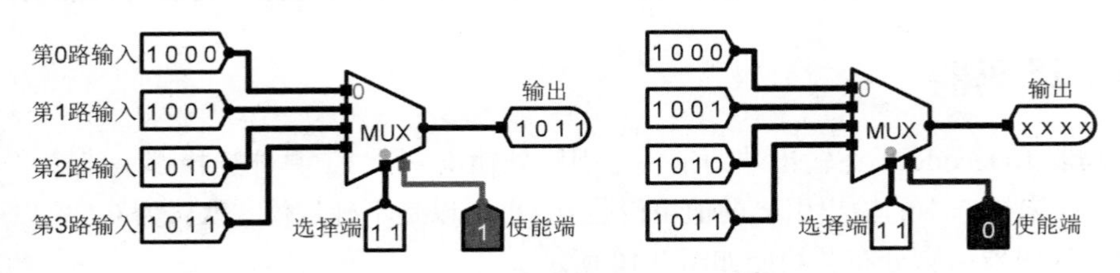

图 9.8　多路选择器引脚分布及功能

该组件除包括朝向、位宽、标签、标签字体等公共属性外，还包括如下属性。

（1）选择端位置：选择端和使能端相对于组件的位置。

（2）选择端位宽：选择端的数据位宽，假设值为 n，多路选择器的输入端引脚数为 2^n，可用数字键直接修改。

（3）禁用时的输出：定义使能端为 0 时输出端的值，可选项包括 0 和不确定值，默认是后者。

（4）使能端：默认为 Yes，组件会有一个使能端。为简化电路，建议将使能端关闭。

9.3.2 解复用器

解复用器（Demultiplexer）与多路选择器的功能正好相反，解复用器需要将一路数据输出到多路输出引脚，具体输出到哪一路由选择端进行控制。解复用器右侧的输出引脚数由选择端位宽决定，数据输入位宽可自定义，每一路数据输出都可以用数值编号，顶端从 0 开始编号，这个值与选择端的值对应。解复用器的数据输入传输到第 n 路输出，n 由选择端的值确定。如果选择端的输入包含未知的值或使能端为 0，那么输出为不确定值 x；使能端为 1 或悬空时，解复用器才能正常输出。解复用器引脚分布及功能如图 9.9 所示。

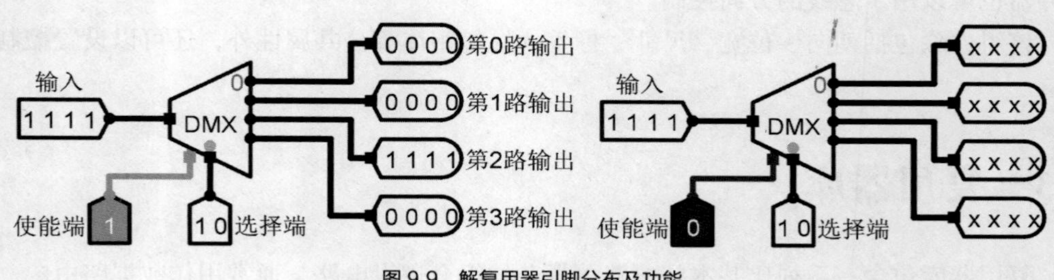

图 9.9 解复用器引脚分布及功能

该组件除包括朝向、位宽、标签、标签字体等公共属性外，还包括如下属性。

（1）选择端位置：选择端和使能端相对于组件的位置。

（2）选择端位宽：选择端的数据位宽，假设值为 n，解复用器的输出端引脚数为 2^n，可用数字键直接修改。

（3）三态：用于指定未被选中的输出端的值是不确定值，还是 0，默认为 0。

（4）禁用时的输出：定义使能端为 0 时输出端的值，可选项包括 0 和不确定值，默认是后者。

（5）使能端：默认为 Yes，组件会有一个使能端。为简化电路，建议将使能端关闭。

9.3.3 译码器

译码器（Decoder）在输出端的某一个引脚处输出一个 1，具体选择哪一路输出 1 由选择端确定。未被选中的输出引脚的值可以是 0，也可以是不确定值，默认为 0，用户可以自行配置。译码器引脚分布及功能如图 9.10 所示。

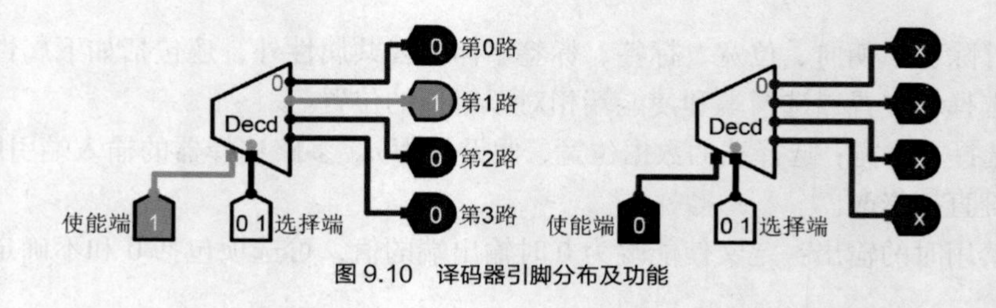

图 9.10 译码器引脚分布及功能

该组件除包括朝向、位宽、标签、标签字体等公共属性外，还包括如下属性。

（1）选择端位置：选择端和使能端相对于组件的位置。

（2）选择端位宽：选择端的数据位宽，假设值为 n，则译码器的输出端引脚数是 2^n，可用数字键直接修改。

（3）三态：用于指定未被选中的输出端的值是不确定值，还是 0，默认为 0。

（4）禁用时的输出：定义使能端为 0 时输出端的值，可选项包括 0 和不确定值，默认是后者。

（5）使能端：默认为 Yes，组件会有一个使能端。为简化电路，建议将使能端关闭。

9.3.4 优先编码器

优先编码器（Priority Encoder）左侧有多个 1 位的输入引脚，从 0 开始按顺序编号。该组件检测左侧引脚中是否有值为 1 的引脚，如果有，则输出其编号；当多个引脚同时为 1 时，则输出最大的那个编号。举例说明，如果输入 0、2、4、6 引脚均为 1，则优先编码器输出编号值 110（6），如果没有输入引脚为 1，或者该组件未使能，则输出值为不确定值。优先编码器引脚分布及功能如图 9.11 所示。

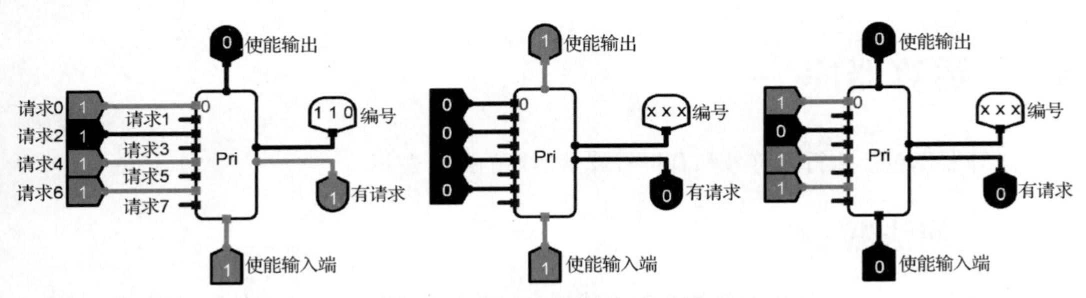

图 9.11 优先编码器引脚分布及功能

该组件还包含一个使能输入端和使能输出端。只要使能输入端为 0，该组件处于关闭状态，输出编号为不确定值。当使能输入端为 1，且输入引脚没有一个是 1，则使能输出为 1，否则输出为 0。因此，读者可以串联两个优先编码器，使第一个编码器的使能输出端连接到第二个编码器的使能输入端，这样，如果第一个编码器有任意一个输入引脚的值为1，则第二个优先编码器会被关闭，输出为不确定值。当第一个编码器没有引脚输入为 1，其输出为不确定值，此时，第二个编码器会被开启，并输出最高优先级请求（输入为 1）的编号。优先编码器的这种设计可以方便地将多个优先编码器串联起来使用，以达到扩充输入的目的。

优先级编码器的另外一个输出表示优先编码器有输入请求，当使能输入为 1，且输入引脚中有 1 时其输出为 1。当多个优先编码器串联在一起使用时，这个输出可以用于判断哪个优先编码器被触发。

该组件除朝向属性外，还包括如下属性。

（1）选择位宽：用于配置优先编码器的输入引脚数量，假设为 n，则编码器输入引脚数是 2^n，可用数字键直接修改。

（2）禁用时的输出：定义使能端为 0 时输出端的值，可选项包括 0 和不确定值，默认是后者。

9.3.5 位选择器

给定一个多位宽的输入，位选择器（Bit Selector）会将输入按输出宽度分成多组（从最低位开始），并且输出选择端指定的组。假设输入为一个 8 位的 01010111，如果输出宽度为 3 位，那么第 0 组将会是最低的 3 个比特位组成的值 111，第 1 组是较高的另 3 个比特位组成的值 010，第 2 组是下一个 3 位比特位组成的值 001（超出输入值位宽的位补 0）。选择端数值将是两比特位宽的值，用来指定其中一个组输出。如果选择端输入“3”，则输出端会输出 000。位选择器引脚分布及功能如图 9.12 所示。

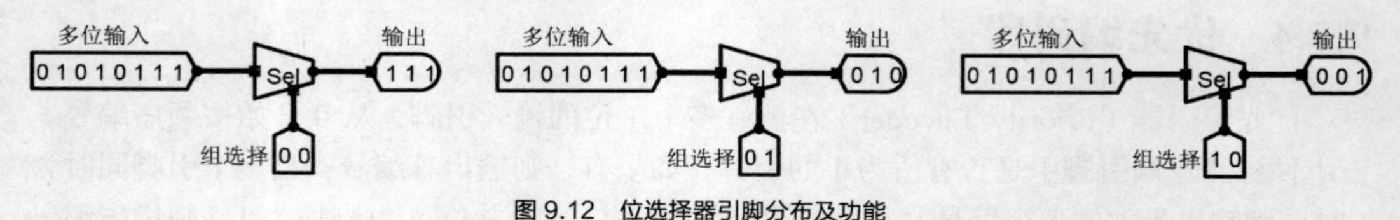

图 9.12 位选择器引脚分布及功能

该组件可以定义朝向、输入位宽、输出位宽等属性，按数字键 1～9 可直接修改输出位宽；按 Alt+数字键可直接修改输入位宽。

9.4 运算器库

运算器库包括执行无符号和有符号算术运算的组合逻辑。

9.4.1 加法器

加法器（Adder）计算左侧两个输入值的和，并从右侧输出。该组件同时提供了一个 1 位进位输入和一个 1 位进位输出，以便加法器级联。如果加法器有不确定值输入或错误数值输入，则加法器会尽可能地运算低位部分。但是对于输入值为不确定值或错误值的位，输出也会是一个不确定值或错误值。加法器引脚分布及功能如图 9.13 所示，注意加法器不区分无符号和有符号运算。加法器只有一个数据位宽属性，按 Alt+数字键可快速修改数据位宽。

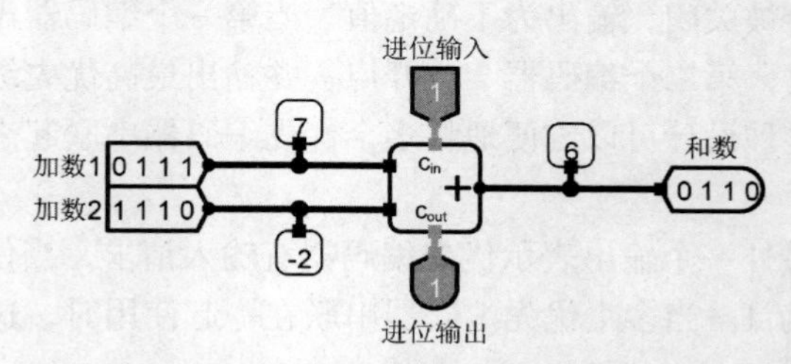

图 9.13 加法器引脚分布及功能

9.4.2 减法器

减法器（Subtractor）将左侧输入值相减（较高的引脚减去较低的引脚），差值输出到右侧输出引脚。该组件同时提供了一个 1 位借位输入和一个 1 位借位输出以便减法器级联。减法器引脚分布及功能如图 9.14 所示。

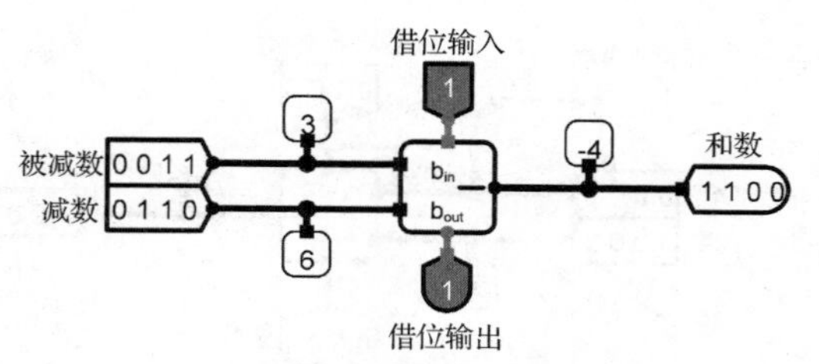

图 9.14 减法器引脚分布及功能

借位输入将从结果的值中借走 1 位，借位输出指示组件是否需要借用更高位的值来完成无下溢的减法（假设无符号减法）。如果任一操作数包含一些不确定值或错误位，则该组件将尽可能地计算低位部分。但是如果输入值为不确定值或错误值的位，输出也会是一个不确定值或错误的值。减法器只有一个数据位宽属性，按 Alt+数字键可快速修改数据位宽。

9.4.3 乘法器

乘法器（Multiplier）将左侧两个输入引脚的值进行无符号乘法，并将乘积的低位输出到从右侧的输出引脚，将乘积高位输出到底部的进位输出端。乘法器同时提供了一个多位的进位输入和多位的进位输出以方便乘法器级联。进位输出用于输出乘积高位部分，该值可以加入下一级的乘法器中，运算时对不确定值、错误值的处理方法与加法相同。乘法器只有一个数据位宽属性，按 Alt+数字键可快速修改数据位宽。乘法器引脚分布及功能如图 9.15 所示。

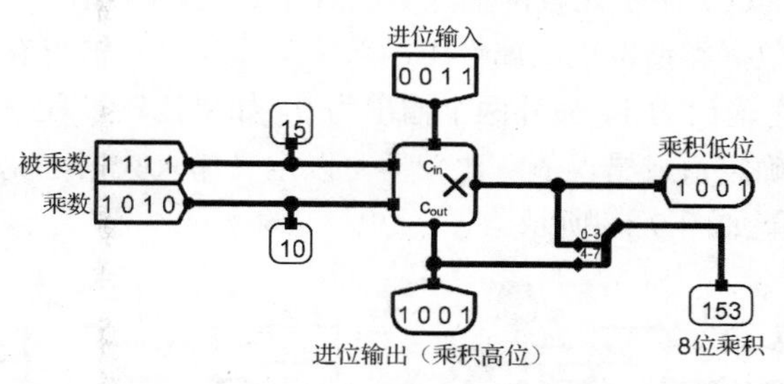

图 9.15 乘法器引脚分布及功能

9.4.4 除法器

除法器（Divider）将左侧两个输入引脚的值进行无符号除法，并将商输出到右侧的输出引脚。该组件同时提供了一个多位 upper 输入以便除法器级联（用于扩展被除数位宽）。upper 输入位宽和被除数一样，可以充当被除数的高位；rem 引脚输出余数，该值可以连接到下一级除法器的 upper 输入。如果除数为 0，则除法不会被执行（此时 Logisim 默认除数为 1 进行运算）；余数范围在 0 和“除数-1”之间，商将始终是一个整数，如果商的位数超过数据位宽（upper 输入有数据时），只保留低位数据位。如果任一操作数包含一些不确定值或错误位，则该组件的输出将是完全不确定值或完全错误的值。除法器只有一个数据位宽属性，按 Alt+数字键可快速修改数据位宽。除法器引脚分布及功能如图 9.16 所示。

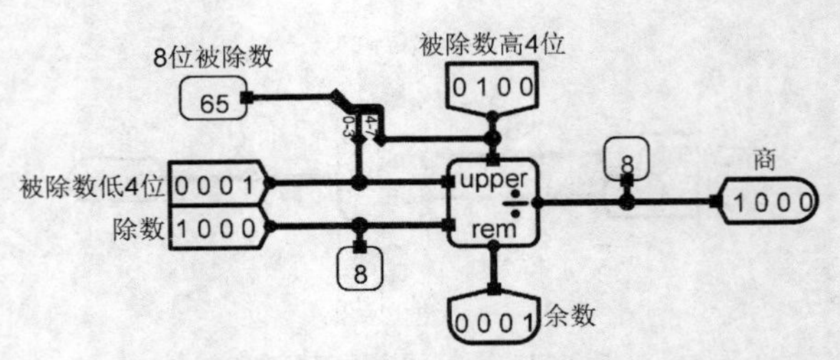

图 9.16　除法器引脚分布及功能

9.4.5　求补器

求补器（Negator）用于计算输入值的补码。补码计算采用扫描法，从最低位向最高位找到第一个为 1 的数据位，保持这些位不变，高位全部取反。如果需要取反的值恰好是最小的负值（无法用二进制的补码表示），那该值的补码依旧是其本身。求补器只有一个数据位宽的属性，其引脚分布及功能如图 9.17 所示。

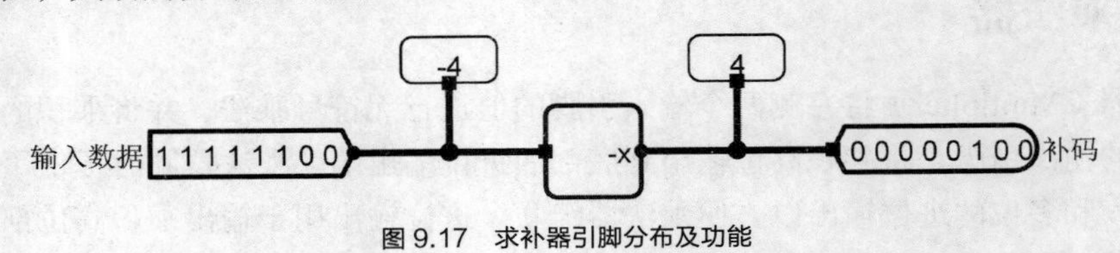

图 9.17　求补器引脚分布及功能

9.4.6　比较器

比较器（Comparator）用于比较两输入数的大小，这两个值既可以是无符号数，也可以是有符号数，具体数据类型取决于属性中的数字类型定义；输出有大于、等于、小于 3 个引脚，通常其中一个输出为 1，另外两个输出为 0。如果比较过程中发现不确定值或者错误值，输出也将是不确定值或错误值。比较器可以定义输入数据位宽和比较器类型两个属性，其引脚分布及功能如图 9.18 所示。

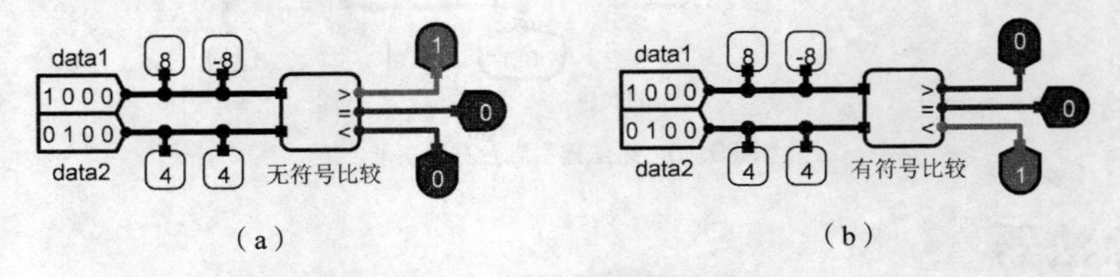

图 9.18　比较器引脚分布及功能

9.4.7　移位器

移位器（Shifter）包含数据和移位位数两个输入，输出结果为移位后的值。数据输入和输出具有相同的数据位宽。假设移位位数的值为 offset，数据位宽为 n，则 $0 \leqslant \text{offset} \leqslant n-1$，移位位数的位宽应该是 $\log_2 n$ 向上取整。比如数据位宽是 8，则该值需要 3 个比特；如果数据位宽是 9，则该值需要 4 个比特。如果移位位数为未确定值或错误值，则输出将完全是错误值。

移位器支持以下移动类型。

（1）逻辑左移：输入数据所有位向左移动 n 位，低位补 0。比如，11001011 逻辑左移两位变成 00101100（高两位被丢弃）。

（2）逻辑右移：输入数据所有位向右移动 n 位，高位补 0。比如，11001011 逻辑右移两位变成 00110010（低两位被丢弃）。

（3）算术右移：输入数据所有位向右移动 n 位，高位补充移动之前最高比特位的值。比如，11001011 运算右移两位变成 11110010。

（4）循环左移：输入数据所有位向左移动 n 位，移动时原来的最高位补充到原来的最低位。比如，11001011 循环左移两位变成 00101111。

（5）循环右移：输入数据所有位向右移动 n 位，移动时原来的最低位补充到原来的最高位。比如，11001011 循环右移两位变成 11110010。

移位器包括输入数据位宽和移位方式两个属性，用户可以灵活配置。不同移位方式的移位器外观及引脚分布与功能如图 9.19 所示。

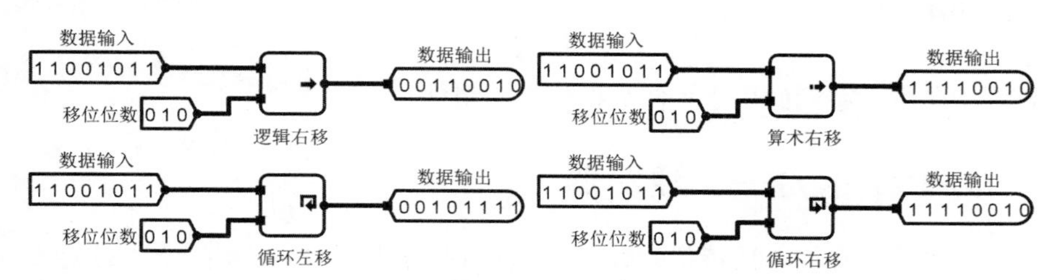

图 9.19　移位器外观及引脚分布与功能

9.4.8　逐位加法器

逐位加法器（Bit Adder）用于计算多个输入中比特位为 1 的数量。如果任何数据中存在不确定值或错误值的比特位，输出将包含错误值。逐位加法器可以定义数据位宽及输入引脚的数量，利用数字键可以快速修改输入引脚的数量，利用 Alt+数字键可以快速修改数据位宽。图 9.20 中逐位加法器包含两个数据输入，输出引脚的位宽是根据输入引脚位宽自动计算的。

图 9.20　逐位加法器引脚分布及功能

9.4.9　位查找器

位查找器（Bit Finder）组件接收一个多位的输入，输出某个比特位的位置。如何查找取决于组件中的查找类型属性，以 8 位输入 11010100 为例，当查找类型为查找最低位的 1 时，输出为 2；当查找类型为查找最高位的 1 时，输出为 7；当查找类型为查找最低位的 0 时，输出为 0；当查找类型为查找最高位的 0 时，输出为 5。该组件引脚分布及功能如图 9.21 所示。

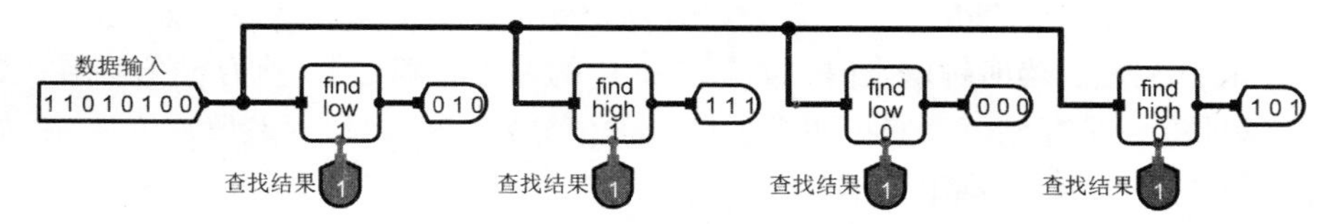

图 9.21　位查找器引脚分布及功能

图 9.21 中该组件底部的输出为查找结果，指明了待查找位是否存在。在以上输入为 11010100 的情况中，底部输出在所有情况下都为 1。但是，如果输入为 00000000 且查找最右侧或最左侧的 1 时，输出将会是 0，并且右侧的位置输出也会是 0。

如果在查找一个目标值的时候，查找该值的结果既不是 0，也不是 1（该值可能是不确定值或者错误值），那么所有输出都将是错误值。注意，当且仅当有问题的比特位在目标比特位之前被找到：对于输入 x1010100，如果查找最低的1，则输出将依然是 2；但是如果当前的类型是查找最高的1或者查找最高的 0，则会输出一个错误值，因为错误比特位比最高位的 0 或 1 都高。

9.5 存储库

存储库中包含一系列的用于存储数据信息的组件。

9.5.1 D/T/J-K/R-S 触发器

每种触发器都会存储单比特位的数据，并从右侧标识为 Q 的引脚输出。注意 Q 引脚下面的引脚为 Q'，二者值正好相反，如图 9.22 所示。通常，被存储的值可以通过左侧的 D 引脚输入，触发器存储值在时钟上跳沿时发生变化（也可配置为下跳沿或其他），时钟端引脚用一个三角形标识。时钟上升沿来临时，各触发器值的改变方式如表 9.4 所示。

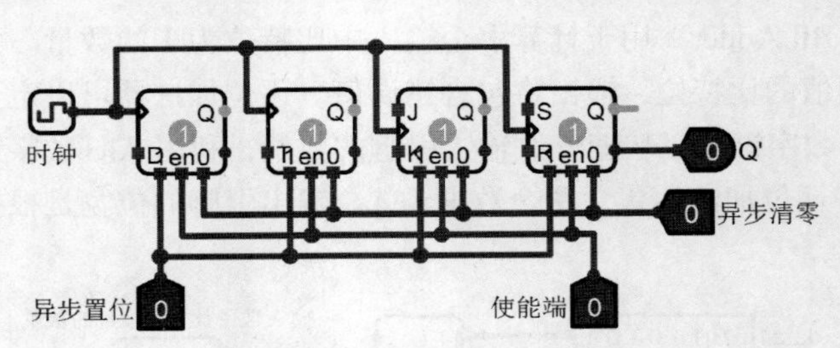

图 9.22　D、T、J-K、R-S 触发器

表 9.4　各类触发器的真值表

D 触发器		T 触发器		J-K 触发器			R-S 触发器		
D	**Q**	**T**	**Q**	**J**	**K**	**Q**	**R**	**S**	**Q**
0	0	0	Q	0	0	Q	0	0	Q
1	1	1	Q'	0	1	0	1	0	0
—		—		1	0	1	0	1	1
—		—		1	1	Q'	1	1	?

（1）D 触发器：当时钟触发时，触发器存储值变成 D 输入端在此时刻的值。

（2）T 触发器：当时钟触发时，触发器存储值变或不变由 T 输入端的值决定。

（3）J-K 触发器：当时钟触发时，如果 J 和 K 的输入端都是 1，则存储值翻转；如果 J 和 K 的值都是 0，则存储值不变；如果 J 和 K 的值分别为 0、1，存储值复位为 0；如果 J 和 K 的值分别为 1、0，存储值置位为 1。

（4）R-S 触发器：当时钟触发时，如果 R 和 S 的值分别为 0、0，则存储值不变；如果

R 和 S 的值分别为 1、0，输出值为 0；如果 R 和 S 的值分别为 0、1，则输出值为 1；如果 R 和 S 的值分别为 1、1，输出值为不定，在 Logisim 中 Q 值保持不变。

图 9.22 中触发器底部的 3 个控制信号分别是异步置位、使能端、异步清零信号。当使能端为 0 时忽略时钟信号；异步置位和异步清零信号都是电平敏感信号，电平为 1 时立即进行置位或清零动作，与时钟无关。在异步清零和异步置位信号无效时使用手形戳工具单击触发器可以改变触发器的值。

触发器除标签、标签字体外，还可以设置时钟触发方式。上升沿触发表示当时钟信号从 0 到 1 的时候，触发器更新其值；下降沿触发表示当时钟信号从 1 到 0 的时候，触发器更新其值；高电平触发表示当时钟信号为 1 的时候，触发器应该不断更新其值；低电平触发表示当时钟信号为 0 的时候，触发器应该不断更新其值。电平触发对 T 触发器和 J-K 触发器无效。

9.5.2 寄存器

每个寄存器都会存储一个多位的值，具体值以十六进制方式显示在其矩形框内，该值从 Q 输出端输出。当时钟信号（底部三角形标识引脚）到来时（默认上跳沿），寄存器的值修改为该时刻 D 输入端的值。时钟信号触发方式可以通过属性中的触发方式设定。

异步清零复位信号为 1 时，寄存器存储值立即清零，此时无论时钟如何变化，寄存器的值恒为 0，异步置位则正好相反。使能端为 1 或者不确定值时时钟信号有效；使能端为 0 时忽略时钟信号。片选低电平（为 0）有效，片选高电平（为 1）时输出为不确定值。寄存器引脚分布及功能如图 9.23 所示。

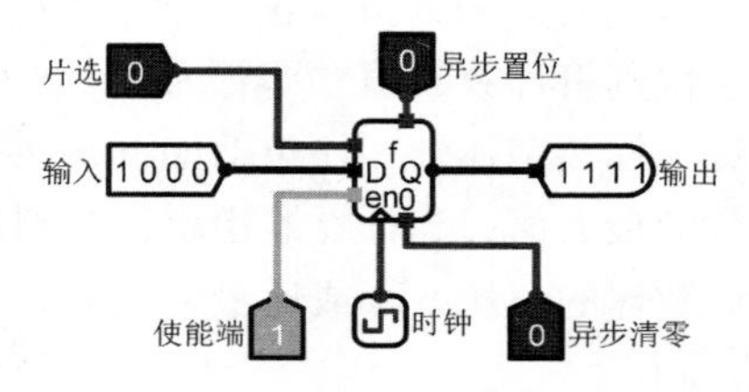

图 9.23 寄存器引脚分布及功能

寄存器组件除包括数据位宽、标签、标签字体等公共属性外，还可以设置时钟触发方式：上升沿触发表示当时钟信号从 0 到 1 的时候，寄存器应该更新其值；下降沿触发表示当时钟信号从 1 到 0 的时候，寄存器应该更新其值；高电平触发表示当时钟信号为 1 的时候，寄存器应该不断更新其值；低电平触发表示当时钟信号为 0 的时候，寄存器应该不断更新其值。

利用手形戳工具单击寄存器会将键盘的焦点聚焦到寄存器上（用红色矩形框表示），此时可以利用键盘直接修改寄存器的值。

9.5.3 计数器

计数器与寄存器一样锁存一个数值，该数值从 Q 端输出，每当有效时钟信号来临时，计数器中的值可能会随着计数器 load 引脚及 count 引脚的值变化而发生改变。计数器引脚分布及功能如图 9.24 所示，其中左侧较高位置的输入称为 load，左侧较低位置的输入称为 count。计数器计数逻辑如表 9.5 所示。

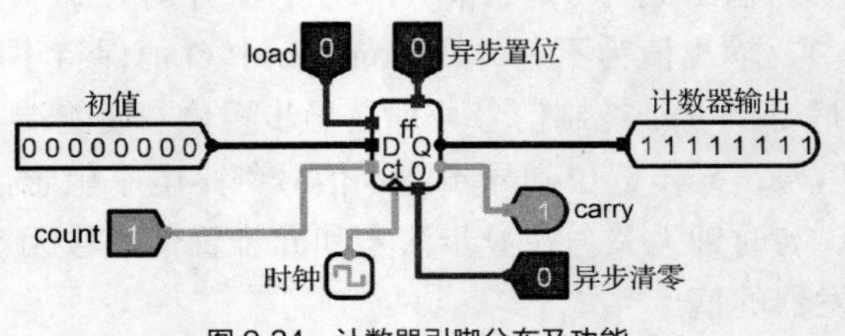

图 9.24　计数器引脚分布及功能

表 9.5　**计数器计数逻辑**

load	count	触发动作
0 或 x	0	计数数值不变
0 或 x	1 或 x	计数值加 1
1	0	计数值从 D 输入端载入
1	1 或 x	计数值减 1

计数范围由最大值属性指定，当计数值等于最大值属性设定的值时，下一次递增计数将会重新归零；如果当前计数值为 0，下一次递减计数会变成最大值属性设定的值。

除了 Q 端输出外，该组件还包含一个 1 位的 carry 输出。当计数器的 load 为 0 或不确定值时，count 引脚功能是正向计数，且计数值达到最大值时，carry 输出为 1；当计数器的 load 为 1 时，count 引脚功能是反向计数，且当前计数值为 0 时，carry 输出为 1。

异步清零端可将计算器异步清零，只要异步清零端输入的值为 1，计数器将忽略时钟信号立刻被持续清零，异步置位则将计数器值立即置为全 1。

计数器除数据位宽、标签、标签字体外，还包括如下属性。

（1）最大值：计数器计数的最大值，当计算器递增计数到该值时，carry 端输出为 1。

（2）溢出时操作：定义计数器的值比 0 小或比最大值大时所采取的操作。

① 重新计数：下一个值为 0。

② 保持当前值：计数器的值保持不变。

③ 继续计数：计数器的值继续递增/递减。

④ 加载下一个值：下一个值从 D 输入端加载。

（3）时钟触发方式：上升沿触发表示当时钟信号从 0 到 1 的时候，计数器应该更新其值；下降沿触发表示当时钟信号从 1 到 0 的时候，计数器应该更新其值。

利用手形戳工具单击计数器会将键盘的焦点聚焦到计数器上（用红色矩形框表示），此时可以利用键盘直接修改计数器的值。

9.5.4　移位寄存器

移位寄存器中包含若干段，每个段可包含多位数据，每次时钟信号来临都可能会导致各段接收前一段的值，而一个新的值将从input 引脚被加载到第一段。该组件也可选择并行加载和存储所有段的值，移位寄存器引脚分布及功能如图 9.25 所示。图 9.25 中每段位宽为 4 位，一共 6 段。

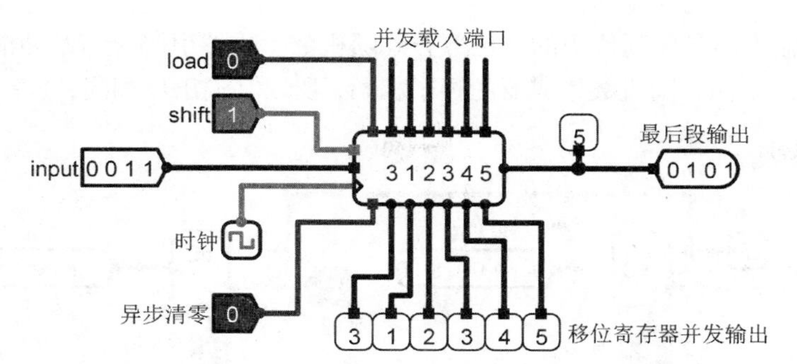

图 9.25 移位寄存器引脚分布及功能

移位寄存器主要引脚功能如下。

（1）shift 引脚：移位控制信号，当该值为 1 或不确定值时，所有段都随着时钟信号向右移动；如果该值为 0，则不向右移动；如果 load 输入值为 1，则该值被忽略。

（2）input 引脚：当各段向右移动时，该输入端的值被加载到第一段中。

（3）时钟引脚：时钟信号来临时，移位寄存器将进行移位或者加载新值的操作。

（4）load 引脚：当该值为 1 时，在下一个时钟信号到来时，顶部所有并发载入端口的值被分别加载到移位寄存器的各段中。

（5）并发载入端口引脚：该端口包括多个引脚，引脚位宽与数据位宽的属性相同。当 load 值为 1 时，在下一个时钟信号到来时，并发载入端口所有引脚的输入值被加载到移位寄存器的各段中，最左侧的输入对应第一段。

（6）异步清零引脚：当输入为 1 时，寄存器各段异步复位为 0，所有其他输入均被忽略。

（7）输出：输出移位寄存器最后一段的值。

移位寄存器除数据位宽、标签、标签字体外，还包括如下属性。

（1）段数：移位寄存器包括的段数。

（2）并行加载：如果选择 Yes，各段的值均可并行输入或并行输出；如果选择 No，并行加载端口引脚和并行输出引脚均会消失。

（3）时钟触发方式：上升沿触发，表示当时钟信号从 0 到 1 的时候，移位寄存器应该更新其值；下降沿触发，表示当时钟信号从 1 到 0 的时候，移位寄存器应该更新其值。

如果并行加载属性是关闭的，或者数据位宽超过 4，则利用手形戳工具单击移位寄存器是无效的；否则单击移位寄存器会将键盘的焦点聚焦到某个段上（用红色矩形框表示），此时可以利用键盘直接修改对应段的值。

9.5.5 随机数生成器

随机数生成器组件会生成一串伪随机数序列，每次时钟信号到来时，相应组件计算序列中的下一个值。从技术上来说，用来计算伪随机序列的算法是线性同余发生器，计算时从种子 r_0 开始，序列中下一个数 r_1 的计算公式如下：

$$r_1 = (25214903917r_0+11) \bmod 2^{48}$$

r_2 也采用同样的公式由 r_1 计算得到，依次类推。随后每次时钟到来均按公式（9.1）计算新的序列值，这个序列值均是 48 位数字，由于属性中定义了输出的数据位宽，因此随机数生成器最终输出的是序列值中的低位部分。随机数生成器引脚分布及功能如图 9.26 所示。因为图 9.26 中两个随机数生成器的种子相同，所以其输出也相同，这一点在使用时一定要注意。

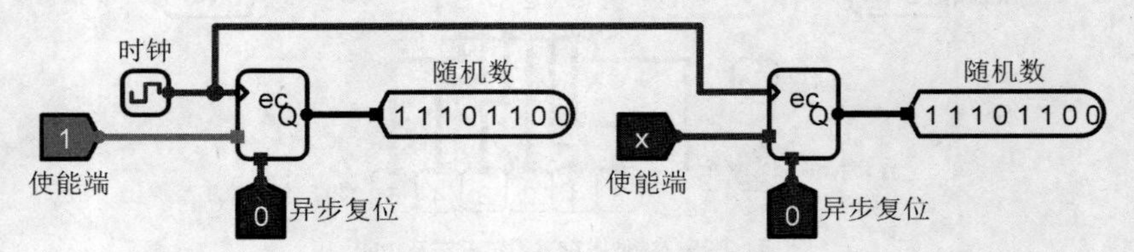

图 9.26 随机数生成器引脚分布及功能

除了时钟输入端，该组件还包括一个使能输入端和异步复位端。使能端为 0 时，会忽略时钟输入；异步复位端为 1 时，立即将输出复位为种子 r_0。

用户是可配置初始种子的，如果它被配置为 0（默认值），则该种子是基于当前时间计算得到的；异步清零时，随机数生成器会基于新的时间重新计算一个新的种子。

该组件除包含数据位宽、标签、标签字体属性外，还包括如下属性。

（1）种子：随机数初始值，其为 0 时，将会基于当前时间得到。

（2）触发方式：配置时钟输入的行为。上升沿触发，表示当时钟信号从 0 到 1 的时候，该组件应该更新其值；下降沿触发，表示当时钟信号从 1 到 0 的时候，该组件应该更新其值。

9.5.6 随机存储器

随机存储器（RAM）是 Logisim 内置库中较复杂的一个组件，最多能存储 2^{24} 个存储单元（地址线宽度最大为 24 位），位宽最大为 32 位。RAM 用黑底白字显示当前存储单元的值，显示区域左侧用灰色显示数字地址列表，数据采用十六进制显示。RAM的地址和数据位宽及数据接口等属性可以灵活配置，另外使用手形戳工具单击 RAM 上的地址或存储内容后可以直接利用键盘修改显示区域地址和对应的存储内容，也可以通过菜单工具打开十六进制编辑器来直接编辑修改 RAM 的存储内容。

RAM 支持 3 种不同的接口模式，如图 9.27 所示，具体可以设置属性中的数据接口项。

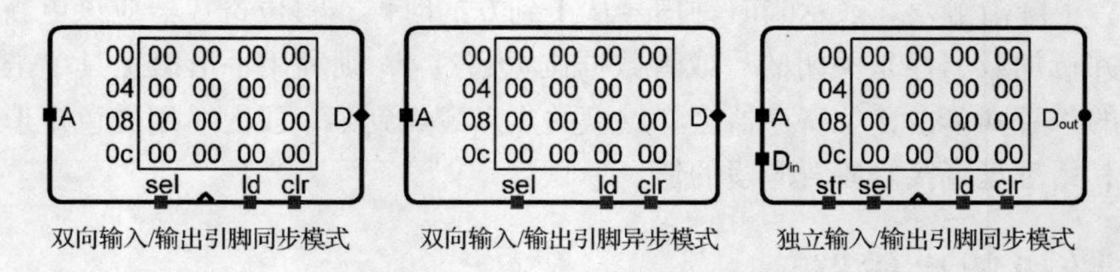

图 9.27 RAM 支持的 3 种不同接口模式

（1）双向输入/输出引脚同步模式（默认值）：RAM 右侧 D 引脚是一个既可以读，也可以写数据的双向引脚。读写方向由 ld 引脚决定，如 ld 输入为 1（或为不确定值 x），D 端为输出引脚，读出数据；反之，D 端为输入引脚，利用时钟信号同步写入数据。为了让 RAM 正常工作，需要使用三态缓冲器控制数据读写方向，具体可参考图 9.28。注意，片选信号 sel 悬空或为 1 时 RAM 可以正常工作，否则输出为不确定值 x。clr 引脚信号为异步清零信号，其值为 1 时 RAM 中所有内容被立即清零。

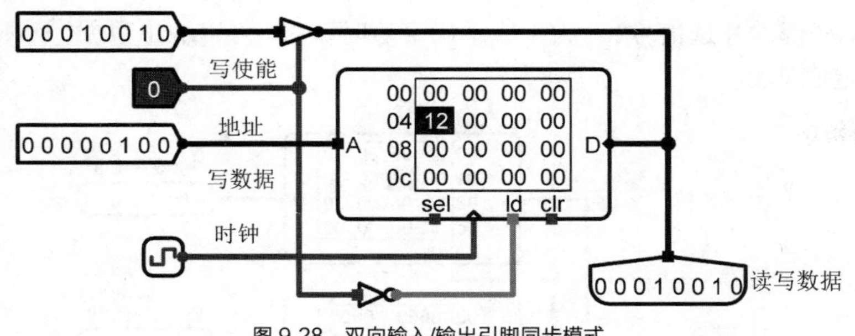

图 9.28　双向输入/输出引脚同步模式

（2）双向输入/输出引脚异步模式：该模式中除了没有时钟信号之外，其他引脚均与双向输入/输出引脚同步模式中的一致。只要 ld 引脚值为 0，数据总线上的值会被存储到 RAM 中。如果当 ld 引脚值为 0，且数据地址改变了，则进行另外一个存储事件，这种模式与大部分随机存储器的接口更相似。

（3）独立输入/输出引脚同步模式：该模式中数据输入引脚和输出引脚分开，数据输入引脚 D_{in} 位于左侧，数据输出引脚 D_{out} 位于右侧，且该模式不需要三态缓冲器控制数据总线方向，使用较为简单。如图 9.29 所示，其中写数据引脚 D_{in} 和读数据引脚 D_{out} 是两个独立的单向引脚，str（store）引脚信号是 RAM 写入控制信号，高电平或悬空时有效，时钟到来时写数据端口 D_{in} 的数据被写入当前地址单元；ld（load）引脚信号是 RAM 数据读出控制信号，高电平或悬空时有效，图 9.29 中 ld 为低电平，所以读数据输出为不确定值 *x*。注意，片选信号 sel 悬空或为 1 时 RAM 可以正常工作，否则输出为不确定值 *x*。clr 引脚信号为异步清零信号，其值为 1 时 RAM 中所有内容被立即清零。

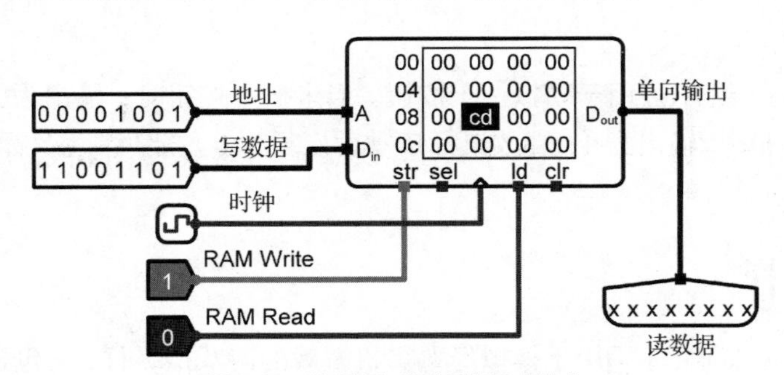

图 9.29　独立输入/输出引脚同步模式

9.5.7　只读存储器

只读存储器（ROM）最多能存储 2^{24} 个存储单元，存储单元位宽最大为 32 位（由数据位宽属性指定）。与 RAM 不同，ROM 中的存储数据也是组件的属性。因此一个电路中如果包括两个相同的 ROM，其存储数据内容也完全一致，其存储数据将存储在 Logisim 中的文件中，每次打开电路时存储数据将自动载入。

ROM 用黑底白字显示当前存储单元的值，显示区域左侧是地址列表（用灰色显示），所有数据均采用十六进制显示。使用手形戳工具单击ROM上的地址或存储内容后可以直接利用键盘修改显示区域地址和对应的存储内容，也可以通过菜单工具栏打开十六进制编辑器来直接编辑修改 ROM 的存储内容。

ROM 引脚分布及功能如图 9.30 所示，其中地址输入 A 及数据输出的位宽均可以通过属性自定义，底部的片选信号 sel 为 1 或不确定值时 ROM 可以输出数据，否则禁用 ROM，输出为不确定值 *x*。

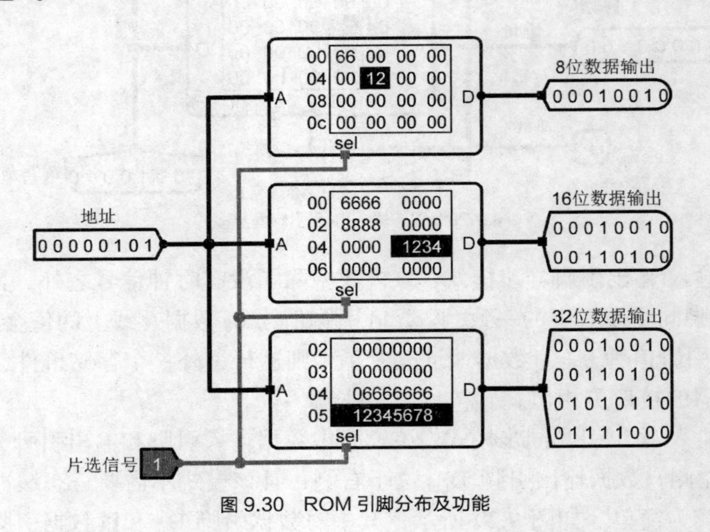

图 9.30 ROM 引脚分布及功能

9.6 输入/输出库

输入/输出库包括一些与用户交互的典型组件，下面对这些组件依次进行介绍。

9.6.1 按钮

按钮（Button）组件用于模拟一个按钮。当未按下按钮时，输出为0；当用户使用手形戳工具按下按钮时，输出为 1；释放鼠标按键后恢复为 0。按钮颜色及标签颜色可以在属性中自行调整。

9.6.2 操纵杆

操纵杆（Joystick）组件用于模拟经典街机游戏的游戏操纵杆，它包含两个坐标输出。用户单击手形戳工具后，可以用鼠标在圆角区域内拖动中间的圆形按钮，输出会更新以指示红色按钮的当前 *x* 轴和 *y* 轴坐标；拖动鼠标将继续移动圆形按钮并更新输出；释放鼠标按键，圆形按钮恢复到中间位置。用户可以自定义坐标输出的位宽，以及圆形按钮的颜色。

9.6.3 键盘

键盘（Keyboard）组件允许电路读取从键盘输入的 ASCII 键值——只要这些键可以用 7 位 ASCII 码表示即可。使用手形戳工具单击键盘组件后，用户可以直接利用键盘输入 ASCII 字符，这些字符会累积在缓冲区中。缓冲区中最左侧字符的 ASCII 值会从最右边的输出引脚输出，当时钟信号到来时，最左侧的字符从缓冲区中消失，新的最左侧字符被发送到最右边输出。键盘组件引脚分布及功能如图 9.31 所示。其中，键盘组件中间的文字就是缓冲区的内容；读使能为 0 时，时钟信号被忽略；清除缓冲控制信号时电平有效。

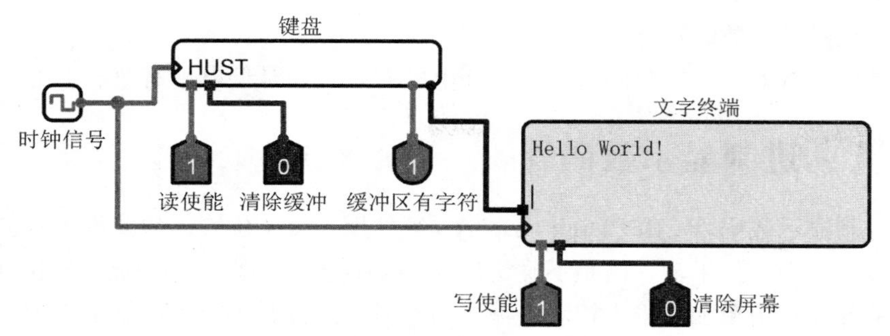

图 9.31　键盘组件引脚分布及功能

缓冲区支持的字符包括所有可打印的 ASCII 字符，以及空格、换行符、退格符和控制字符 control-L。另外，利用方向左箭头和方向右箭头可在缓冲区内移动光标；利用删除键可删除光标右边的字符（如果有的话）。注意，该组件是异步组件，当缓冲区为空且用户输入一个字符时，该字符立即作为输出发送，而不需要等待时钟信号。

利用手形戳工具单击键盘组件，系统会聚焦该键盘组件，并显示一个垂直条形光标。每输入一个字符，只要缓冲区没有达到其最大容量且字符是组件支持的字符，就会被插入缓冲区中。

键盘组件可以设置如下属性。

（1）缓冲区长度：缓冲区可以一次保存的字符数，最大可设置为 256。

（2）时钟触发模式：可选择上升沿或下降沿。

9.6.4　LED 指示灯

LED 指示灯组件●通过对 LED 指示灯进行着色（由颜色属性指定）来显示其输入值，具体颜色取决于输入是 1 还是 0。一个 LED 指示灯只有一个 1 位输入引脚，用来决定 LED 指示灯是否点亮；用户通过修改属性可以设定不同值的颜色。LED 指示灯除包含朝向、标签、标签位置、标签字体等公共属性外，还包括如下属性。

（1）点亮颜色：输入值为 1 时显示的颜色。

（2）熄灭颜色：输入值为 0 时显示的颜色。

（3）高电平有效：决定 LED 被点亮是高电平有效，还是低电平有效。

（4）标签颜色：标签字体的颜色。

9.6.5　七段数码管

七段数码管（7-Segment Display）组件用于模拟七段数码管，8 个 1 位输入的值分别对应 7 个线段和一个小数点上，其引脚分布及功能如图 9.32 所示。不同的制造商将输入映射到数码管各段的方式不同，Logisim 使用的对应关系是基于德州仪器的 TIL321 芯片。

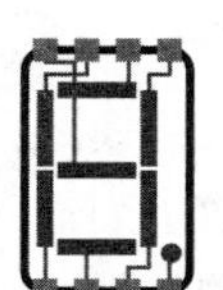

图 9.32　七段数码管引脚分布及功能

七段数码管包括如下属性。

（1）点亮颜色：输入值为 1 时显示的颜色。

（2）熄灭颜色：输入值为 0 时显示的颜色。

（3）背景颜色：数码管背景色。

（4）高电平有效：决定数码管点亮是高电平有效，还是低电平有效。

9.6.6 十六进制显示数码管

十六进制显示数码管（Hex Digit Display）组件用于将 4 位输入的值用十六进制形式显示在七段数码管中，如果输入值是不确定值 x 或错误值 E，则数码管显示短横线（“-”），而小数点部分显示由单独的输入控制，输入为 0 或不连接时小数点不显示。十六进制显示数码管引脚分布及功能如图 9.33 所示。

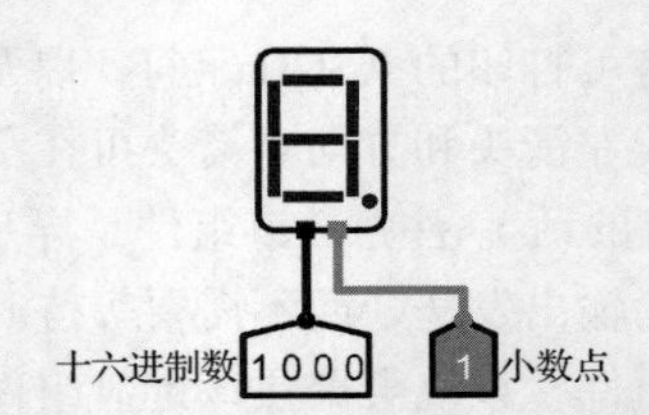

图 9.33 十六进制显示数码管引脚分布及功能

十六进制显示数码管包括如下属性。

（1）点亮颜色：输入值为 1 时显示的颜色。

（2）熄灭颜色：输入值为 0 时显示的颜色。

（3）背景颜色：数码管的背景色。

9.6.7 LED 矩阵

LED 矩阵（LED Matrix）组件用于模拟一个小的像素网格，其显示值由当前输入确定，网格最大尺寸为 32 行×32 列。LED 矩阵组件的引脚布局模式有列模式、行模式和行列模式 3 种，如图 9.34 所示。

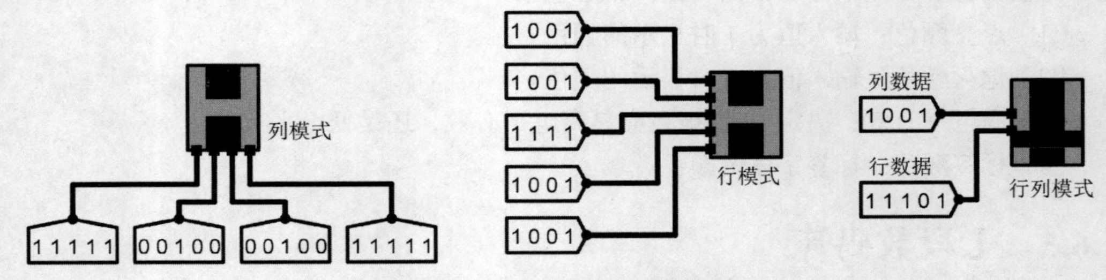

图 9.34 LED 矩阵组件的引脚布局模式

（1）列模式：输入分布在组件底部，矩阵的每列有一个多位输入，每个输入位宽等于矩阵行数。列输入值中每个比特位的值控制当前列对应像素的点亮和熄灭，最低位对应列中底部的像素，1 表示点亮，0 表示熄灭。如果某列的任何位是不确定值或错误值，则该列中的所有像素均被点亮。

（2）行模式：输入分布在组件左侧，矩阵的每行有一个多位输入，每个输入的位宽等于矩阵列数。行输入值中每个比特位的值控制当前行对应像素的点亮和熄灭，最低位对应于行中最右边的像素，1 表示点亮，0 表示熄灭。如果某行的任何位是不确定值或错误值，则该行中的所有像素均被点亮。

（3）行列模式：组件的左侧有两个输入。上方多位输入的位宽与矩阵列数相等，最低位对应最右列。较低的多位输入位宽与矩阵行数相等，最低位对应于最下一行。如果任一输入中的任何位是不确定或错误值，矩阵中的所有像素都将被点亮。该模式下矩阵中特定行列位置上的像素只在上位输入中对应列位为 1、下位输入中对应行位为 1 的情况下被点亮。例如，对于 4×5 矩阵，如果第一个输入是 1001，第二个是 11101，那么第一列和第四列点亮第一、第二、第三、第五行，显示结果是一对感叹号（这种输入格式可能看起来并不直观，但是市场上很多 LED 矩阵就是采用这种接口的）。

LED 矩阵组件包括如下属性。

① 输入格式（组件创建后为只读）：决定矩阵引脚形式。

② 矩阵列数：选择矩阵列数，范围为 1～32。

③ 矩阵行数：选择矩阵行数，范围为 1～32。

④ 点亮颜色：输入值为 1 时显示的颜色。

⑤ 熄灭颜色：输入值为 0 时显示的颜色。

⑥ 延迟熄灭（Light Persistence）时间：该值不为 0 时，LED 矩阵输入要求熄灭对应像素时，像素仍然保持点亮的滴答数，此时像素的熄灭会延迟若干滴答数。

⑦ 像素形状（Dot Shape）：正方形选项意味着每个像素被绘制成 10×10 的正方形，正方形像素间没有间隙；圆形选项意味着每个像素被绘制成一个直径为 8 的圆，圆形像素间有间隙。选择圆形选项所获得的效果更接近现在的 LED 矩阵器件的效果。

9.6.8 TTY

TTY（TeleTYpe）组件实现了一个非常简单的字符哑终端，它接收一系列 ASCII 码并显示每个可打印的字符。当前行字符已满时，鼠标光标移动到下一行；如果鼠标光标已经在最下面一行，可能会滚动当前所有行。字符终端支持的控制序列键：退格（ASCII 8），它删除最后一行中的最后一个字符；换行符（ASCII 10），将鼠标光标移动到下一行的开头，必要时会滚动；换页符（ASCII 12，输入方式为 control-L），清除屏幕。TTY 组件引脚分布及功能如图 9.35 所示，其中写使能输入为 0 时，时钟和数据输入均被忽略；写使能输入为 1 或不确定值时，时钟信号到来时 ASCII 数据将输出到 TTY 字符终端；清除屏幕信号为 1 时可一次性清除字符终端中的所有文字显示，注意这个清除信号是电平有效。

TTY 组件包括如下属性。

（1）行数：终端中显示的行数。

（2）列数：终端每行中显示的最大字符数。

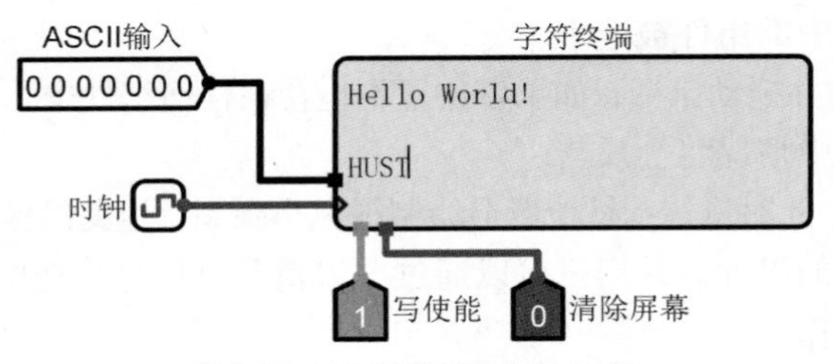

图 9.35　TTY 组件引脚分布及功能

（3）时钟触发方式：可选择上升沿或下降沿。

（4）前景颜色：字符终端中文本的颜色。

（5）背景颜色：字符终端的背景色。

9.7 基础库

基础库（Base Library）包含一系列通用工具，下面对常用的通用工具进行介绍。

9.7.1 手形戳工具

手形戳工具（Poke Tool）通常用于操作修改组件的具体值，该工具功能与具体组件相关，可具体参见每个组件的手形戳工具功能说明。以下组件都支持手形戳工具。

（1）基础库：引脚、时钟。

（2）存储库：D/T/J-K/S-R 触发器、寄存器、计数器、移位寄存器、RAM、ROM。

（3）输入/输出库：按钮、控制杆、键盘。

此外，使用手形戳工具单击连线段可显示连线当前的值。

9.7.2 选择编辑工具

选择编辑工具（Edit Tool）允许用户重新安排现有组件并添加连线，工具的确切功能取决于用户在画布上按下鼠标的位置。

（1）当鼠标指针悬停在现有组件的连接点上，或者将鼠标指针移动到连线上时，选择编辑工具将在鼠标指针位置周围显示一个绿色小圆圈。在当前位置按下鼠标，会开始添加新的连线。但是如果用户在释放鼠标键之前没有移动足够的距离来初始化连线，则将鼠标动作视为鼠标单击。所添加连线的位宽由与其连接的组件决定。用户还可以在连线末端启动鼠标拖曳来延长或缩短，甚至删除现有的线段。移动期间延长部分连线用黑色表示，缩短部分连线用白色表示。

（2）在当前选定的组件内按下鼠标可以拖动所有被选中组件及与之相连的连线。Logisim将自动计算并添加新线路，以便在移动过程中不会丢失现有的连接。拖动选区可能会导致意外的线路连接。

（3）在未选择的组件中按下鼠标，会放弃当前选中的所有组件，并选中对应的组件。

（4）按住 Shift 键的同时用鼠标单击组件可以在选区内切换组件。如果多个组件包含相同的位置，则会在这些组件中进行切换。

（5）在不含任何组件的位置开始拖动鼠标会清空当前选区并启动一个矩形选择功能，所有包含在矩形区域中的组件被选中。

（6）按住 Shift 键并拖动鼠标，如果该位置不包含在任何组件中，则启动矩形选择功能。矩形所包含组件的选中情况将会反转。

（7）按住 Alt 键，此时鼠标指针位置会绘制绿色小圆圈，拖曳鼠标则会开始添加新连线。

（8）在选中所需的组件后，用户可以通过“编辑”菜单进行选中项目的剪切、复制、粘贴、删除选区等操作。

（9）编辑电路时有一些常用快捷键，方向键可以更改选区中所有具有朝向属性的组件的朝向；删除和退格键将删除所选内容；插入（Insert 键）、Ctrl+D 或⌘+D 组合键将创建当前选定组件的副本。

9.7.3 连线工具

连线工具（Wiring Tool）用于创建在一个端点到另一个端点间传值的连线；这些值的位宽是任意的，实际位宽取决于其连接的组件。如果它没有连接到任何组件，则连线为灰色，表示其位宽未知；如果连接的两个组件位宽不一致，连线变成橙色，表示有冲突，直到用户解决冲突为止。

连线可以被鼠标拖动，还可以在连线末端启动鼠标拖曳来延长或缩短、甚至删除现有的线段。拖曳期间延长部分连线用黑色表示，缩短部分连线用白色表示。Logisim中的所有连线都是水平或垂直的，不会出现斜线，并且连线是没有方向的，一根连线可以同时在两个方向上传送数值。当用户使用手形戳工具单击连线时，Logisim 将显示线路当前传送的值，这对于只能显示黑色的多比特连线非常有用。多比特连线值的显示方式可以使用菜单中“文件”→“属性”→“偏好设置”选项，选择“layout 电路编辑器”选项卡，设置手形戳工具单击后显示值的具体形式（二进制、十进制或十六进制等）。

9.7.4 文本标签工具

文本标签工具允许创建和编辑与组件相关的标签。Logisim 内置库中的以下组件支持标签。

（1）基础库：引脚、时钟、标签、探针。

（2）存储库：D/T/J-K/R-S 触发器、寄存器、计数器、移位寄存器、随机数生成器。

（3）输入/输出库：按钮、LED 矩阵。

对于可以给出标签但没有分配标签的组件，用户可以单击组件中的任何位置添加标签。如果已有标签，则需要在标签内单击。如果用户单击的位置没有可以编辑的标签，Logisim 将添加新的标签组件。不能对标签内的文本区域进行选择，标签中也不能插入换行符。

另外，文本标签工具可以在电路任意地方增加文本标签。

9.7.5 菜单工具

菜单工具允许用户打开组件已经存在的弹出式菜单。默认情况下，用鼠标右键单击或按住Ctrl键单击一个组件将弹出菜单；但是，“工程”选项的“鼠标”选项卡允许用户配置鼠标，使之以不同的方式工作。对于大多数组件来说，弹出菜单有以下两个项目。

（1）删除：从当前电路中删除组件。

（2）显示属性：将组件的属性放置到窗口的属性表中，以便查看和更改属性值。

不过，对于某些组件，菜单还包含如下项目。

查看×××子电路：将正在查看和编辑的电路布局更改为子电路的布局。在布局中看到的值与上层电路有相同的层次结构。

其他组件也可以扩展弹出式菜单，在 Logisim 当前版本的内置库中这样的组件是 RAM 和 ROM。

参考文献

[1] 帕特森 D A，亨尼斯 J L. 计算机组成与设计：硬件/软件接口（RISC-V 版）[M]. 5 版. 易江芳，刘先华，等，译. 北京：机械工业出版社，2020.

[2] 布莱恩特 R E，奥哈拉伦 D R. 深入理解计算机系统[M]. 3 版. 龚奕利，贺莲，译. 北京：机械工业出版社，2016.

[3] PATT Y N，PATEL S J. 计算机系统概论[M]. 2 版. 梁阿磊，蒋兴昌，林凌，译. 北京：机械工业出版社，2007.

[4] 克莱门茨 A. 计算机组成原理[M]. 沈立，王苏峰，肖晓强，译. 北京：机械工业出版社，2017.

[5] TANENBAUM A S，AUSTIN T. 计算机组成：结构化方法[M]. 6 版. 刘卫东，宋佳兴，译. 北京：机械工业出版社，2014.

[6] STALLINGS W. 计算机组织与体系结构：性能设计[M]. 7 版. 张昆藏，等，译. 北京：清华大学出版社，2006.

[7] 哈里斯 D M，哈里斯 S L. 数字设计和计算机体系结构[M]. 2 版. 陈俊颖，译. 北京：机械工业出版社，2016.

[8] 马诺 M M，KIME C R，MARTIN T，等. 逻辑与计算机设计基础[M]. 5 版. 邝继顺，尤志强，凌纯清，等，译. 北京：机械工业出版社，2017.

[9] SWEETMAN D. RISC-V 体系结构透视[M]. 2 版. 李鹏，鲍峥，石洋，等，译. 北京：机械工业出版社，2008.

[10] 袁春风，余子濠. 计算机组成与设计（基于 RISC-V 架构）[M]. 北京：高等教育出版社，2020.

[11] 谭志虎，秦磊华，吴非，等. 计算机组成原理（微课版）[M]. 北京：人民邮电出版社，2021.

[12] 谭志虎，秦磊华，胡迪青. 计算机组成原理实践教程：从逻辑门到 CPU[M]. 北京：清华大学出版社，2018.

[13] 白中英，戴志涛. 计算机组成原理（立体化教材）[M]. 6 版. 北京：科学出版社，2019.

[14] 唐朔飞. 计算机组成原理[M]. 3 版. 北京：高等教育出版社，2020.

[15] 袁春风，杨若瑜，王帅，等. 计算机组成与系统结构[M]. 2 版. 北京：清华大学出版社，2015.

[16] 王爱英. 计算机组成与结构[M]. 4 版. 北京：清华大学出版社，2007.

[17] 蒋本珊. 计算机组成原理[M]. 4 版. 北京：清华大学出版社，2019.

[18] 高小鹏. 计算机组成与实现[M]. 北京：高等教育出版社，2019.

[19] 张功萱，顾一禾，邹建伟，等. 计算机组成原理（修订版）[M]. 北京：清华大学出版社，2016.

[20] 任国林. 计算机组成原理[M]. 2 版. 北京：电子工业出版社，2018.

[21] 刘卫东，李山山，宋佳兴. 计算机硬件系统实验教程[M]. 北京：清华大学出版社，2013.

[22] 袁春风，余子濠. 计算机系统基础[M]. 2 版. 北京：机械工业出版社，2018.

[23] 胡伟武，等. 计算机体系结构基础[M]. 北京：机械工业出版社，2017.

[24] 张晨曦，王志英，沈立，等. 计算机系统结构教程[M]. 2 版. 北京：清华大学出版社，2014.